装备可靠性工程

康建设 宋文渊 白永生 田霞 编著

国防工业出版社

·北京·

内 容 简 介

本书系统地介绍了可靠性工程及其相关的维修保障理论与技术及最新研究成果。全书共分10章：第1~6章分别介绍了可靠性的基本概念、模型，设计与分析，试验与评价，数据收集与分析等；第7~10章围绕与可靠性紧密相关的维修保障问题，重点讨论了维修性与保障性，维修保障系统，系统可用度分析，以可靠性为中心的维修分析，装备战场抢修分析，修理级别分析，维修保障资源分析，寿命周期费用分析，产品保修策略及保修费用分析，软件可靠性及其软件保障等内容。

本书可作为装备(设备或产品)论证、研制、生产、试验、使用、维修方面的工程技术与管理人员的参考书，也可作为工科院校相关专业本科生教材，还可供研究生学习使用。

图书在版编目(CIP)数据

装备可靠性工程 / 康建设等编著. —北京：国防工业出版社，2019.10
ISBN 978-7-118-11571-0

Ⅰ. ①装… Ⅱ. ①康… Ⅲ. ①可靠性工程 Ⅳ. ①TB114.39

中国版本图书馆 CIP 数据核字(2019)第040081号

※

*国防工业出版社*出版发行
(北京市海淀区紫竹院南路23号 邮政编码100048)
三河市腾飞印务有限公司印刷
新华书店经售

*

开本 787×1092 1/16 印张 16½ 字数 406 千字
2019年10月第1版第1次印刷 印数 1—1500 册 定价 89.00 元

(本书如有印装错误，我社负责调换)

国防书店:(010)88540777 发行邮购:(010)88540776
发行传真:(010)88540755 发行业务:(010)88540717

前　言

产品在使用过程中出现故障或问题,因产品不同、使用情况不同,产生的原因也是多种多样的。例如,计算机光驱不工作、车辆刹车失效、发动机动力突然消失等,究其原因可能属于产品设计、制造和安装方面的问题,也可能属于使用不当、维修不当、测试和检查方面的不足,严酷环境下防护措施缺乏等,甚至用户认为的某些"故障"或"问题",厂家或商家并不认为是"故障"或"问题"。对于军用装备同样也存在类似的问题,但发生故障所造成的后果往往更为严重。因此,无论是民品还是军品,无论从国家有关法规还是从社会职业道德而言,产品设计和生产单位都必须对其产品的质量负责,设计人员有责任在其产品设计中考虑可靠性、维修性、保障性、测试性和安全性等特性,对有质量缺陷的产品主动召回以便更早地以较低的成本解决其产品质量问题及其造成的后果。对于用户或使用单位更应关注自己所用产品的可靠性及其维修保障等问题,使用人员在产品使用过程中应正确地使用产品并按规定进行维护保养,维修人员在产品使用过程中应正确地开展各项维修保障活动。

本书全面系统地介绍了可靠性工程概念、模型和相关技术,内容不仅涉及装备或产品的故障特性以及有关的可靠性技术,而且进一步介绍了与故障相关的维修保障特性,以及相关的维修保障分析技术和方法。通过介绍可靠性工程及其相关的维修保障理论,方便人们开展装备故障和维修保障等问题研究,进而改进装备设计,消除或降低故障和风险,减少停机时间,降低使用与维修保障费用,提高装备战备完好性和部队装备的保障能力。

本书共分 10 章:第 1 章介绍产品可靠性的基本概念、分类和可靠性发展;第 2 章介绍产品可靠度、故障率定量描述以及故障规律等;第 3 章介绍系统可靠性建模和计算方法,包括串联、并联、混联、储备、表决和复杂系统的可靠性;第 4 章讨论可靠性分配与预计的常用方法,以及常用的可靠性分析技术;第 5 章讨论产品可靠性试验的分类,以及典型试验与评价方法;第 6 章讨论可靠性数据的收集与管理、分析与处理、统计分析与估计等问题;第 7 章讨论与可靠性紧密相关的产品维修性的基本概念和定量描述方法,以及用于装备平时维修和战场抢修的重要分析技术,包括以可靠性为中心的维修分析、战场损伤评估与修复分析、修理级别分析等;第 8 章讨论可靠性对装备保障方面的影响,着重阐述装备的保障性、维修保障系统、系统可用度分析、保障资源分析与确定等问题;第 9 章介绍寿命周期费用概念、寿命周期费用分析与估算方法,特别是对可用于装备维修保障的保修概念以及常见保修策略等进行了探讨;第 10 章讨论软件可靠性基本概念、常用参数、软件可靠性设计以及软件保障等。

本书第 1、8~10 章由康建设编写,第 4、7 章由宋文渊编写,第 5、6 章由白永生编写,第 2、3

章由田霞编写,全书由康建设统稿。在本书编写过程中,得到了贾云献教授、赵建民教授、石全教授、胡起伟副教授、温亮博士、王广彦博士等的帮助和大力支持。对所有帮助和支持本书编写以及出版的同志,在此一并表示深深的谢意!

由于编写人员水平有限,错误和不当之处在所难免,恳请读者批评指正。

编者

2019 年 3 月

目　　录

第 1 章　绪论 ………………………………………………………………………… 1

　1.1　可靠性的地位与作用 ……………………………………………………………… 1
　1.2　可靠性基本概念 …………………………………………………………………… 3
　1.3　可靠性发展 ………………………………………………………………………… 4
　　1.3.1　国外可靠性发展 …………………………………………………………… 4
　　1.3.2　国内可靠性发展 …………………………………………………………… 6
　　1.3.3　与可靠性相关的维修性、保障性发展 …………………………………… 7
　习题 …………………………………………………………………………………………… 9

第 2 章　可靠性及其定量描述 ………………………………………………………… 10

　2.1　可靠度函数 ………………………………………………………………………… 10
　　2.1.1　可靠度定义 ………………………………………………………………… 10
　　2.1.2　可靠度估计 ………………………………………………………………… 10
　2.2　故障密度函数 ……………………………………………………………………… 12
　　2.2.1　故障密度函数定义 ………………………………………………………… 12
　　2.2.2　故障密度函数估计 ………………………………………………………… 12
　2.3　故障率函数 ………………………………………………………………………… 14
　　2.3.1　故障率函数定义 …………………………………………………………… 14
　　2.3.2　故障率估计 ………………………………………………………………… 14
　　2.3.3　故障规律 …………………………………………………………………… 15
　2.4　产品寿命 …………………………………………………………………………… 16
　　2.4.1　平均寿命 …………………………………………………………………… 17
　　2.4.2　可靠寿命 …………………………………………………………………… 18
　2.5　常用可靠性函数之间的关系 ……………………………………………………… 19
　　2.5.1　$F(t)$、$R(t)$、$f(t)$ 的关系 …………………………………………… 19
　　2.5.2　$\lambda(t)$ 与 $F(t)$、$R(t)$、$f(t)$ 的关系 ………………………… 19
　　2.5.3　常用可靠性函数相互关系 ………………………………………………… 20
　2.6　常见寿命分布下的可靠性 ………………………………………………………… 21
　　2.6.1　离散型随机变量及其概率分布 …………………………………………… 21
　　2.6.2　连续型随机变量及其概率分布 …………………………………………… 23
　习题 …………………………………………………………………………………………… 29

第3章 系统可靠性 … 31

3.1 可靠性模型 … 31
3.1.1 可靠性模型定义 … 31
3.1.2 可靠性框图 … 31
3.1.3 可靠性数学模型 … 32

3.2 串联系统 … 33
3.2.1 定义及框图模型 … 33
3.2.2 数学模型 … 33
3.2.3 模型讨论 … 34

3.3 并联系统 … 35
3.3.1 定义及框图模型 … 35
3.3.2 数学模型 … 35
3.3.3 模型讨论 … 35

3.4 混联系统 … 38
3.4.1 定义 … 38
3.4.2 可靠性框图及数学模型 … 39
3.4.3 模型讨论 … 40

3.5 储备系统 … 40
3.5.1 定义及分类 … 40
3.5.2 可靠性框图及数学模型 … 41

3.6 表决系统 … 43
3.6.1 定义及框图模型 … 43
3.6.2 数学模型 … 43

3.7 复杂系统 … 44
3.7.1 状态枚举法 … 45
3.7.2 全概率分解法 … 46
3.7.3 最小路集法与最小割集法 … 47
3.7.4 最小路集与最小割集的转换 … 49

习题 … 50

第4章 可靠性设计与分析 … 52

4.1 可靠性建模 … 52
4.1.1 目的与作用 … 52
4.1.2 一般程序与方法 … 52

4.2 可靠性分配 … 54
4.2.1 目的与作用 … 54
4.2.2 可靠性分配常用方法 … 54

4.3 可靠性预计 … 60
4.3.1 目的与作用 … 61

    4.3.2 可靠性预计常用方法 …… 61
  4.4 故障模式、影响与危害性分析 …… 68
    4.4.1 概述 …… 68
    4.4.2 目的与作用 …… 69
    4.4.3 FMEA 方法与程序 …… 69
    4.4.4 CA 方法与程序 …… 73
  4.5 故障树分析 …… 75
    4.5.1 概述 …… 75
    4.5.2 目的与作用 …… 76
    4.5.3 故障树的建立 …… 76
    4.5.4 故障树的定性分析 …… 81
    4.5.5 故障树的定量计算 …… 84
  4.6 可靠性设计准则 …… 87
    4.6.1 概述 …… 87
    4.6.2 制定元器件大纲 …… 88
    4.6.3 降额设计 …… 89
    4.6.4 简化设计 …… 89
    4.6.5 余度(冗余)设计 …… 89
    4.6.6 热设计 …… 90
  习题 …… 91

第5章 可靠性试验与评价 …… 94

  5.1 可靠性试验的基本概念与分类 …… 94
    5.1.1 可靠性试验的目的 …… 94
    5.1.2 可靠性试验的分类与实施时机 …… 95
  5.2 环境应力筛选 …… 96
    5.2.1 概述 …… 96
    5.2.2 典型环境应力 …… 97
    5.2.3 环境应力筛选大纲的设计 …… 98
  5.3 可靠性研制与增长试验 …… 99
    5.3.1 概述 …… 99
    5.3.2 可靠性研制试验 …… 100
    5.3.3 可靠性增长试验 …… 101
  5.4 可靠性鉴定与验收试验 …… 102
    5.4.1 概述 …… 102
    5.4.2 试验方案的参数与类型 …… 103
    5.4.3 指数分布统计试验方案 …… 105
  5.5 寿命试验与评价 …… 109
    5.5.1 寿命点估计与区间估计 …… 109
    5.5.2 加速寿命试验 …… 111

5.6 可靠性评价 ··· 113
    5.6.1 可靠性评价的作用 ··· 114
    5.6.2 可靠性评价的基本方法与流程 ··· 114
    5.6.3 引入环境折合系数的产品可靠性评价方法 ·· 115
习题 ··· 116

第6章 可靠性数据的收集与分析 ·· 118

6.1 可靠性数据的收集与管理 ·· 118
    6.1.1 可靠性数据的作用与特点 ··· 118
    6.1.2 试验数据与现场数据 ·· 119
    6.1.3 收集要求与程序 ··· 121
    6.1.4 可靠性数据的管理与利用 ··· 123
6.2 可靠性数据的分析与处理 ·· 124
    6.2.1 可靠性数据的预处理 ·· 124
    6.2.2 故障数据的经验分布函数 ··· 127
    6.2.3 故障数据的主次及因果分析 ··· 130
6.3 寿命分布函数的统计分析 ·· 131
    6.3.1 寿命分布函数的分析流程 ··· 131
    6.3.2 寿命分布形式的推断 ·· 132
    6.3.3 寿命分布参数估计 ··· 133
    6.3.4 分布拟合优度检验 ··· 141
习题 ··· 143

第7章 维修性与维修分析 ·· 144

7.1 维修与维修性 ··· 144
    7.1.1 维修的定义 ·· 144
    7.1.2 维修的分类 ·· 144
    7.1.3 维修级别 ··· 146
    7.1.4 修理策略 ··· 147
    7.1.5 维修性定义 ·· 147
7.2 维修性定量描述 ·· 148
    7.2.1 维修度 ··· 148
    7.2.2 维修时间密度函数 ··· 149
    7.2.3 修复率 ··· 149
    7.2.4 其他常见的维修性参数 ·· 151
7.3 以可靠性为中心的维修分析 ·· 154
    7.3.1 以可靠性为中心的维修概念 ··· 155
    7.3.2 RCM 分析基本原理 ··· 157
    7.3.3 系统和设备的 RCM 分析过程 ··· 162
    7.3.4 RCM 应用示例 ·· 169

7.4 修理级别分析 ... 172
7.4.1 LORA 的目的、作用及准则 ... 172
7.4.2 LORA 的一般步骤与方法 ... 173
7.4.3 LORA 模型 ... 176
7.5 装备战场抢修分析 ... 179
7.5.1 战场抢修的基本概念 ... 179
7.5.2 战场损伤评估与修复分析过程 ... 183
7.5.3 BDAR 分析的一般步骤与方法 ... 184
习题 ... 187

第 8 章 保障性与维修保障资源分析 ... 188
8.1 保障性与维修保障系统 ... 188
8.1.1 保障性基本概念 ... 188
8.1.2 维修保障系统 ... 190
8.2 系统可用度 ... 193
8.2.1 可用度基本概念 ... 193
8.2.2 瞬时可用度 ... 193
8.2.3 平均可用度 ... 195
8.2.4 固有可用度 ... 195
8.2.5 可达可用度 ... 195
8.2.6 使用可用度 ... 197
8.3 维修保障资源分析与确定 ... 197
8.3.1 维修保障资源分析与确定的必要性 ... 197
8.3.2 维修保障资源确定的主要依据 ... 198
8.3.3 维修保障资源确定的约束条件 ... 198
8.3.4 维修保障资源确定的层次和范围 ... 199
8.3.5 维修保障资源分析与确定的基本流程 ... 200
8.4 维修备件分析与确定 ... 201
8.4.1 基本概念 ... 201
8.4.2 备件需求主要影响因素 ... 201
8.4.3 备件需求预计模型 ... 202
习题 ... 204

第 9 章 寿命周期费用与保修分析 ... 205
9.1 寿命周期费用分析 ... 205
9.1.1 寿命周期费用组成 ... 205
9.1.2 寿命周期各阶段对装备 LCC 的影响 ... 206
9.1.3 寿命周期费用分析主要作用 ... 207
9.1.4 寿命周期费用分析一般程序 ... 208

9.2 寿命周期费用估算 209
  9.2.1 寿命周期费用估算程序和方法 209
  9.2.2 影响寿命周期费用评估的因素 211
9.3 装备保修与费用分析 212
  9.3.1 保修的基本概念 213
  9.3.2 保修策略 214
  9.3.3 保修费用分析 216
  9.3.4 保修管理 218
习题 220

第10章 软件可靠性 221

10.1 软件可靠性概念 221
  10.1.1 软件可靠性作用和意义 221
  10.1.2 软件可靠性有关概念 222
10.2 软件可靠性参数与度量 223
  10.2.1 软件可靠性参数 223
  10.2.2 软件可靠性度量 224
10.3 软件可靠性分配与预计 226
  10.3.1 软件可靠性分配 227
  10.3.2 软件可靠性预计 230
10.4 软件可靠性设计 232
  10.4.1 软件避错设计 232
  10.4.2 容错设计 234
10.5 软件保障和软件密集系统保障 237
  10.5.1 软件保障有关概念 238
  10.5.2 软件保障方案与软件保障资源 238
  10.5.3 软件保障组织与实施 241
习题 245

附录1 泊松分布表 246

附录2 标准正态分布表(一) 247

附录3 标准正态分布表(二) 248

附录4 Γ 函数表 250

附录5 t 分布表 251

附录6 χ^2 分布的上侧分位数表 253

参考文献 254

第1章 绪　　论

进入21世纪，随着科学技术的飞速发展及其在各种产品中的应用，无论是军用装备还是其他产品，用户对于自己购买和使用的产品(服务)越来越重视，也越来越有能力做出明智的选择。产品质量、性能、可靠性、维修性、保障性以及产品服务、成本、维权等术语也越来越被人们所认知。本章首先简要说明可靠性的地位与作用，进而介绍可靠性有关概念以及可靠性发展。

1.1　可靠性的地位与作用

产品及武器装备的可靠性问题，多年来一直是困扰世界各国工业发展的主要问题之一。可靠性问题造成任务失败和巨大损失，甚至是人员伤亡的案例屡见不鲜。从某个方面讲，产品或武器装备的可靠性水平已成为反映一个国家科技水平的重要标志之一。

1. 可靠性是武器装备形成保障能力、发挥作战效能的重要保证

从1991年的海湾战争到21世纪的伊拉克战争和阿富汗战争均表明，可靠性是武器装备形成保障能力的重要基础，是提高任务成功率发挥作战效能的重要保证。1969年美国空军开始研制F-15A战斗机，1975年服役。服役5年后于1980年进行战备检验，一个空军战斗机联队共72架飞机，仅有27架能起飞，其余飞机因故障、维修保障方面的问题被迫停飞，能执行任务率仅为37.5%。为此，20世纪80年代美国空军和麦道公司投入巨资对该战斗机的发动机、雷达和航电设备等进行了1000多次的设计改进，仅发动机可靠性改进就投资7亿美元。到1987年，改型后的F-15C战斗机可靠性水平得以大幅度提高，平均致命性故障间隔时间由改型前的0.68h提高到了2.6h，能执行任务率达到了82.8%。在1991年的海湾战争中，作为夺取制空权的主力机种，120架F-15C共飞行5906架次，平均每架次飞行持续时间为5.19h，能执行任务率高达93.7%。在空战中，被击落的39架伊拉克战机中的34架是被F-15C击落，而F-15C却无一损失，其出众的战备完好性和作战效能发挥令人刮目相看。

由于武器装备可靠性问题导致机毁人亡等灾难性事故的例子也很多。1986年1月26日，美国"挑战者"号航天飞机升空74s后发生爆炸，机上7名航天员全部遇难。事后调查分析，其原因是"挑战者"号右侧固体火箭发动机尾部装配接头的小聚硫橡胶环形压力密封圈不能适应低温环境，过早地老化失效，出现裂纹，造成燃料外泄引起爆炸。2000年8月12日，俄罗斯海军北方舰队最现代化的大型多用途"库尔斯克"号核潜艇，在巴伦支海域参加军事演习时因易燃材料泄漏引发爆炸，导致潜艇失事沉没，118名官兵全部遇难，这是俄罗斯海军自第二次世界大战以后遭受损失最惨重的一次事故。2003年2月1日，美国"哥伦比亚"号航天飞机在德克萨斯州上空解体失事，7名航天员丧生。导致事故的原因是航天飞机发射升空81.7s后，由于外部燃料箱表面脱落的泡沫材料撞击，导致航天飞机左翼前缘的热保护系统形成裂孔，航天飞机重返大气层时，超高温气体得以从裂孔处进入哥伦比亚号机体，造成航天飞机最终解体。

2. 可靠性是减少装备维修保障资源、降低使用和保障费用的重要途径

高可靠性的武器装备不仅能够有效降低故障发生的概率或次数,提高无故障的持续时间,而且也能够明显降低装备维修的次数,减少维修人力,降低对维修器材和保障设备等维修保障资源的需求,进而降低装备的使用和维修保障费用。航空发动机被人们称为飞机的"心脏",因发动机故障导致机毁人亡的灾难性事故在世界各地屡见不鲜。拥有高可靠性的航空发动机已成为世界强国不断追求和竞相追逐的重要目标之一,各军事强国对此都高度重视,不惜投巨资研发高可靠性的航空发动机,以便使武器装备拥有强劲的"心脏"。美国空军"猛禽"F-22战斗机是截至目前世界上唯一列装部队的第四代战斗机,与第三代战斗机相比,F-22战斗机的作战性能具有显著的提高,而其超声速巡航、短距起降、超常规机动等众多先进的作战性能及发挥,都与F-119涡扇发动机高超的性能和可靠性密切相关。F-119涡扇发动机是当今世界上最先进的战斗机动力装置,它集大量先进技术于一身,代表了21世纪前几十年战斗机动力装置的发展方向。F-119发动机由美国普·惠公司研制,首台工程与制造发展(EMD)型F-119发动机于1992年11月开始试验,首架装有F-119发动机的F-22飞机于1997年6月首飞,1999年10月美国空军颁发F-119发动机合格证书,2005年12月F-119发动机完成全部试验和评估,正式装备美国空军。F-119发动机可谓战斗机动力装置的一次革命性跃升。F-119发动机单位推力大,推重比高,能为飞机提供短距离起降能力;不加力推力大,速度特性好,能为飞机提供不加力超声速巡航能力;具有二元矢量推力,能为飞机提供非常规机动能力;具有全权限数字电子控制系统,能实现飞/推综合控制;具有高的可靠性和良好的维修性。F-119发动机的主要部件比普通涡轮喷气发动机少40%,可靠性更高,对地面保障设备和人员需求减少50%,定期维护次数减少75%。与该公司为第三代战斗机F-15、F-16研制的F-100-PW-220发动机相比,F-119发动机在各方面均具有明显改进,如表1-1所列。

表1-1　F-119发动机与F-100发动机参数比较

发动机	最大推力/kN	推重比	叶片数	总压比	涵道比	零件数	平均维修间隔时间	空中停车率	维修工时
F-100	105.9	8	17	25	0.6	基数	基数	基数	基数
F-119	155.7	10	11	35	0.3	-40%	+62%	-20%	-63%
F-119与F-100相比	+47%	+25%	-35%	+40%	-50%	-40%	+62%	-20%	-63%

3. 可靠性是提高产品质量、实现自主创新的关键和核心内容

时代发展到今天,在社会的各个领域质量问题都备受关注。无论是产品质量、工程质量还是服务质量已经是一个时代进步与否的重要标签,质量已成为社会发展的基石。质量就是生命,而可靠性是产品质量的重要属性和核心内容,不可靠的产品不可能是一种让用户满意的高质量产品。

作为神舟飞船运载器的"长征二号"F火箭,是我国载人航天工程的重要组成部分,它是在"长二捆"火箭基础上研制的。1992年立项研制时不仅将运载能力、入轨精度等性能指标,而且将可靠性、安全性指标也作为最重要的设计参数,确定按照可靠性不低于0.97、安全性不低于0.997的目标进行研制。为使当时的"长二捆"火箭可靠性指标由0.91提高到0.97,广大科研人员开展了一系列可靠性设计、分析、试验和管理工作,确保了"长征二号"F火箭的高可靠性、高安全性。2003年"长征二号"F火箭获得了"神箭"的美誉。由于"长征二号"F火箭的高可靠性,为我国载人航天第一步发展战略目标的顺利实现和第二步发展战略目标的顺利实施奠定了坚实的基础。

然而,还应清醒地看到,在装备研制和使用过程中,重装备性能轻可靠性的思想依然不同程度地存在,并以不同的形式表现在装备寿命周期各阶段活动中。与装备的尺寸、载荷以及射程、速度等性能参数不同,装备的可靠性不能通过直接测量就给出其数值或当前所具有的水平。时至今日,尽管我国已成为世界制造业大国,但是由于产品设计以及制造业技术等种种原因,我国许多产品的质量与可靠性水平与发达国家产品相比还有较大的差距,要扔掉"质次价廉"的帽子还有相当长的路要走。据2006年统计,我国出口的工程机械产品平均故障间隔时间仅为150~300h,尚不及同类产品国际水平的一半。据金龙联合汽车工业(苏州)公司介绍,我国某些型号客车的首次故障里程在1000~5000km之间,而国际水平在16000~20000km之间;客车平均故障间隔里程为2000~5000km,国际水平为14000~17000km。可靠性低是中国客车进入国际市场竞争时的最大硬伤。产品的可靠性与人们生活的方方面面都紧密相连,大到各种交通工具,小到广泛应用于手机、心脏起搏器、飞行控制系统等的微型电子器件,能否可靠运转甚至已成为生死攸关的大事。提高产品的质量与可靠性,变"中国制造"为"中国创造",也是实现"中国梦""强国梦"的重要内容。

1.2 可靠性基本概念

1. 可靠性定义

1966年美国军用标准《关于可靠性、维修性、人的因素及安全性等系统效能的术语定义》(MIL-STD-721B)给出了一个传统的经典的可靠性定义,即"产品在规定的条件下和规定的时间内完成规定功能的能力",它被世界多国标准所引证。在此给出《可靠性维修性保障性术语》(GJB 451A—2005)中的可靠性定义。

可靠性(reliability):产品在规定的条件下和规定的时间内,完成规定功能的能力。

在上述可靠性定义中,含有以下几个因素。

研究对象:可靠性定义中的产品是一个泛指的产品概念,可以是最终的系统,也可以是设备、部件、组件、元器件等。研究可靠性问题时应首先明确研究对象,不仅应明确具体的产品,还应明确其具体包含的内容。如果研究对象是一个系统,那么它不仅包括硬件,也包括软件甚至是人等因素。

规定条件:产品的使用条件对于未来的性能或行为有着重要影响。产品的使用条件包括使用时的环境条件(如温度、压力、湿度、载荷、振动、腐蚀、磨损等)、储存条件、运输条件、使用方法、维修条件等。

规定时间:人们谈论产品的可靠性时,实际上是在谈论产品未来的性能或行为,因此,有人把可靠性看作一种以时间为坐标的质量。在研究产品可靠性时一定要明确所要求的使用期限(或区间)和时间单位。时间单位是广义的产品寿命单位,既可以是年、月、日、小时、分钟、秒这样的日历时间,也可以是行驶里程、操作次数、射弹发数、循环周期等。

规定功能:研究可靠性应明确产品的规定功能的具体含义和内容。一般来说,产品"完成规定功能"是指在规定的使用条件下和要求的时间内产品能够正常工作,能在规定的功能参数下正常运行。若产品不能正常工作常常称为故障,对于一次性使用的产品也称为失效。因此,在研究产品可靠性时不仅要明确产品的各种功能的具体含义和内容,也要明确产品故障或失效(不能完成规定功能)的定义和具体含义。

能力:产品在未来能否完成规定的功能存在着不确定性,因此,广泛采用概率论与数理统计方法定量研究产品的可靠性。由于产品完成规定功能的能力具有偶然性,所以,可靠性定义中的"能力"不是指某一个产品"个体"的正常工作情况的程度,而是具有统计学的意义。产品完成规定功能的能力通常采用概率或寿命法进行定量描述,以便对产品的可靠性进行度量、计算、验证和评估。

上述传统的可靠性定义在实际应用中人们感到还具有一定的局限性,根据不同的目的和场合,人们常常将可靠性区分为多种。

1) 任务可靠性与基本可靠性

任务可靠性(Mission Reliability):产品在规定的任务剖面内完成规定功能的能力。

任务剖面(Mission Profile):产品在完成规定任务这段时间内所经历的事件和环境的时序描述。

可见,任务可靠性反映了产品在执行任务时成功的概率,任务可靠性高说明产品在执行任务时完成规定功能的概率高。同样,在研究产品任务可靠性时需要明确产品完成规定功能的具体含义和内容,包括任务成功或故障的判断准则。任务可靠性只统计危及任务成功的致命故障。

基本可靠性(Basic Reliability):产品在规定的条件下、规定的时间内无故障工作的能力。基本可靠性反映了产品对维修资源的要求,确定基本可靠性值时,应统计产品的所有寿命单位和所有的关联故障。

2) 使用可靠性与固有可靠性

使用可靠性(Operational Reliability):产品在实际环境中使用时所呈现的可靠性,它反映产品设计、制造、使用、维修、环境等因素的综合影响。

固有可靠性(Inherent Reliability):设计和制造赋予产品的,并在理想的使用和保障条件下所具有的可靠性。

有关可靠性的区分还有很多。比如根据产品工作时间长短和是否工作,将可靠性分为工作可靠性和不工作可靠性。不工作状态可以包括储存、静态携带(运载)、战备警戒(待机)或其他不工作状态。对于导弹、弹药等装备研究其储存可靠性尤其重要。

2. 可靠性工程

为了确定和达到产品的可靠性要求所进行的一系列技术与管理活动。可靠性工程研究的是产品故障发生、发展的规律以及减少或预防故障的手段方法,它贯穿于产品寿命周期的全过程,主要包括可靠性要求论证与确定、可靠性设计与分析、可靠性试验与评价、可靠性数据收集与处理、可靠性管理等。

1.3 可靠性发展

1.3.1 国外可靠性发展

早在1816年,"reliability"一词便已出现,之后,作为一个属性被广泛用于各个方面。在早期的保险行业特别是人的生存概率研究方面即被应用。

20世纪30年代,人们便已开展结构可靠性和疲劳寿命方面的研究。威布尔(Weibull)因开展材料疲劳寿命方面研究,后以其名字命名的 Weibull 分布广为人知。第二次世界大战期间,由于电子设备以及导弹等可靠性问题严重,加速了可靠性研究和发展。特别是由于电子管的可靠性太差,严重影响了武器系统效能的发挥。美国运到远东的航空电子设备 60% 不能使用,50% 的电子设备和备件在储存期间失效。为改进航空电子设备的可靠性水平,美国军方及工业界成立了专门组织开展可靠性问题研究。1950 年美国空军成立了改进设备可靠性的专业小组,1952 年美国国防部成立了一个由军方、工业部门和学术界组成的电子设备可靠性咨询委员会(the Advisory Group on Reliability of Electronic Equipment, AGREE)。1955 年 AGREE 开始实施一项可靠性发展计划,1957 年发表了著名的《军用电子设备可靠性》报告(AGREE 报告),该报告从 9 个方面阐述了可靠性设计、试验及管理的程序与方法,确定了美国可靠性工程发展框架和方向,成为可靠性发展的奠基性文件,也标志着可靠性工程学科的诞生。

20 世纪 60 年代,可靠性工程得以全面发展,开展了许多方面的专业领域研究,制订并颁布了大批可靠性方面的标准和规范,出版了一系列可靠性方面的专著和教科书,AGREE 报告提出的一整套可靠性工程理论和方法在"民兵"导弹、"阿波罗"宇宙飞船等新研装备中应用,许多成果至今还在发挥着重要影响和作用。例如,1962 年颁布《电子设备可靠性预计手册》(MIL - HDBK - 217),1963 年颁布《可靠性试验,指数分布》(MIL - STD - 781),1964 年颁布《电子设备可靠性保证大纲》(MIL - STD - 790),1965 年颁布《系统与设备的可靠性大纲要求》(MIL - STD - 785),1968 年美国陆军颁布《可靠性手册》(AMCP 702 - 3),这些标准和规范为现在的可靠性标准体系奠定了重要基础。这一时期,一些经典的可靠性著作也为可靠性工程的传播和应用发挥了重要作用。例如,Bazovsky 主编的 *Reliability Theory and Practices*(《可靠性理论与实践》)(1961),Calabro 主编的 *Reliability Principles and Practices*(《可靠性原理与实践》),Barlow 和 Proschan 编写的 *Mathematical Theory of Reliability*(《可靠性数学理论》)(1965),Gnedenko、Belyaev 和 Solovyev 编写的 *Mathematical Methods in Reliability Theory*(《可靠性理论中的数学方法》)(1965)等,一些著作多次再版,至今仍流行。20 世纪 60 年代后期,软件可靠性开始引起人们重视并逐渐开展了相关研究,为后期的软件可靠性发展奠定了重要基础。

20 世纪 70 年代,可靠性工程发展更趋成熟。这一时期,由于国际形势变化以及经济危机等因素影响,可靠性工程作为降低装备故障率和寿命周期费用的有效工具,更加引起美军高层的重视。为加强装备可靠性管理,美国国防部建立了统一的管理机构,负责组织、协调有关政策、标准、手册以及重大研究课题,建立了全国统一的可靠性数据交换网,加强政府与工业部门之间的信息交流。在该时期,由于核反应堆的安全性问题使得故障树分析备受瞩目;由于软件逐渐成为系统与设备的重要组成部分,软件可靠性研究也受到极大关注。为促使承包商重视并提高装备的可靠性,可靠性改进保修(Reliability Improvement Warranties)也尝试性开展应用,若供应商使装备可靠性水平高于保修要求,供应商就能得到奖励,美国空军 ARN - 118 导航系统应用后可靠性水平提高了 2~3 倍,至 20 世纪 80 年代这一策略发展成为武器系统的保修策略。

20 世纪 80 年代,可靠性工程得到更深入发展,从传统的军事、航天、核工业领域扩展到石油、化工、电力、汽车等各领域。机械可靠性、软件可靠性、光电器件和微电子器件可靠性得以快速发展,在可靠性预计、故障模式及影响分析、故障树分析等方面广泛应用计算机辅助设计技术。1980 年美国国防部颁布了《可靠性和维修性》(DoD - D5000.40)国防部指令,规定了国防部武器装备采办的可靠性和维修性政策,强调从装备研制开始开展可靠性与维修性工作。

1985年,美国空军提出"R&M2000"行动计划,该计划的目标是通过提高装备可靠性和维修性水平,以提高系统的战备完好性和可用度,降低维修人力要求和寿命周期费用,到2000年实现可靠性加倍、维修减半目标。这一计划的实施,为1991年海湾战争美国空军F-16C/D等战机高的战备完好性和出动率打下了坚实基础。

20世纪90年代,在可靠性工程领域更加重视加速寿命试验、高加速应力筛选、失效物理分析等实用技术研究;在军用标准和民用标准方面开始探索减少军用标准实施军民一体化标准的进程;在新一代装备中软件具有了更强大功能,逐渐成为高技术装备和民用设备的核心组成。但是,由于软件问题也导致了导弹和航天飞行器发射失败等重大事故。例如,1996年欧洲航天局在法属圭亚那发射新研制的"阿丽亚娜5"火箭,因控制软件错误导致火箭升空后数十秒发生爆炸,卫星发射失败。美国空军F-22战斗机机载软件达196万行源代码,执行着全机的80%功能,因软件可靠性问题,造成该机飞行试验计划一再推迟。因此,这一时期人们对软件质量和可靠性问题也更加关注。

进入21世纪,随着装备复杂程度、费用以及作战使用要求等的不断提高,可靠性工程在许多方面不断拓展和深入。美国国防部针对近半数的采办项目在研制过程存在可靠性等方面的问题,进一步深入改革采办的政策、程序和方法,进一步应用军民共用的可靠性标准,进一步强化装备研制过程中的可靠性工作。2008年美国信息技术协会发布了供国防系统设备研制和生产方面的可靠性标准《系统设计、研制和制造用的可靠性工作标准》(GEIA-STD-0009),2009年美国国防部颁布了《可靠性增长管理手册》(MIL-HDBK-00189A)。此外,随着故障预测理论以及传感器技术、计算机技术、网络技术等的发展,故障预测与健康管理(PHM)技术发展迅速,并在美军F-35战斗机、"朱姆沃特"级新型导弹驱逐舰DDG1000、陆军未来作战系统(FCS)以及重型高机动战术运输车HEMTT等装备应用,已成为新一代装备研制的一项关键技术。

1.3.2 国内可靠性发展

我国可靠性研究始于20世纪50年代的电子行业。1956年成立了中国亚热带电信器材研究所,并开展了电信器材方面的可靠性分析研究。1961年该所在国内率先翻译出版了美国《AGREE报告》。这一时期国内翻译出版了一系列国外有关可靠性的书籍和资料,如《可靠性理论基础和计算》(1963)、《无线电电子设备的可靠性》(1964)、《无线电电子设备的可靠性与有效性的计算》(1966)等。20世纪70年代,可靠性工程相继在航天、核工业及通信领域得到应用,保证了运载火箭、通信卫星的成功发射和海底电缆等的正常运行。1975年之后,通过举办可靠性方面的培训班,培养了大批骨干,编写了"可靠性技术丛书",航空装备开始定寿、延寿方面的工作。1979年,我国相继成立了中国电子产品可靠性数据信息交换网、全国电工电子产品可靠性与维修性标准化技术委员会、中国电子学会可靠性分会等全国性技术组织。20世纪80年代,可靠性工程在我国得到迅速发展。在引进国外可靠性管理与工程实践的基础上,国防科技工业部门以及民用电子行业率先制订有关可靠性标准,特别是20世纪80年代后期发布的《装备研制与生产的可靠性通用大纲》(GJB 450)和《装备维修性通用规范》(GJB 368)等国家军用标准,掀起了学习、应用可靠性维修性的高潮。20世纪90年代,可靠性等技术不断在型号装备研制过程中被推广应用,设立了可靠性共性技术预先研究领域,建立了武器装备可靠性工程技术中心,颁布了《可靠性维修性术语》(GJB 451)等国家标准。由于装备系统复杂性、技术难度以及费用等不断提高,一些型号的质量与可靠性问题更加引起重视。

进入21世纪,进一步完善了可靠性等国家军用标准体系,一批新的可靠性标准得到修订和发布。更加重视开展可靠性基础研究和预先研究,在武器装备型号研制中重视推行并行工程和可靠性工程应用,软件可靠性问题更加引起人们重视,建模仿真和虚拟现实等技术在装备可靠性维修性研制和评价中得到快速发展。

1.3.3 与可靠性相关的维修性、保障性发展

由国内外可靠性发展情况可知,可靠性是产品质量的一种重要属性,提高产品的可靠性可以有效减少或避免产品故障的发生,提高产品工作时间和效能。然而,反映产品故障后是否便于维修的一种质量特性——维修性,无论是对产品能工作时间还是维修保障费用,都具有重要影响。因此,仅考虑产品的可靠性只是问题的一个方面,综合考虑可靠性和维修性可以获得更高的效能。

20世纪50年代,由于美军军用电子设备复杂性的提高,可靠性问题愈发严重,维修工作量极大,大约每250个电子管就需要一名维修人员,各种武器装备年维修费用约为90亿美元,占美军国防预算的25%,装备维修性问题开始引起美军重视。50年代后期,美国罗姆航空发展中心以及航空医学研究所等开展了维修性设计研究,提出了设置维修检查窗口、测试点等措施,通过设计以改进装备的维修性。1959年美军首个维修性军用标准《美国空军航空空间系统与设备的维修性要求》(MIL-M-26512)颁布实施,随后,相继制订了海军电子设备、导弹武器系统维修性要求等有关标准。60年代,维修性研究由一般设计指导和定性研究转向定量化的研究。借鉴可靠性工程方法,应用概率论与数理统计工具开展维修性设计、试验与评价等研究,取得了重大成效。1962年出版了维修性代表著作《维修性设计指导》(AMCP706-134),1966年美军颁布了关于维修性的系列军用标准《维修性大纲要求》(MIL-STD-470)、《维修性验证》(MIL-STD-471)、《维修性预计》(MIL-HDBK-472)、《关于可靠性、维修性、人的因素及安全性等系统效能的术语定义》(MIL-STD-721B),初步形成了维修性工程活动的法规体系,也标志着维修性成为一门独立的学科。70年代至80年代,由于武器装备维修费用和人力需求大大增加,人们对可靠性、维修性的认识进一步深化,更加关注通过可靠性和维修性工程以提高武器系统效能、减少维修保障费用。1976年出版的《维修性工程的理论与应用》(AMCP706-133)系统论述了维修性及有关系统效能等概念和维修性技术。在此期间,出版了多部维修性工程方面的论著,维修性工程理论与技术得以全面发展,除在F-16、M1坦克研制中开始应用外,维修性工程也向民用设备扩展。20世纪90年代之后,随着计算机等技术的快速发展,计算机仿真技术和虚拟现实等技术开始应用于维修性设计与验证,并在美军CNV-21核动力航空母舰、F-35战斗机、未来作战系统等新一代装备研制中应用。

保障性概念和技术是伴随着综合后勤保障(Integrated Logistics Support,ILS)而发展的。20世纪60年代,随着武器装备复杂程度的不断提高,装备战备完好性低、维修保障不堪重负问题变得越来越严重,美军开始认识并在装备研制时期考虑装备的保障问题。1964年6月,美国国防部首次颁布了《系统和设备的综合后勤保障规划指南》(DoDI 4100.35)指令性文件,提出了综合后勤保障的概念以及寿命周期过程中的综合后勤保障问题。1968年6月,美国国防部颁布《维修工程政策管理》(DoDI 4151.12)指令性文件,给出了维修工程定义,强调通过设计阶段与获取阶段有关工作,以保证武器装备得到及时、恰当而又经济的维修保障。1968年10月,美国国防部将DoDI 4100.35更新为DoDD 4100.35G,描述了综合后勤保障的11个组成要素,提出应对装备保障性进行分析和评价。1971年,美国国防部颁布军用标准《综合后勤保障

大纲要求》(MIL-STD-1369),明确指出将保障性分析作为支持综合后勤保障的一种系统工程方法,并称其为后勤保障分析(Logistics Support Analysis,LSA)。为更好地开展综合后勤保障及LSA工作,1973年美国国防部颁布了军用标准《后勤保障分析》(MIL-STD-1388-1)和《国防部对后勤保障分析记录的要求》(MIL-STD-1388-2),这两个标准规定了装备寿命周期各阶段开展后勤保障分析的一般要求和程序,为改善装备的保障性提供了分析工具。1975年,在美国陆军部主持下,由航天局编写出版了《维修工程技术》一书,比较系统地论述了维修工程理论和方法。值得说明的是,尽管综合后勤保障的研究范围和内涵比维修工程更宽一些,但其基本原理、要求和主要分析方法实质上是一致的。这期间的一系列军标的颁布和相关著作的出版,有力地促进了综合后勤保障理论与分析方法在新研装备中的应用。例如,在美军F-16、F/A-18战斗机和M1主战坦克等第三代装备型号研制中,不同程度地开展了保障性分析与评价。20世纪80年代,美国军方认识到要解决保障性问题不仅需要进行保障性分析与设计,更要从管理入手,综合运用各种工程技术以解决保障问题。1980年美国国防部颁布《系统和设备综合后勤保障的采办和管理》(DoDD 5000.39),该指令规定应将保障性与性能、进度和费用同等对待,应从装备寿命周期一开始就开展综合后勤保障工作以达到规定的保障性要求。1983年DoDD 5000.39更新为DoDD 5000.39—1983,更加突出了战备完好性要求,并要求装备部署到部队时其配套的保障系统应当同时建成。1983年MIL-STD-1388-1被更新为MIL-STD-1388-1A,新版军用标准对后勤保障分析工作项目定义得更加详细,并明确给出了保障系统的定义:"在系统或装备寿命周期内,用于使用和维修所需资源的组合"。1984年MIL-STD-1388-2更新为MIL-STD-1388-2A。之后,美国三军先后颁布了一系列指令文件,规定了开展综合后勤保障工作的政策、程序和职责,保障性分析工作在新研和改型装备中得到广泛应用。20世纪90年代,冷战的结束以及军事需求的变化,使得美军武器装备的采办费锐减,为适应新的形势,美国国防采办策略也发生了明显变化。美国国防部废除DoDD 5000.39后,将综合后勤保障纳入国防部指令《防务采办管理政策和程序》(DoDI 5000.2),将综合后勤保障作为装备采办工作的一个不可分割的组成部分。1997年美国国防部颁布《采办后勤》(MIL-HDBK-502),以手册形式给出了装备研制阶段进行保障性分析的程序和方法,将综合后勤保障改为采办后勤,将后勤保障分析(LSA)直接称为保障性分析(SA)。进入21世纪,美军开展了新一轮的采办改革,通过推行基于性能的后勤(Performance Based Logistics,PBL)、基于性能的保障性(Performance Based Supportability,PBS)等策略,以缩短研制周期,提高装备的战备完好性水平,降低使用与维修保障费用。2003年美国国防部颁布《国防部武器系统的保障性设计与评估——提高可靠性和缩小后勤保障规模的指南》,2005年美国国防部颁布《可靠性可用性和维修性指南》等系列指导性文件。2007年美国在MIL-STD-1388-2B基础上,推出了《保障产品数据》(GEIA-STD-007)标准,给出了600余种产品后勤保障设备的数据规范格式。当前国外有关综合后勤保障的较新标准有《产品寿命周期保障》(ISO 10303-239)与欧洲航空航天防务工业协会(ASD)系列标准。ISO 10303-239是产品寿命周期保障(PLCS)委员会制订的结构化数据交换的国际标准,其主要目的是使飞机、舰船、发动机等复杂系统从方案、设计、制造、使用到报废全寿命周期内的保障信息集成共享。ASD则代表了欧洲20个国家的32家行业协会,成员公司超过800家,其成员来自不同工业领域的企业与机构。ASD系列标准包括S1000D、S2000M、S3000L、S4000M、S5000F以及顶层标准SX000I,其中,《使用公用资源数据库的技术出版物国际规范》(S1000D)是一个采用"通用资源数据库"(CSDB)来开发交互式电子技术出版物(IETM)的国际标准,S1000D在"阵风"和"狂风"战斗机、全球鹰无人机、F-117A 飞机、"阿帕奇"直升机等多种装备上进行了应用。《军用装备物资管理综合数据处理国际规范》(S2000M)是政府、采购和保障部门以及工业部门共同使用的物资供应规范,是保障军事项目的通用要求。《后勤保障分析应用指南》(S3000L)是在《后勤保障分析》(MIL-STD-1388-)等标准基础上,融入了欧洲军机(如 EF2000、A400M)后勤保障分析工程经验后演变而来的,它给出了信息交换过程的规则和应用指南,定义了后勤保障分析的业务流程和工作包,并规定了信息交换等内容。《军用飞机定期维修大纲编制程序指南》(S4000M)是在 MSG-3 基本流程基础上,通过总结项目实施中的经验教训,建立了制订军机预防性维修大纲的基本方法和逻辑关系,规定了系统和动力装置分析、结构分析、区域分析等程序与方法。《使用与维修数据反馈应用指南》(S5000F)规范了数据反馈过程以及相关约定,包括缺陷分析数据、事件和系统/机载设备健康分析数据、使用优化数据、综合机队管理数据、消耗品有关数据、工程记录卡(ERC)有关数据、基于性能保障合同的保障管理数据、寿命周期费用(LCC)相关数据、保障责任和义务相关数据等。《综合后勤保障》(SX000I)是基于《产品寿命周期保障》(ISO 10303-239)等标准和现代信息技术而制订的综合后勤保障全过程的总体标准,目的是使其他 ASD 标准所涉及的业务过程能够有机配合。目前,ASD 系列标准正在欧洲乃至世界产生重要影响并发挥重要作用。

习　题

1. 什么是可靠性？请查找装备或产品使用说明书中提到的有关可靠性内容,并对其进行说明。
2. 什么是任务可靠性？什么是基本可靠性？试举例说明其在故障统计方面有何不同。
3. 什么是使用可靠性？什么是固有可靠性？试举例说明爱惜手中装备或产品的重要性。
4. 什么是故障？在装备或产品使用过程中,你是否经历过你认为产品出现了故障,而商家或产品说明书中却不认为是故障？若有请描述该情况,若没有试给出一可能的案例。
5. 试以某装备或产品为例解释其可靠性与性能之间的区别。

第 2 章 可靠性及其定量描述

对可靠性进行定量描述是开展产品可靠性设计与分析的重要基础。本章主要介绍常用的可靠性特征量,包括可靠度函数、累积故障分布函数、故障密度函数、故障率函数和平均寿命等有关概念和计算方法。

2.1 可靠度函数

2.1.1 可靠度定义

可靠度函数(Reliability Function)简称可靠度,是可靠性的概率描述。其定义为:产品在规定的条件下和规定的时间 t 内,完成规定功能的概率,记为 $R(t)$。

设 T 是产品在规定条件下的寿命:如果产品的寿命 T 大于规定的时间 t,即 $T>t$,则表明产品在规定时间 t 内能完成规定的功能;相反,当 $T \leq t$ 时,即产品不能在规定时间 t 内完成规定的功能。由可靠度定义可得

$$R(t) = P(T > t) \qquad (2-1)$$

$R(t)$ 随时间 t 变化的趋势如图 2-1 所示。

由概率论的性质可知:
(1) $R(0) = 1$;
(2) $\lim_{t \to \infty} R(t) = 0$;
(3) $R(t)$ 是 t 的非增函数。

产品在规定的条件下和规定的时间 t 内不能完成规定功能的概率,称为产品的累积故障分布函数或不可靠度,记为 $F(t)$。设产品的寿命为 T,则有

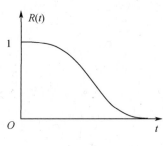

图 2-1 $R(t)$ 曲线

$$F(t) = P(T \leq t)$$

由于产品可靠度 $R(t)$ 与累积故障分布函数 $F(t)$ 二者是对立事件,所以下式成立,即

$$R(t) + F(t) = 1 \qquad (2-2)$$

2.1.2 可靠度估计

假如在 $t=0$ 时有 N 件产品开始工作,而到时刻 t 有 $r(t)$ 个产品发生故障,仍有 $N-r(t)$ 个产品继续工作,由概率论可知,$R(t)$ 的估计值可表示为

$$\hat{R}(t) = \frac{N - r(t)}{N} \qquad (2-3)$$

即在规定时间内,产品的可靠度估计值 $\hat{R}(t)$ 等于在时刻 t 能正常工作的产品数与 $t=0$ 时参加

试验(使用)的产品数 N 之比,它是产品在规定时间 t 内能工作的频率。

同理,累积故障分布函数的估计值可表示为

$$\hat{F}(t) = \frac{r(t)}{N} \tag{2-4}$$

即在规定时间 t 内,产品的累积故障分布函数的估计值 $\hat{F}(t)$ 等于在时刻 t 前发生故障的产品数与开始时刻 $t=0$ 参加试验(使用)的产品数 N 之比,它是产品在规定时间内发生故障的频率。

例 2-1 抽取 10 支枪进行靶场寿命试验,每支枪首次故障前的射击发数为 1000、1500、2000、3500、5000、6500、7500、8000、9000。试估计该种枪射击 4000 发时的可靠度和不可靠度。

解 $\hat{R}(4000) = \dfrac{N-r}{N} = \dfrac{10-4}{10} = 0.6$

$\hat{F}(4000) = \dfrac{r}{N} = \dfrac{4}{10} = 0.4$

例 2-2 在相同条件下对 100 个某种元件进行寿命试验,每工作 100h 统计一次,得到结果如图 2-2 所示。试估计该种元件在各检测点的可靠度。

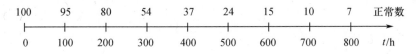

图 2-2 元件寿命试验统计结果

解 依题意,计算结果见表 2-1。

表 2-1 例 2-2 计算结果

t_i/h	在 $(0, t_i)$ 内故障数 $r(t_i)$	$\hat{R}(t_i) = \dfrac{N - r(t_i)}{N}$
0	0	1.00
100	5	0.95
200	20	0.80
300	46	0.54
400	63	0.37
500	76	0.24
600	85	0.15
700	90	0.10
800	93	0.07

由表 2-1 可画出 $R(t)$ 的曲线,如图 2-3 所示。

从图 2-3 可以估计出不同时刻的可靠度值。例如,在 $t=250h$ 时,对应的可靠度 $R(250) \approx 0.68$;反之,若给定可靠度为 0.90,也可按图估计出对应的时间 t,即 $R(t)=0.90$ 时,$t=130h$。

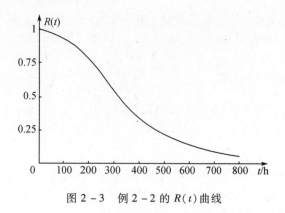

图 2-3 例 2-2 的 $R(t)$ 曲线

2.2 故障密度函数

在可靠度函数或累积故障分布函数中,不易看出产品发生故障随时间变化的速度,为此引入故障密度函数。

2.2.1 故障密度函数定义

在规定条件下使用的产品,在时刻 t 后单位时间内发生故障的概率,称为产品在时刻 t 的故障密度函数,记为 $f(t)$,即

$$f(t) = \lim_{\Delta t \to 0} \frac{P(t < T \leq t + \Delta t)}{\Delta t} \tag{2-5}$$

式中:$P(t < T \leq t + \Delta t)$ 表示产品在 $(t, t + \Delta t]$ 内发生故障的概率。其物理意义是:产品在时刻 t 后一个单位时间内发生故障的概率。

由概率论可知,式(2-5)可进一步推得

$$f(t) = \lim_{\Delta t \to 0} \frac{P(T \leq t + \Delta t) - P(T \leq t)}{\Delta t} = \lim_{\Delta t \to 0} \frac{F(t + \Delta t) - F(t)}{\Delta t} = F'(t)$$

$f(t)$ 具有以下性质:

① 归一性:$\int_0^{+\infty} f(t) \, dt = 1$。

② 非负性:$f(t) \geq 0$。

2.2.2 故障密度函数估计

假设 $t = 0$ 时有 N 个产品投入使用,在 $(t, t + \Delta t]$ 内有 $\Delta r(t)$ 个产品发生了故障。那么 $f(t)$ 的频率估计可以表示为

$$\hat{f}(t) = \frac{r(t + \Delta t) - r(t)}{N} \times \frac{1}{\Delta t} = \frac{\Delta r(t)}{N} \times \frac{1}{\Delta t} \tag{2-6}$$

例 2-3 已知条件同例 2-2,估计该元件在各检测点的分布函数值 $F(t_i)$ 及故障密度函数值 $f(t_i)$,并给出 $F(t)$、$f(t)$ 曲线。

解 由式(2-4)和式(2-6)可得

$$F(t_i) \approx \frac{r(t_i)}{N}, \quad f(t_i) \approx \frac{r(t_{i+1}) - r(t_i)}{N} \times \frac{1}{t_{i+1} - t_i} = \frac{\Delta r(t_i)}{N} \times \frac{1}{\Delta t_i}$$

式中

$$\Delta r(t_i) = r(t_{i+1}) - r(t_i), \quad \Delta t_i = t_{i+1} - t_i$$

由于 $N = 100$ 个,再由式(2-4)和式(2-6)计算,可得表 2-2。

表 2-2 例 2-3 计算结果

t_i/h	$\Delta r(t_i)$	$r(t_i)$	$F(t_i)$	$f(t_i)/(10^{-4}\text{h}^{-1})$
0	5	0	0	5
100	15	5	0.05	15
200	26	20	0.20	26
300	17	46	0.46	17
400	13	63	0.63	13
500	9	76	0.76	9
600	5	85	0.85	5
700	3	90	0.90	3
800		93	0.93	—

由表 2-2 可画出 $F(t)$ 和 $f(t)$ 曲线,如图 2-4 所示。

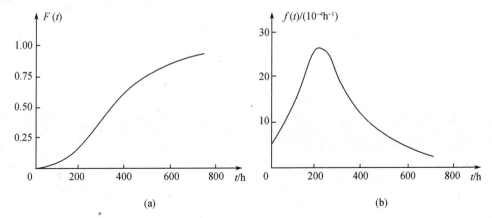

图 2-4 $F(t)$ 和 $f(t)$ 曲线
(a) $F(t)$ 曲线;(b) $f(t)$ 曲线。

例 2-4 如果一条生产线上有 100 个同样的部件在工作,目前已经工作了 1000h,并且根据历史数据求得 $f(1000) = 0.001/\text{h}$,求下一次故障大概会出现在什么时间?再工作一天会出现多少次故障?

解 $\Delta t = \dfrac{\Delta r(t)}{\hat{f}(t) \cdot N} = \dfrac{1}{0.001 \times 100} = 10(\text{h})$

$\Delta r(t) = \hat{f}(t) \cdot N \cdot \Delta t = 0.001 \times 100 \times 24 = 2.4 \approx 3(\text{次})$

因此,掌握了故障密度函数能够预测下一次故障大概的发生时间,可以起到预警作用,以便提早采取措施;能够计算未来一段时间内的故障次数,便于提前准备好备件等资源。

2.3 故障率函数

2.3.1 故障率函数定义

已工作到时刻 t 的产品,在时刻 t 后单位时间内发生故障的概率,称为产品在时刻 t 的故障率函数,简称为故障率,记为 $\lambda(t)$,即

$$\lambda(t) = \lim_{\Delta t \to 0} \frac{P\{t < T \leq t + \Delta t \mid T > t\}}{\Delta t} \qquad (2-7)$$

该概念表示,如果产品工作到时刻 t 还没有发生故障,即正常工作,那么该产品在以后单位时间内发生故障的概率即故障率。

由条件概率公式可推得

$$P\{t < T \leq t + \Delta t \mid T > t\} = \frac{P\{t < T \leq t + \Delta t, T > t\}}{P\{T > t\}} = \frac{P\{t < T \leq t + \Delta t\}}{P\{T > t\}}$$

$$= \frac{P\{T \leq t + \Delta t\} - P\{T \leq t\}}{1 - P\{T \leq t\}} = \frac{F(t + \Delta t) - F(t)}{1 - F(t)}$$

$$\lambda(t) = \lim_{\Delta t \to 0} \frac{F(t + \Delta t) - F(t)}{\Delta t} \times \frac{1}{1 - F(t)} = \frac{F'(t)}{1 - F(t)} = \frac{f(t)}{1 - F(t)}$$

$$\lambda(t) = \frac{f(t)}{1 - F(t)} = \frac{f(t)}{R(t)} \qquad (2-8)$$

在实践中,故障率是产品的一个重要参数。故障率越小,其可靠性越高;反之,故障率越大,可靠性就越差。电子产品就是按故障率大小来评价其质量等级的,常见等级见表 2-3。

表 2-3 常见电子产品故障率等级表

等级	电子产品故障率水平
亚五级(Y)	$1 \times 10^{-5}/h \leq \lambda < 3 \times 10^{-5}/h$
五级(W)	$0.1 \times 10^{-5}/h \leq \lambda < 1 \times 10^{-5}/h$
六级(W)	$0.1 \times 10^{-6}/h \leq \lambda < 1 \times 10^{-6}/h$
七级(W)	$0.1 \times 10^{-7}/h \leq \lambda < 1 \times 10^{-7}/h$
八级(W)	$0.1 \times 10^{-8}/h \leq \lambda < 1 \times 10^{-8}/h$
九级(W)	$0.1 \times 10^{-9}/h \leq \lambda < 1 \times 10^{-9}/h$
十级(W)	$0.1 \times 10^{-10}/h \leq \lambda < 1 \times 10^{-10}/h$

2.3.2 故障率估计

设在 $t = 0$ 时有 N 个产品开始工作,到时刻 t 有 $r(t)$ 个产品发生故障,还有 $N - r(t)$ 个产品能够继续工作。为了考察时刻 t 后产品发生故障的情况,在时间 $(t, t + \Delta t]$ 内,观察还能继续工作的 $N - r(t)$ 个产品的故障情况。假设在时间 $(t, t + \Delta t]$ 内有 $\Delta r(t)$ 个产品发生故障,则在时刻 t 尚有 $N - r(t)$ 个产品能够继续工作的条件下,单位时间内发生故障的频率为

$$\hat{\lambda}(t) = \frac{\Delta r(t)}{N - r(t)} \cdot \frac{1}{\Delta t} \qquad (2-9)$$

$\hat{\lambda}(t)$ 的单位是时间的倒数。对于高可靠性产品,常用菲特(Fit)来定义,1 菲特 = 10^{-9}/h。例如,某电子元器件的故障率为 0.1Fit,从概率意义上讲,工作 1h,100 亿个元器件中只有 1 个会发生故障。

例 2 – 5 在 $t = 0$ 时,有 100 个产品开始工作,工作 100h 时,发现有 2 个产品已发生故障;继续工作 10h,又有一个产品发生故障;求 $\hat{f}(100)$ 和 $\hat{\lambda}(100)$ 为多少? 再假设工作到 1000h 时,有 10 个产品发生故障,工作到 1010h 时,总共发生故障的产品有 11 个,求 $\hat{f}(1000)$ 和 $\hat{\lambda}(1000)$ 为多少?

解
$$\hat{f}(100) = \frac{\Delta r(100)}{N} \times \frac{1}{\Delta t} = \frac{1}{100} \times \frac{1}{10} = \frac{1}{1000}/h$$

$$\hat{\lambda}(100) = \frac{\Delta r(100)}{N - r(100)} \times \frac{1}{\Delta t} = \frac{1}{100 - 2} \times \frac{1}{10} = \frac{1}{980}/h$$

$$\hat{f}(1000) = \frac{\Delta r(1000)}{N} \times \frac{1}{\Delta t} = \frac{11 - 10}{100} \times \frac{1}{10} = \frac{1}{1000}/h$$

$$\hat{\lambda}(1000) = \frac{\Delta r(1000)}{N - r(1000)} \times \frac{1}{\Delta t} = \frac{11 - 10}{100 - 10} \times \frac{1}{10} = \frac{1}{900}/h$$

根据计算结果:从故障密度观点来看,在 $t = 100h$ 和 $t = 1000h$ 时,这些产品单位时间内的故障频率是相同的;而从故障率角度来看,它们是有区别的。也就是说,$\lambda(t)$ 和 $f(t)$ 都可以反映产品发生故障的变化情况,但是 $f(t)$ 不如 $\lambda(t)$ 灵敏。

故障率函数在可靠性函数中占有重要的地位。它既能反映产品可靠性的瞬时特性,又可导出其他可靠性函数。2.5 节将会讨论故障率函数与其他函数之间的关系。

2.3.3 故障规律

为了研究产品故障率的变化规律,早在 20 世纪 50 年代,人们就通过分析各类产品的可靠性数据给出了典型产品的故障率曲线,如图 2 – 5 所示。由于它的形状与浴盆的剖面相似,所以又称为浴盆曲线(Bathtub – curve)。

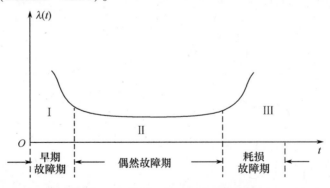

图 2 – 5 典型产品的故障率曲线

根据图 2 – 5 所示的产品故障率的变化情况,可将产品的故障率曲线分为早期故障期、偶然故障期和耗损故障期 3 个阶段。

1. 早期故障期

特点:随着产品工作时间的增加,故障率迅速下降;$\lambda(t)$ 是 t 的减函数。

主要的故障原因是设计不完善、制造缺陷及管理控制不当、检验疏忽,如选材不合理、工艺缺陷、元器件不良、安装差错等。

措施:一是进行元器件筛选,把产品的工作条件变得更恶劣一些,使不合格的元器件早点暴露出来,实现"优胜劣汰";二是进行失效处理,如金属材料在热处理的过程中,其内部会存在一定的应力,这些应力逐渐释放会影响零部件的性能,因此常常将经过热处理的材料露天放置一段时间再使用;三是通过一段时间的工作磨合(或老炼)暴露出来,通过更换不良元器件,进行性能调整等措施,降低产品的故障率。此外,对产品进行可靠性加速寿命试验等措施也是非常有效的。

2. 偶然故障期

特点:这一时期的特点是产品处于正常运转状态,故障率较低,而且比较稳定,故障率近似为常数,这个时期也称为随机故障期或稳定工作期。偶然故障出现在什么时间是无法预测的。但是,在该阶段产品的故障率较低且基本保持常数,是产品的最佳工作阶段。

主要的故障原因是由偶然因素引起的。一般是因操作失误、维修使用不当、包装运输储存不当等外部随机因素引起的。例如,检测设备误报或漏报,使用中人为差错、误用或滥用等。

措施:一是要求操作者要严格按规定使用产品,搞好维护、保养工作;二是加强管理,在使用过程中注意故障发生前的异常现象并及时消除,将故障消除在萌芽阶段。

3. 耗损故障期

特点:这个时期的特点是产品的故障率随时间的延长迅速增加。$\lambda(t)$ 是增函数。

主要的故障原因是产品老化、疲劳和磨损等。到了这个时期,大部分产品就要开始发生故障,而且有些产品老化会引起系统故障。据资料表明,美国1986年发射的"挑战者"号航天飞机在第10次发射时发生爆炸,主要是因为局部密封圈发生老化所导致的,当时也有人认识到这个问题,但是没有采取措施,从而导致了严重事故的发生。

措施:通过采取预防性维修或更换等手段可以有效降低产品的故障率,维持产品的正常运行,延长产品的使用寿命。

研究产品的浴盆曲线,可从宏观上掌握产品的故障规律,分析故障原因,进而寻求解决途径。

2.4 产品寿命

产品从开始工作到发生故障前的一段时间 T 称为产品寿命。由于产品发生故障是随机的,所以产品寿命 T 是一个随机变量。对不同的产品、不同的工作条件,寿命 T 取值的统计规律一般是不同的。

在研究产品可靠性时,人们常常将产品分为可修产品和不修产品。可修产品是指当产品故障后,可通过修复性维修恢复其到规定状态的产品,若不可修复或不值得修复,则称其为不修产品。对于这两种不同类型的产品,寿命的含义也略有不同。对不修产品而言,寿命是指其首次故障前的工作时间,而对可修产品,寿命则是指产品两次相邻故障之间的工作时间。可修产品和不修产品的寿命如图2-6所示。

产品寿命中所说的时间是广义时间,其单位称为寿命单位。根据产品寿命度量不同,有不同的寿命单位,如 h、km、摩托小时、飞行小时等。

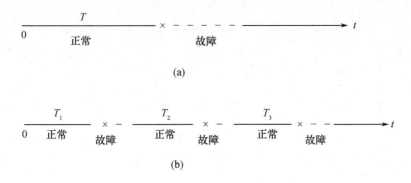

图 2-6 可修产品和不修产品状态描述示意图
(a)不修产品状态描述；(b)可修产品状态描述。

2.4.1 平均寿命

平均寿命就是产品寿命的平均值或寿命的数学期望,通常记为 θ。不修产品的平均寿命又称为平均故障前时间,记为 MTTF(Mean Time to Failure),可修产品的平均寿命又称为平均故障间隔时间,记为 MTBF(Mean Time Between Failure)。平均寿命一般通过寿命试验,用所获得的数据来估计。

MTTF 的估计值为

$$\text{MTTF} = \frac{1}{n} \sum_{i=1}^{n} t_i \tag{2-10}$$

式中 n——测试的产品总数；
t_i——第 i 个产品故障前的工作时间。

MTBF 的估计值为

$$\text{MTBF} = \frac{1}{N} \sum_{i=1}^{n} \sum_{j=1}^{n_i} t_{ij} \tag{2-11}$$

式中 n——测试的产品总数；
N——测试产品的所有故障数, $N = \sum_{i=1}^{n} n_i$；
n_i——第 i 个测试产品的故障数；
t_{ij}——第 i 个产品的第 $j-1$ 次故障到第 j 次故障的工作时间。

因此,MTTF 和 MTBF 的估计值可表示为

$$\hat{\theta} = \frac{1}{N} \sum_{i=1}^{N} t_i \tag{2-12}$$

其含义为:平均寿命是所有产品试验的总工作时间与在此期间的故障总次数之比。

如果仅考虑首次故障前的一段工作时间,那么二者就没有区别了,所以将二者统称为平均寿命,记为 θ。若产品的故障密度函数 $f(t)$ 已知,由概率论中数学期望的定义,有

$$\theta = \int_{0}^{+\infty} t f(t) \, dt \tag{2-13}$$

进一步推导,得

$$\theta = \int_0^{+\infty} tf(t)\mathrm{d}t = \int_0^{+\infty} t\mathrm{d}F(t) = -\int_0^{+\infty} t\mathrm{d}R(t) = -tR(t)\Big|_0^{+\infty} + \int_0^{+\infty} R(t)\mathrm{d}t = \int_0^{+\infty} R(t)\mathrm{d}t \quad (2-14)$$

由此可见,在一般情况下,将可靠度函数在$[0,+\infty)$区间上进行积分,便可得到产品总体的平均寿命。

平均寿命是一个标志产品平均能工作多长时间的量,不少产品用平均寿命作为可靠性参数,如车辆的平均故障间隔里程,雷达、指挥仪及各种电子设备的平均故障间隔时间,枪、炮的平均故障间隔发数等。人们可以从这个参数中比较直观地了解一种产品的可靠性水平,也容易比较不同产品可靠性水平的高低。

但是,平均寿命只能反映某型产品寿命的平均值,并不表示该产品都能工作到这一时间。对于不同分布的产品,虽然平均寿命相同,但其可靠度变化是不同的。即使是同一分布的产品,如都是正态分布,当均值相同而方差不同时,可靠度变化规律也不同。在可靠性工程中,除用到平均寿命外,还将用到可靠寿命、特征寿命和中位寿命。

2.4.2 可靠寿命

若已知可靠度函数$R(t)$的表达式,则给定一个可靠度,即可求出对应着这个可靠度的工作时间。

可靠寿命(Reliable Life)是指给定的可靠度所对应的寿命单位数。

若给定的可靠度为r,产品可靠度为r时所对应的时间t_r就称为产品的可靠寿命,其满足

$$R(t_r) = r \quad (2-15)$$

特别地,当$r=0.5$时,$t_{0.5}$称为产品的中位寿命,中位寿命反映了产品好坏各占一半时所对应的工作时间。当$r=\mathrm{e}^{-1}$时,$t_{\mathrm{e}^{-1}}$称为产品的特征寿命,如图2-7所示。

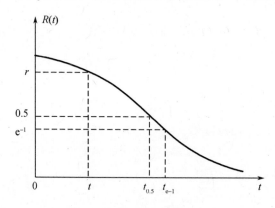

图2-7 产品的可靠寿命

可以看出:产品工作到可靠寿命t_r时,大约有$100(1-r)\%$产品已经发生故障;产品工作到中位寿命$t_{0.5}$时,大约有一半产品发生故障;产品工作到特征寿命时,大约有63.2%产品发生故障(在指数寿命分布下)。

例2-6 设产品的故障密度$f(t) = 0.25 - 0.03125t(0 \leq t \leq 8)$,其中$t$的单位为年,求$F(t)$、$R(t)$、$\lambda(t)$、$\theta$和$t_{0.5}$。

解 由产品的故障密度可知,产品的寿命分布函数为

$$F(t) = \int_0^t f(t)\mathrm{d}t = 0.25t - 0.015625t^2, \quad 0 \leq t \leq 8$$

其可靠度和故障率分别为

$$R(t) = 1 - F(t) = 1 - 0.25t + 0.015625t^2, \quad 0 \leq t \leq 8$$

$$\lambda(t) = \frac{f(t)}{R(t)} = \frac{0.25t - 0.015625t^2}{1 - 0.25t + 0.015625t^2}, \quad 0 \leq t \leq 8$$

类似地,可得到

$$\theta = \int_0^{+\infty} R(t)\mathrm{d}t = \int_0^8 [1 - 0.25t + 0.015625t^2]\mathrm{d}t = 2.667(年)$$

$$t_{0.5} = 2.343(年)$$

2.5 常用可靠性函数之间的关系

2.5.1 $F(t)$、$R(t)$、$f(t)$ 的关系

$R(t) = 1 - F(t) = 1 - \int_0^t f(t)\mathrm{d}t = \int_t^{+\infty} f(t)\mathrm{d}t$,即故障分布函数 $F(t)$ 的几何意义是在区间 $[0,t]$ 上故障密度 $f(t)$ 曲线下的面积,可靠度函数 $R(t)$ 的几何意义是在区间 $[t, +\infty)$ 上故障密度曲线下的面积,如图 2-8 所示。

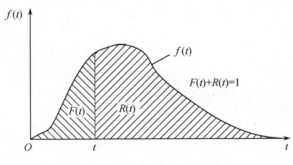

图 2-8 $F(t)$、$R(t)$、$f(t)$ 的关系

2.5.2 $\lambda(t)$ 与 $F(t)$、$R(t)$、$f(t)$ 的关系

由公式 $\lambda(t) = \frac{f(t)}{R(t)}$ 可得

$$\int_0^t \lambda(t)\mathrm{d}t = \int_0^t \frac{f(t)}{R(t)}\mathrm{d}t$$

$$\int_0^t \lambda(t)\mathrm{d}t = -\int_0^t R(t)\mathrm{d}R(t) = -\ln R(t)\Big|_0^t$$

$$\int_0^t \lambda(t)\mathrm{d}t = -\ln R(t)$$

$$R(t) = \exp\left[-\int_0^t \lambda(t)\mathrm{d}t\right]$$

同理可得

$$f(t) = [1 - R(t)]' = \lambda(t)\exp\left[-\int_0^t \lambda(t)\mathrm{d}t\right]$$

例 2-7 设产品寿命 T 服从指数分布,其故障密度为

$$f(t) = \lambda \mathrm{e}^{-\lambda t}, \quad t \geqslant 0; \lambda > 0$$

求:$R(t)$、$F(t)$、$\lambda(t)$。

解 记 $T \sim E(\lambda)$,则产品的可靠度为

$$R(t) = \int_t^{+\infty} \lambda \mathrm{e}^{-\lambda t}\mathrm{d}\lambda = \mathrm{e}^{-\lambda t}, \quad t \geqslant 0$$

$$F(t) = \int_0^t f(t)\mathrm{d}t = 1 - \mathrm{e}^{-\lambda t}$$

$$\lambda(t) = \frac{f(t)}{R(t)} = \lambda$$

由上可知,当产品寿命服从指数分布时,产品的故障率为常数,并不随着工作时间的增加而变化。相对于产品可靠度,由于可靠度总是随着产品工作时间的增加而降低,可靠度的变化趋势并不能直观地反映产品故障随时间的变化情况。由此可见,故障率更能灵敏地反映产品在每一个时刻的故障规律。

2.5.3 常用可靠性函数相互关系

常用可靠度函数 $R(t)$、不可靠度函数(累积故障分布函数)$F(t)$、故障密度函数 $f(t)$、故障率函数 $\lambda(t)$、平均寿命 θ、可靠寿命 t_r、中位寿命 $t_{0.5}$、特征寿命 $t_{e^{-1}}$ 的定量描述方式见表 2-4。

表 2-4 常用可靠性函数的定量描述方式表

函数	数学表达式	估计值
不可靠度函数(累积故障分布函数)$F(t)$	$F(t) = P(T \leqslant t)$	$\hat{F}(t) = \dfrac{r(t)}{N}$
可靠度函数 $R(t)$	$R(t) = P(T > t)$	$\hat{R}(t) = \dfrac{N - r(t)}{N}$
故障密度函数 $f(t)$	$f(t) = \lim\limits_{\Delta t \to 0}\dfrac{P(t < T \leqslant t + \Delta t)}{\Delta t}$	$\hat{f}(t) = \dfrac{\Delta r(t)}{N \cdot \Delta t}$
故障率函数 $\lambda(t)$	$\lambda(t) = \lim\limits_{\Delta t \to 0}\dfrac{P(T \leqslant t + \Delta t \mid T > t)}{\Delta t}$	$\hat{\lambda}(t) = \dfrac{\Delta r(t)}{[N - r(t)] \cdot \Delta t}$
平均寿命 θ	$\theta = \int_0^{+\infty} tf(t)\mathrm{d}t$	$\hat{\theta} = \dfrac{1}{n}\sum\limits_{i=1}^n t_i$
可靠寿命 t_r	$R(t_r) = r$	
中位寿命 $t_{0.5}$	$R(t_{0.5}) = 0.5$	
特征寿命 $t_{e^{-1}}$	$R(t_{e^{-1}}) = \mathrm{e}^{-1}$	

$R(t)$、$F(t)$、$f(t)$、$\lambda(t)$、θ 的相互关系见表 2-5。

表 2-5　常用可靠性函数相互关系表

函数	$R(t)$	$F(t)$	$f(t)$	$\lambda(t)$
$R(t)$		$1-F(t)$	$\int_{t}^{+\infty} f(t)\,\mathrm{d}t$	$\exp\left[-\int_{0}^{t}\lambda(t)\,\mathrm{d}t\right]$
$F(t)$	$1-R(t)$		$\int_{0}^{t} f(t)\,\mathrm{d}t$	$1-\exp\left[-\int_{0}^{t}\lambda(t)\,\mathrm{d}t\right]$
$f(t)$	$-R'(t)$	$F'(t)$		$\lambda(t)\exp\left[-\int_{0}^{t}\lambda(t)\,\mathrm{d}t\right]$
$\lambda(t)$	$\dfrac{-R'(t)}{R(t)}$	$\dfrac{F'(t)}{1-F(t)}$	$\dfrac{f(t)}{\int_{t}^{+\infty} f(t)\,\mathrm{d}t}$	
θ	$\int_{0}^{+\infty} R(t)\,\mathrm{d}t$	$\int_{0}^{+\infty}[1-F(t)]\,\mathrm{d}t$	$\int_{0}^{+\infty} tf(t)\,\mathrm{d}t$	$\int_{0}^{+\infty}\exp\left[-\int_{0}^{t}\lambda(t)\,\mathrm{d}t\right]\mathrm{d}t$

2.6　常见寿命分布下的可靠性

寿命分布是可靠性工程应用和可靠性研究的基础。因为对一批产品来讲,其中每一个产品故障前的工作时间有长有短,参差不齐,具有随机性。常用可靠性函数与寿命分布函数有着密切的关系,常用寿命分布函数(或故障分布函数)来描述某种产品的寿命。

某些产品以工作次数、循环周期数等作为其寿命单位,如开关的开关次数,这时可用离散型随机变量的概率分布来描述其寿命分布的规律,如二项分布、泊松分布和超几何分布等。多数产品寿命需要用到连续随机变量的概率分布,常用的有指数分布、正态分布、威布尔分布等。

2.6.1　离散型随机变量及其概率分布

1. 二项分布

二项分布的随机变量通常取整数序列。多次独立试验中任意一次试验的结果不是成功就是失败,且对于每次试验来说,出现某种结果的概率是不变的。设成功的概率为 p,失败的概率则为 $1-p$。$P(x)$ 表示的是在 n 个产品中,有 x 个好产品和 $n-x$ 个坏产品的概率。$p^x(1-p)^{n-x}$ 表示一次出现 x 个好产品和 $n-x$ 个坏产品的概率,而 C_n^x 表示共有多少次这样的事件,则二项分布的表达式为

$$P(x) = C_n^x p^x (1-p)^{n-x}, \quad 0 \leqslant p \leqslant 1; x = 0,1,2,\cdots,n \tag{2-16}$$

二项分布的故障密度函数如图 2-9 所示,它的累积故障分布函数为

$$F(r) = \sum_{x=0}^{r} C_n^x p^x (1-p)^{n-x} \tag{2-17}$$

表示在 n 次试验中,成功次数小于等于 r 的概率。

数学期望为

$$E(X) = np$$

方差为

$$D(X) = np(1-p)$$

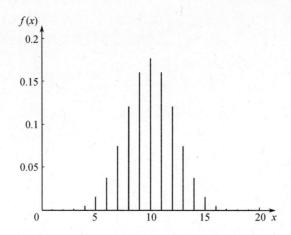

图 2-9 二项分布故障密度函数($p=0.5, n=20$)

例 2-8 假设有一台 5 频道的高频接收机,只要有 3 个频道工作,系统就可以正常工作。每个频道无故障工作的概率为 0.9。求该接收机正常工作的概率。

解 已知:$n=5, r=2, p=0.9$。

设:x 为成功的频道数,$P(s)$ 为系统成功概率,则

$$\begin{aligned}P(s) &= \sum_{x=3}^{5} C_5^x 0.9^x 0.1^{n-x} \\ &= \frac{5!}{3!2!}(0.9)^3(0.1)^2 + \frac{5!}{4!1!}(0.9)^4(0.1)^1 + \frac{5!}{5!0!}(0.9)^5(0.1)^0 \\ &= 0.99144\end{aligned}$$

二项分布只有成功与失败两种结果,出现某种结果的概率不变,处理的事件为 C_n^x(n 中取 x)。如果 n 很大,或难以确定,C_n^x 将难以计算,这时可采用泊松分布近似计算。

2. 泊松分布

泊松分布适合于描述产品在时间 $(0,t]$ 内受到外界冲击的次数。这类随机现象一般有以下 3 个特点。

(1) 在 $(a, a+t]$ 时间内,产品受到 k 次冲击的概率与时间起点 a 无关,仅与时间长短 t 有关。

(2) 在两段不相重叠的 $(a_1, a_2]$ 和 $(b_1, b_2]$ 内,电子器件受到的冲击次数 k_1 和 k_2 是相互独立的。

(3) 在很短时间内,产品最多只受到 1 次冲击。

设 X 是产品在时间 $(0,t]$ 内受到外界冲击的次数,则产品受到冲击次数的概率分布就可以用泊松分布来表述,即

$$P(X=k) = \frac{\lambda^k}{k!} e^{-\lambda}, \quad k = 0, 1, 2, 3, \cdots \tag{2-18}$$

式中　λ——单位时间内受冲击的次数;
　　　k——受到冲击的次数。

泊松分布的故障密度函数如图 2-10 所示,泊松分布的均值和方差都是由 λ 决定的。

数学期望为

$$E(X) = \lambda$$

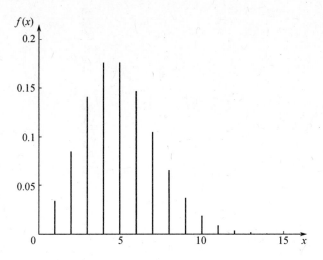

图 2-10 泊松分布故障密度函数($\lambda = 0.5$)

方差为

$$D(X) = \lambda$$

例 2-9 某导弹发射控制台每工作小时有 0.001 次指示灯故障。如果指示灯的故障数不超过 2 控制台就能够正常工作,问该控制台工作 500h 的可靠度是多少?

解 由 $\lambda = 0.001\text{h}, t = 500\text{h}, r = 2, \lambda t = 0.5$,得

$$R(500) = \sum_{r=0}^{2} \frac{(0.5)^r}{r!} e^{-0.5} = e^{-0.5} + 0.5 e^{-0.5} + \frac{(0.5)^2 e^{-0.5}}{2} = 0.986$$

2.6.2 连续型随机变量及其概率分布

1. 指数分布

若随机变量 X 具有概率密度

$$f(t) = \lambda e^{-\lambda t}, \quad \lambda > 0; t \geq 0 \tag{2-19}$$

则称 X 服从参数 λ 的指数分布。指数分布是可靠性分析中最常用的寿命分布。

在可靠性分析中,式(2-19)为产品寿命服从指数分布时的故障密度函数。由此可推出以下各量。

累积故障分布函数:

$$F(t) = 1 - e^{-\lambda t}, \quad \lambda > 0; t \geq 0 \tag{2-20}$$

可靠度函数:

$$R(t) = e^{-\lambda t}, \quad \lambda > 0; t \geq 0 \tag{2-21}$$

故障率函数:

$$\lambda(t) = \lambda, \quad \lambda > 0; t \geq 0 \tag{2-22}$$

平均寿命:

$$\theta = \frac{1}{\lambda} \tag{2-23}$$

可靠寿命：

$$t_r = -\frac{\ln r}{\lambda} \tag{2-24}$$

特征寿命：

$$t_{e-1} = \frac{1}{\lambda} \tag{2-25}$$

当产品寿命服从指数分布时，故障率是常数，其平均寿命和特征寿命均相等，都是故障率的倒数。

例 2-10 假设某元件的有效期服从均值 $\theta = 1000h$ 的指数分布，求该元件在 2000h 时发生故障的概率。

解 该概率等于

$$P(X \leqslant 2000) = \int_0^{2000} 0.001 e^{-0.001t} dt = 1 - e^{-2} = 0.8467$$

指数分布和泊松分布有一种特殊的对应关系。假如某个产品根本就不能承受任何冲击，根据泊松分布，其可靠度应当是 $X = 0$ 时的情况。即

$$P(X=0) = \frac{(\lambda t)^0}{0!} e^{-\lambda t}, \quad R(t) = e^{-\lambda t}$$

设产品寿命 T 服从指数分布，则对任意两个正数 s 和 t，有

$$P(T > s+t \mid T > s) = \frac{P(T > s+t, T > s)}{P(T > s)}$$

$$= \frac{P(T > s+t)}{P(T > s)} = \frac{R(s+t)}{R(s)} = \frac{e^{-\lambda(s+t)}}{e^{-\lambda s}} = e^{-\lambda t} = R(t)$$

由此可以看出，如果产品已经工作了 s 小时，则它再工作 t 小时的概率与已工作的时间 s 无关，好像从新品开始工作一样。对于故障时间服从指数分布的产品，其故障率为常量，与时间无关，这是指数分布的特性，即"无记忆性"或者称为"永远年轻"。

2. 正态分布

正态分布（Normal Distribution）又称为高斯分布（Gaussian Distribution），是一种双参数分布。

正态分布的故障密度函数为

$$f(t) = \frac{1}{\sigma\sqrt{2\pi}} \exp\left[-\frac{1}{2}\left(\frac{t-\mu}{\sigma}\right)^2\right], \quad -\infty \leqslant t \leqslant +\infty \tag{2-26}$$

式中 μ——均值；

σ——标准差。

图 2-11 给出了正态分布的故障密度函数曲线。

对任意正态分布随机变量 T，均值为 μ，方差为 σ，则它的累积分布函数用标准正态分布的累积分布函数可以表示为

$$F(t) = P(T \leqslant t) = P\left(z \leqslant \frac{t-\mu}{\sigma}\right) = \Phi\left(\frac{t-\mu}{\sigma}\right) \tag{2-27}$$

$$F(t) = \int_0^t \frac{1}{\sigma\sqrt{2\pi}} e^{-\frac{1}{2}\left(\frac{\tau-\mu}{\sigma}\right)^2} d\tau \tag{2-28}$$

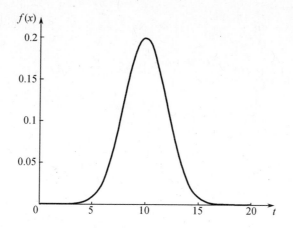

图 2-11　正态分布故障密度函数图($\mu=10, \sigma=2$)

因此，$F(t)$ 的绝大部分函数值可以通过查阅任意 t 值下的标准正态分布表得到。

数学期望为

$$E(T) = \mu$$

方差为

$$D(T) = \sigma^2$$

标准正态分布的故障密度函数的定义式为

$$\phi(t) = \frac{1}{\sqrt{2\pi}} e^{-\frac{t^2}{2}} \tag{2-29}$$

标准正态分布的累积分布函数的定义式为

$$\Phi(t) = \int_0^t \frac{1}{\sqrt{2\pi}} e^{-\frac{\tau^2}{2}} d\tau \tag{2-30}$$

故障率函数 $\lambda(t)$ 相当于随 t 单调递增的正态分布。正态分布累积分布函数、正态分布故障率函数分别如图 2-12 和图 2-13 所示。

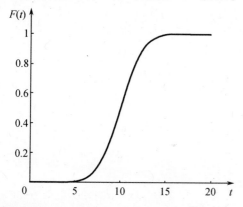
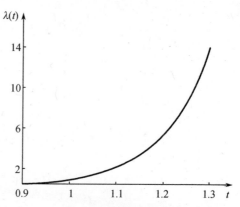

图 2-12　正态分布累积分布函数($\mu=10, \sigma=2$)　　图 2-13　正态分布故障率函数($\mu=1, \sigma=0.2$)

例 2-11　某产品的寿命服从正态分布，其中 $\mu=2000h, \sigma=400h$。试求产品工作到 1500h、2500h 的可靠度。

解　$R(t) = 1 - \Phi\left(\dfrac{t-\mu}{\sigma}\right)$

$$R(1500) = 1 - \Phi\left(\frac{1500 - 2000}{400}\right) = 1 - \Phi(-1.25) = 1 - 0.1056 = 0.8944$$

$$R(2500) = 1 - \Phi\left(\frac{2500 - 2000}{400}\right) = 1 - \Phi(1.25) = \Phi(-1.25) = 0.1056$$

3. 对数正态分布

若随机变量 T 取对数 $\ln T$ 后,服从正态分布,则 T 服从对数正态分布。对数正态分布的故障密度函数为

$$f(t) = \frac{1}{\sigma t \sqrt{2\pi}} \exp\left[-\frac{1}{2}\left(\frac{\ln t - \mu}{\sigma}\right)^2\right], \quad 0 \leqslant t < +\infty \tag{2-31}$$

式中:μ 和 σ 分别为故障时间对数的均值和标准差是该分布函数的参数,$\sigma > 0$,对数正态分布的故障密度函数如图 2-14 所示。

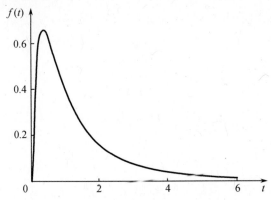

图 2-14 对数正态分布故障密度函数($\mu = 0, \sigma = 1$)

如果随机变量 X 定义为 $X = \ln T$,当 T 服从对数正态分布且参数为 μ 和 σ 时,X 服从均值为 μ、标准差为 σ 的正态分布。这一对应关系经常用来通过计算标准正态分布来得到对数正态分布的函数值。

对数正态分布的均值和方差如下:

数学期望为

$$E(T) = e^{\mu + \frac{1}{2}\sigma^2}$$

方差为

$$D(T) = e^{2\mu + \sigma^2}(e^{\sigma^2} - 1)$$

对数正态分布的累积分布函数的定义式为

$$F(t) = \int_0^t \frac{1}{\sigma \tau \sqrt{2\pi}} e^{-\frac{1}{2}\left(\frac{\ln \tau - \mu}{\sigma}\right)^2} d\tau \tag{2-32}$$

其与标准正态分布的关系为

$$F(t) = P(T \leqslant t) = P\left(z \leqslant \frac{\ln t - \mu}{\sigma}\right) = \Phi\left(\frac{\ln t - \mu}{\sigma}\right) \tag{2-33}$$

可靠度函数的定义式为

$$R(t) = P(T > t) = P\left(z > \frac{\ln t - \mu}{\sigma}\right) = 1 - \Phi\left(\frac{\ln t - \mu}{\sigma}\right) \tag{2-34}$$

因此,故障率函数的定义式为

$$\lambda(t) = \frac{f(t)}{R(t)} = \frac{\phi\left(\dfrac{\ln t - \mu}{\sigma}\right)}{t\sigma\left[1 - \Phi\left(\dfrac{\ln t - \mu}{\sigma}\right)\right]} \quad (2-35)$$

式中:ϕ 和 Φ 分别是标准正态分布的故障密度函数和累积分布函数。

对数正态分布的累积分布函数和故障率分别如图 2-15 和图 2-16 所示。

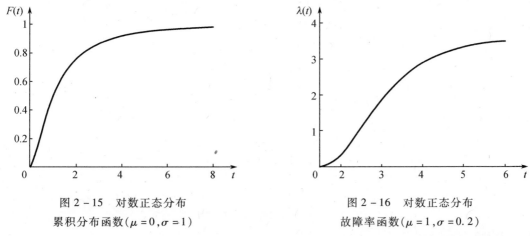

图 2-15 对数正态分布
累积分布函数($\mu=0, \sigma=1$)

图 2-16 对数正态分布
故障率函数($\mu=1, \sigma=0.2$)

例 2-12 某设备故障时间服从对数正态分布,参数 $\mu=4\text{h}, \sigma=1\text{h}$。求该设备在 $t=100\text{h}$ 的可靠度和故障率。

解

$$R(100) = 1 - \Phi\left(\frac{\ln 100 - 4}{1}\right) = 0.2725$$

$$\lambda(100) = \frac{\Phi\left(\dfrac{\ln 100 - 4}{1}\right)}{100\left[1 - \Phi\left(\dfrac{\ln 100 - 4}{1}\right)\right]} = 0.012 \quad (\text{故障次数/单位时间})$$

4. 威布尔分布

威布尔分布是由瑞典科学家 W. Weibull 独立提出的,在可靠性工程中这是一种较复杂的分布,由于它对于各种类型的试验数据拟合的能力很强,所以使用非常广泛。

设连续型随机变量 T 的故障密度为

$$f(t) = \frac{m}{\eta}\left(\frac{t-\gamma_0}{\eta}\right)^{m-1} \exp\left[-\left(\frac{t-\gamma_0}{\eta}\right)^m\right], \quad t \geq \gamma_0; m, \eta > 0 \quad (2-36)$$

式中 m、η 和 γ_0——形状参数、尺度参数和位置参数。服从参数 m、η 和 γ_0 的威布尔分布,记为 $T \sim W(m, \eta, \gamma_0)$。

随机变量 T 的分布函数为

$$F(t) = 1 - \exp\left[-\left(\frac{t-\gamma_0}{\eta}\right)^m\right] \quad (2-37)$$

在工程实践中,更常用到的是两参数威布尔分布,即位置参数 $\gamma_0 = 0$ 的威布尔分布,记为 $T \sim W(m, \eta)$。此时,随机变量 T 的故障密度为

$$f(t) = \frac{m}{\eta}\left(\frac{t}{\eta}\right)^{m-1} \exp\left[-\left(\frac{t}{\eta}\right)^m\right], \quad t \geq 0; m, \eta > 0 \qquad (2-38)$$

分布函数为

$$F(t) = 1 - \exp\left[-\left(\frac{t}{\eta}\right)^m\right] \qquad (2-39)$$

相对地,将 $\gamma_0 \neq 0$ 的威布尔分布称为三参数威布尔分布。通常所说的威布尔分布一般是指两参数威布尔分布,如不作特别说明,下面提到的威布尔分布均指的是两参数威布尔分布。威布尔分布的故障密度如图 2-17 所示。

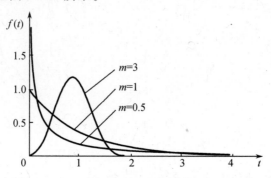

图 2-17　威布尔分布故障密度函数($\eta = 1$)

设随机变量 $T \sim W(m, \eta)$,则 T 的均值为

$$E(T) = \eta \Gamma\left(1 + \frac{1}{m}\right)$$

T 的方差为

$$D(T) = \eta^2 \left\{\Gamma\left(1 + \frac{2}{m}\right) - \left[\Gamma\left(1 + \frac{1}{m}\right)\right]^2\right\}$$

可靠度函数为

$$R(t) = 1 - F(t) = \exp\left[-\left(\frac{t}{\eta}\right)^m\right] \qquad (2-40)$$

威布尔分布的可靠度函数如图 2-18 所示。

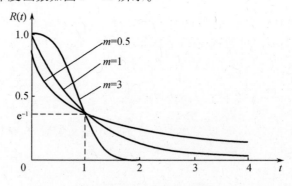

图 2-18　威布尔分布可靠度函数($\eta = 1$)

故障率函数为

$$\lambda(t) = \frac{f(t)}{R(t)} = \frac{m}{\eta}\left(\frac{t}{\eta}\right)^{m-1} \qquad (2-41)$$

选用不同的形状参数 m，威布尔分布可用于描述早期故障期、偶然故障期和耗损故障期 3 种故障规律：当 $m>1$ 时，故障率呈上升趋势，可用于描述耗损故障，特别是当 $m\approx 3$ 时，威布尔分布与正态分布相近；当 $m=1$ 时，威布尔分布退化为指数分布，故障率恒定，可用于描述偶然故障；当 $m<1$ 时，故障率呈下降趋势，可用于描述早期故障，如图 2-19 所示。可见，威布尔分布对各种故障类型数据的拟合能力很强。

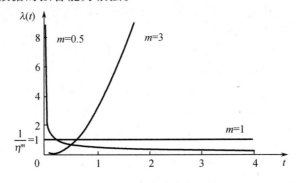

图 2-19 威布尔分布故障率函数（$\eta=1$）

5. 伽马分布

伽马分布故障密度函数为：

$$f(t)=\frac{1}{\beta^{\alpha}\Gamma(\alpha)}t^{\alpha-1}\mathrm{e}^{-\frac{t}{\beta}}, \quad t\geq 0 \tag{2-42}$$

式中　α——形状参数；

　　　β——尺度参数。

分布函数为

$$F(t)=1-\frac{1}{\beta^{\alpha}\Gamma(\alpha)}\int_{t}^{+\infty}t^{\alpha-1}\mathrm{e}^{-\frac{t}{\beta}}\mathrm{d}t, \quad t\geq 0 \tag{2-43}$$

均值为

$$E(T)=\alpha\beta$$

方差为

$$D(t)=\alpha\beta^{2}$$

经常用伽马分布描述机械磨损之类的故障。

习　题

1. $\lambda(t)$ 与 $f(t)$ 有何异同？
2. 对 100 台电子设备进行高温老化试验，每隔 4h 测试一次，直到 36h 后共有 85 台发生了故障，具体数据统计如下：

测试时间 t_i/h	4	8	12	16	20	24	28	32	36
Δt_i 内故障数	39	18	8	9	2	4	2	2	1

试估计 $t=0\mathrm{h}$、$4\mathrm{h}$、$8\mathrm{h}$、$12\mathrm{h}$、$16\mathrm{h}$、$20\mathrm{h}$、$24\mathrm{h}$、$28\mathrm{h}$、$32\mathrm{h}$ 时的下列可靠性函数值，并画出对应曲线。

（1）可靠度。
（2）累积故障分布函数。
（3）故障密度。
（4）故障率。

3. 设某产品的累积故障分布函数为

$$F(t) = 1 - e^{-\left(\frac{t}{\eta}\right)^m}, \quad t \geq 0; \eta > 0$$

试求该产品的可靠度函数和故障率函数。

4. 观察某设备 7000h（7000h 为总工作时间，不计维修时间）共发生了 7 次故障。设其寿命服从指数分布，求该设备的平均寿命及工作 1000h 的可靠度。

5. 某产品的故障率 $\lambda(t) = 0.25 \times 10^{-4}$/h，求中位寿命、特征寿命和可靠度为 99% 的可靠寿命。

6. 某批产品中，已有 88 个正常工作到 2400h，再继续工作 800h，这时还有 66 个能正常工作，问在这 800h 里的可靠度是多少？

7. 假设瞄准具的故障分布函数服从指数分布，故障率 $\lambda(t) = 10^{-4}$/h，它工作了时间 t 后，问在时间 $\Delta t = 10$h 里继续工作的可靠度是多少？

8. 已知装备的某机件总体的故障密度为均匀分布，试求其平均寿命。

9. 假设产品的寿命服从指数分布 $R(t) = e^{-\lambda t}$。试求：①平均寿命；②产品工作时间等于平均寿命的 1/10、1/2 以及平均寿命时的可靠度。

10. 某产品的寿命服从正态分布，试求其工作到平均寿命 m 时的可靠度。

11. 某装备进行可靠性寿命试验，试验到 2000km 时，共发生了 20 个故障，其中超过最低可接收值 MTBF 指标的 14 个；又试验了 400km，又发生 6 个故障，其中超过 MTBF 指标的 3 个。求 2000km 与 2400km 的可靠度、累积故障分布函数、故障密度和故障率。

12. 有甲、乙两种产品，甲产品在 $t = 0$h 时有 $N = 100$ 个产品开始工作，在 $t = 100$h 前有 2 个故障，而在 100~105h 内有 1 个产品故障。乙产品在 $t = 0$h 时，也有 $N = 100$ 个产品开始工作，在 $t = 1000$h 前共有 51 个产品故障，而在 1000~1005h 内有 1 个产品故障。试计算甲产品在 100h 时和乙产品在 1000h 时的故障率与故障密度。

第3章　系统可靠性

为了设计、分析和评价系统的可靠性，必须首先了解系统及其各单元之间的可靠性关系。本章主要介绍串联系统、并联系统、混联系统、储备系统、表决系统及复杂系统的可靠性模型。

3.1　可靠性模型

3.1.1　可靠性模型定义

可靠性模型是指为分配、预计、分析或估算产品的可靠性所建立的模型。它包括可靠性框图和数学模型。

建立产品可靠性模型的目的是用于定量分配、预计和评价产品的可靠性。

3.1.2　可靠性框图

可靠性框图是对于复杂产品的一个或一个以上的功能模式，用方框表示各组成部分的故障或它们的组合如何导致产品故障的逻辑图。可靠性框图是建立系统可靠性数学模型、进行系统可靠性计算的基础。

可靠性框图是表示系统与各单元功能状态之间逻辑关系的图形，它由方框和连线组成，方框代表系统的组成单元，连线表示各单元之间的功能逻辑关系。建立系统可靠性框图，不仅需要熟练掌握可靠性框图的建模步骤，而且还要熟悉其工作原理。因此，在绘制复杂系统可靠性框图时，必须严格按照可靠性框图的建模步骤，并在熟练掌握其工作原理的基础之上，准确绘制其可靠性框图。可靠性框图建模基本步骤如下：

（1）明确系统功能。要画出系统可靠性框图，首先要明确系统的功能是什么，也就是要明确系统正常工作的标准是什么。

（2）确定关键单元。明确哪些部件是关键单元，这些关键单元正常工作时应处的状态是什么。

（3）分析逻辑关系。分析关键单元正常条件下，要实现系统功能，关键单元之间的逻辑关系是什么。

（4）绘制可靠性框图。

例 3-1　由导管和两个阀门组成的流体系统，其功能是使液体从左端流入、右端流出（图3-1），假设导管完全可靠，试画出其可靠性框图。

（1）明确系统功能：使液体从左端流入、右端流出，系统正常就是指它能保证液体流出。

（2）确定关键单元：要使系统工作正常，阀门 A、B 必须处于开启状态，这时阀门开启为正常，关闭为故障。

（3）分析逻辑关系：要使系统工作正常，阀门 A、B 必须同时处于开启状态。

（4）绘制可靠性框图，如图 3-2 所示。

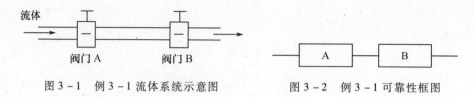

图 3-1 例 3-1 流体系统示意图　　图 3-2 例 3-1 可靠性框图

例 3-2　由导管和两个阀门组成的流体系统(图 3-3),其功能是截流,假设导管完全可靠,试画出其可靠性框图。

(1) 明确系统功能:截流,系统正常就是指它能保证液体不流出。

(2) 确定关键单元:要使系统工作正常,阀门 A、B 必须处于关闭状态,这时阀门关闭为正常,开启为故障。

(3) 分析逻辑关系:要使系统工作正常,阀门 A、B 只需有一个处于关闭状态。

(4) 绘制可靠性框图,如图 3-4 所示。

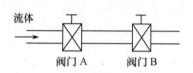 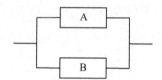

图 3-3　例 3-2 流体系统示意图　　图 3-4　例 3-2 可靠性框图

在建立可靠性框图时应注意以下几点。

(1) 系统的可靠性框图不同于其结构图或原理图,前者表示的是系统与各单元之间的功能逻辑关系,后者表示的是系统各单元之间的物理关系,两者不能混淆。

(2) 对系统及其组成系统的各单元进行功能分析是正确建立可靠性框图的基础。要正确地画出系统的可靠性框图必须弄清系统的所有功能、各单元故障及其对系统功能状态的影响。如果所分析单元自身故障即可引起系统故障而与其他单元是否故障无关,那么在可靠性框图中以串联方式进行连接;否则以并联或其他方式进行连接。

(3) 即使是同一系统,对于不同的功能,所建立的可靠性框图也不一定相同,如上例的"通流"和"截流"功能。

(4) 要正确区分基本可靠性框图和任务可靠性框图。由前面内容知,基本可靠性反映的是产品对维修资源的要求,由于任何单元故障后进行维修都需要维修资源,所以在建立系统的基本可靠性框图时,各组成单元均以串联方式进行连接。而任务可靠性反映的是产品在规定的任务剖面内完成规定功能的能力,由于任务不同需要的系统中各组成单元、系统的功能等不同,所以应根据具体任务以及系统与各单元之间的功能关系建立具体的任务可靠性模型,也即任务不同其任务可靠性框图也不相同。

3.1.3　可靠性数学模型

可靠性数学模型表达系统与组成单元的可靠性函数或参数之间的关系。本章 3.2 节至 3.7 节重点介绍串联系统、并联系统、混联系统、储备系统、表决系统及复杂系统的数学模型。为讨论方便,进行以下假设和符号约定。

假设:

(1) 系统和单元仅有"正常"和"故障"两种状态;

(2) 各单元的状态均相互独立,即不考虑单元之间的相互影响;

(3) 系统的所有输入在规定极限之内,即不考虑由于输入错误而引起的系统故障情况。

符号约定：

A——系统 A 正常工作的事件。

A_i——第 i 个单元正常工作的事件。

$R_s(t)$——系统的可靠度。

$F_s(t)$——系统的不可靠度。

$R_i(t)$——单元 i 的可靠度。

$F_i(t)$——单元 i 的不可靠度。

T——系统寿命。

T_i——单元 i 的寿命。

θ_s——系统平均寿命。

3.2 串 联 系 统

3.2.1 定义及框图模型

组成系统的所有单元中任一单元的故障均会导致系统故障(或所有单元完成规定功能,系统才能完成规定功能)的系统称为串联系统。

在工程实践中,串联系统是最常见的系统。由 n 个单元组成的串联系统的可靠性框图如图 3-5 所示。

图 3-5 串联系统可靠性框图

3.2.2 数学模型

由于 n 个单元的串联系统中,只要有一个单元故障,系统就发生故障,故系统寿命 T 应是单元中最短寿命,即 $T = \min_{i}(T_i)$。

由可靠度 $R(t) = P(T > t)$,则有

$$R_s(t) = P(T > t) = P\{\min T_1(T_2, \cdots, T_n) > t\} = P\{T_1 > t, T_2 > t, \cdots, T_n > t\}$$

由于各单元状态相互独立,且 $R_i(t) = P(T_i > t)$,则有

$$R_s(t) = P\{T_1 > t\} P\{T_2 > t\} \cdots P\{T_n > t\} = R_1(t) R_2(t) \cdots R_n(t) = \prod_{i=1}^{n} R_i(t)$$

(3-1)

可见,串联系统的可靠度等于其各单元可靠度之积。

由于 $R_i(t) \leq 1$,因此 $R_s(t) \leq \min_{i} R_i(t)$,即串联系统的可靠度小于等于每个单元的可靠度,由此可粗略地估计串联系统的可靠度上限。

串联系统不可靠度为

$$F_s(t) = 1 - \prod_{i=1}^{n} R_i(t)$$

当已知第 i 个单元的故障率为 $\lambda_i(t)(i=1,\cdots,n)$ 时,有

$$\lambda_S(t) = \sum_{i=1}^{n} \lambda_i(t) \tag{3-2}$$

即串联系统的故障率等于其各单元故障率之和。

3.2.3 模型讨论

(1) 当各单元的寿命服从指数分布时,即故障率 $\lambda_i(t)=\lambda_i(i=1,2,\cdots,n)$,得

$$\lambda_S(t) = \sum_{i=1}^{n} \lambda_i = \lambda_S$$

即若所有单元寿命服从指数分布,则系统寿命也服从指数分布,且故障率等于各单元故障率之和。

(2) 当所有单元的故障率相等且为常数时,即 $\lambda_i=\lambda(i=1,\cdots,n)$ 时,系统的可靠性参数为

$$R_S(t)=\mathrm{e}^{-n\lambda t}, \quad \lambda_S=n\lambda, \quad \theta_S=\frac{1}{n\lambda}$$

例 3-3 假设系统由若干单元串联组成,单元寿命均服从指数分布且故障率相等,求下列系统的可靠度和平均寿命。

① 单元故障率为 0.002/h,工作时间为 10h,单元数分别为 1、2、3、4、5。

② 单元数为 5,工作时间为 10h,单元故障率分别为 0.001/h、0.002/h、0.003/h、0.004/h、0.005/h。

③ 单元故障率都为 0.002/h,单元数为 5,工作时间分别为 10h、20h、30h、40h、50h。

解 由于单元寿命均服从指数分布,且各单元故障率相等,故

$$\lambda_S=n\lambda, \quad R_S(t)=\mathrm{e}^{-n\lambda t}, \quad \theta_S=\frac{1}{n\lambda}$$

计算结果分别见表 3-1 至表 3-3。

表 3-1 ①的计算结果($t=10\mathrm{h},\lambda=0.002/\mathrm{h}$)

单元数	1	2	3	4	5
$\lambda_S/\mathrm{h}^{-1}$	0.002	0.004	0.006	0.008	0.010
$R_S(10)$	0.980	0.961	0.942	0.923	0.905
θ_S/h	500	250	166.7	125	100

结论:单元故障率和工作时间一定时,若单元数增多,则系统可靠度下降,系统平均寿命缩短。

表 3-2 ②的计算结果($n=5,t=10\mathrm{h}$)

单元故障率 $\lambda_i/\mathrm{h}^{-1}$	0.001	0.002	0.003	0.004	0.005
$\lambda_S/\mathrm{h}^{-1}$	0.005	0.010	0.015	0.020	0.025
$R_S(10)$	0.951	0.905	0.861	0.819	0.779
θ_S/h	200	100	66.6	50	40

结论:单元数和工作时间一定时,若单元故障率降低,则系统可靠度提高,系统平均寿命延长。

表 3-3 ③的计算结果($\lambda_i = 0.002/\text{h}, n=5$)

工作时间 t/h	10	20	30	40	50
λ_S/h^{-1}	0.010	0.010	0.010	0.010	0.010
$R_S(t)$	0.905	0.819	0.741	0.670	0.606
θ_S/h	100	100	100	100	100

结论:单元数和单元故障率一定时,若工作时间增长,则系统可靠度下降,系统平均寿命不变。

由上可看出,单元数目、单元故障率和工作时间对串联系统可靠性有直接影响。减少单元个数、提高单元可靠性即降低单元故障率、缩短工作时间都可以提高串联系统的可靠性。

由于串联系统的寿命是由寿命最短的单元寿命决定的,因此在使用过程中要特别注意可靠性低的单元,及时发现故障进行修理或更换。串联系统中单元越多,平均寿命越短,在能完成功能的前提下,应选用结构最简单的系统。

3.3 并联系统

3.3.1 定义及框图模型

组成系统的所有单元都发生故障时系统才发生故障(或只要有任意单元完成规定功能,系统就能完成规定功能)的系统称为并联系统。并联系统的可靠性框图如图 3-6 所示。

并联系统是最简单的冗余系统,从完成功能而言,仅有一个单元也能完成,设置多单元并联是为了提高系统的任务可靠性。但是,增加并联单元数,不仅会增加系统的成本、重量和复杂性,还会降低系统的基本可靠性,增加维修保障负担。所以,设计时应进行综合权衡。

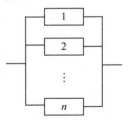

图 3-6 并联系统可靠性框图

3.3.2 数学模型

由于 n 个单元的并联系统中,当 n 个单元都发生故障时系统才故障,故系统寿命 T 应与单元中最长的寿命相等,即:$T = \max_i(T_i)$。

所以

$$F_S(t) = P\{T \leq t\} = P\{\max(T_1, T_2, \cdots, T_n) \leq t\} = P\{T_1 \leq t, T_2 \leq t, \cdots, T_n \leq t\}$$

由于各单元相互独立,且 $F_i(t) = P\{T_i \leq t\}$,得

$$F_S(t) = P\{T_1 \leq t\}P\{T_2 \leq t\}\cdots P\{T_n \leq t\} = F_1(t)F_2(t)\cdots F_n(t) = \prod_{i=1}^{n} F_i(t)$$

即并联系统的不可靠度等于其各单元不可靠度之积。

并联系统可靠度为

$$R_S(t) = 1 - F_S(t) = 1 - \prod_{i=1}^{n} F_i(t) = 1 - \prod_{i=1}^{n} [1 - R_i(t)] \tag{3-3}$$

3.3.3 模型讨论

(1) 当单元寿命服从相同的指数分布时,即 $\lambda_i(t) = \lambda (i = 1, \cdots, n)$,则有:

并联系统可靠度为

$$R_S(t) = 1 - (1 - e^{-\lambda t})^n$$

并联系统故障率为

$$\lambda_S(t) = -\frac{R'_S(t)}{R_S(t)} = \frac{n\lambda e^{-\lambda t}(1 - e^{-\lambda t})^{n-1}}{1 - (1 - e^{-\lambda t})^n}$$

所以,并联系统故障率是一个随时间 t 变化的函数,即各单元的故障率为常数且寿命服从同一指数分布时,并联系统不再服从指数分布,并联系统的故障率不再是常数。但是,经过足够长的工作时间之后,会近似服从指数分布。

并联系统的平均寿命为

$$\theta = \int_0^\infty R_S(t)dt = \int_0^\infty [1 - (1 - e^{-\lambda t})]dt$$

令 $y = 1 - e^{-\lambda t}$,则

$$dy = \lambda e^{-\lambda t}dt$$

当 $t = 0$ 时,$y = 0$;当 $t \to \infty$ 时,有

$$\lim_{t \to \infty} y = \lim_{t \to \infty}(1 - e^{-\lambda t}) = 1$$

所以有

$$\theta_S = \int_0^1 (1 - y^n) \cdot \frac{dy}{\lambda(1-y)} = \int_0^1 \frac{1}{\lambda}(1 + y + y^2 + \cdots + y^{n-1})dy$$

$$\theta_S = \frac{1}{\lambda}\left(1 + \frac{1}{2} + \cdots + \frac{1}{n}\right) = \frac{1}{\lambda}\sum_{i=1}^n \frac{1}{i} \qquad (3-4)$$

(2) 当系统仅由两个指数分布单元组成时,且 $\lambda_1 \leq \lambda_2$,则有以下公式。

并联系统可靠度为

$$R_S(t) = 1 - (1 - e^{-\lambda_1 t})(1 - e^{-\lambda_2 t}) = e^{-\lambda_1 t} + e^{-\lambda_2 t} - e^{-(\lambda_1 + \lambda_2)t}$$

并联系统故障率为

$$\lambda_S(t) = -\frac{R'_S(t)}{R_S(t)} = (\lambda_1 + \lambda_2) - \frac{\lambda_1 e^{-\lambda_2 t} + \lambda_2 e^{-\lambda_1 t}}{e^{-\lambda_1 t} + e^{-\lambda_2 t} - e^{-(\lambda_1 + \lambda_2)t}}$$

尽管 λ_1、λ_2 都是常数,但并联系统故障率不再是常数。即当两个单元均服从指数分布但故障率不同时,并联系统故障率也不服从指数分布。其变化规律如图 3-7 所示。

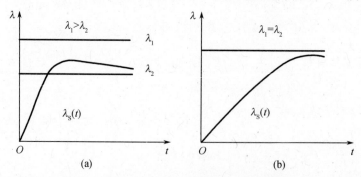

图 3-7 并联系统故障率与单元故障率之间的关系

例 3-4 假设系统由若干单元并联组成,工作时间是原来的 10 倍,其他同例 3-3,试求

系统的可靠度和平均寿命。

解 由公式

$$R_S(t) = 1 - (e^{-\lambda t})^n, \quad \theta_S = \frac{1}{\lambda} \sum_{i=1}^{n} \frac{1}{i}$$

计算结果分别见表 3-4 至表 3-6。

表 3-4 ①的计算结果（$\lambda = 0.002/h, t = 100h$）

单元数	1	2	3	4	5
$R_i(t)$	0.8187	0.8187	0.8187	0.8187	0.8187
$R_S(t)$	0.8187	0.9671	0.9940	0.9989	0.9998
θ_S/h	500	750	917	1041.7	1141.7

结论：单元故障率和工作时间一定时，若单元数增多，则系统可靠度增加，系统平均寿命延长。

表 3-5 ②的计算结果（$n = 5, t = 100h$）

单元故障率/h^{-1}	0.001	0.002	0.003	0.004	0.005
$R_i(t)$	0.9048	0.8187	0.7408	0.6703	0.6065
$R_S(t)$	0.999992	0.9998	0.9988	0.9961	0.9906
θ_S/h	2283.3	1141.7	761.1	570.8	456.7

结论：单元数和工作时间一定时，若单元故障率降低，则系统可靠度提高，系统平均寿命延长。

表 3-6 ③的计算结果（$\lambda_i = 0.002/h, n = 5$）

工作时间 t/h	100	200	300	400	500
$R_i(t)$	0.8187	0.6703	0.5488	0.4493	0.3678
$R_S(t)$	0.9998	0.9961	0.9813	0.9493	0.8991
θ_S/h	1141.7	1141.7	1141.7	1141.7	1141.7

结论：单元数和单元故障率一定时，若工作时间增长，则系统可靠度下降，系统平均寿命不变。

由以上讨论可得出，从设计角度出发，为提高并联系统可靠性，可从以下几方面考虑。

① 提高单元可靠性，即减少单元故障率。
② 增加并联单元个数，但当单元数大于3个时其增益将很小。
③ 减少工作时间。

串联模型和并联模型是两种最基本的系统可靠性模型。为便于比较，总结两个系统，见表 3-7。

表 3-7 串联系统与并联系统比较表

项目	串联系统	并联系统
可靠度	$R_S(t) = \prod_{i=1}^{n} R_i(t)$	$R_S(t) = 1 - \prod_{i=1}^{n} F_i(t)$
不可靠度	$F_S(t) = 1 - \prod_{i=1}^{n} R_i(t)$	$F_S(t) = \prod_{i=1}^{n} F_i(t)$

(续)

特点	最小寿命系统	最大寿命系统
可靠性框图	─[A]─[B]─	─┬[A]┬─ 　└[B]┘

将串联系统中的 $R_s(t)$ 用 $F_s(t)$ 替换,同时将 $R_i(t)$ 用 $F_i(t)$ 替换,则串联系统公式就变为了并联系统公式;反之,也成立。这说明串联系统与并联系统存在对偶性。

3.4 混联系统

3.4.1 定义

由串联系统和并联系统混合构成的系统,称为混联系统。

对于由 n 个独立单元组成的混联系统,系统可靠度计算可从系统最小局部(单元间的简单串、并联)开始,逐步迭代到系统,每一步迭代所需公式仅为串、并联公式。

例 3-5　一个混联系统如图 3-8 所示,单元 1、2、3、4、5、6、7 的可靠度分别为 $R_1(t)$, $R_2(t),\cdots,R_7(t)$,求系统 S 的可靠度 $R_S(t)$。

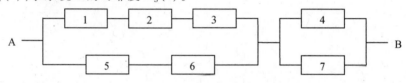

图 3-8　混联系统可靠性框图

解　所给系统 S 可以看作由 3 个分系统 S_1、S_2 和 S_3 构成。其中:S_1 由单元 1、2、3 串联而成;S_2 由单元 5、6 串联而成;S_3 由单元 4 和 7 并联而成。所给系统等效于图 3-9(a)所示系统。再把图 3-9(a)所示系统中的 S_1 和 S_2 并联构成分系统 S_4。这时图 3-9(a)所示系统和图 3-9(b)所示系统等效。由此可得 $R_S(t)=R_{S_4}(t)R_{S_3}(t)$。

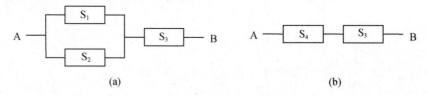

图 3-9　图 3-8 混联系统等效图

由于

$$R_{S_4}(t)=R_{S_1}(t)+R_{S_2}(t)-R_{S_1}(t)R_{S_2}(t)$$

$$R_{S_3}(t)=R_4(t)+R_7(t)-R_4(t)\cdot R_7(t)$$

$$R_{S_1}(t)=R_1(t)R_2(t)R_3(t)$$

$$R_{S_2}(t)=R_5(t)R_6(t)$$

$$R_{S_4}(t)=R_1(t)R_2(t)R_3(t)+R_5(t)R_6(t)-R_1(t)R_2(t)R_3(t)R_5(t)R_6(t)$$

因此

$$R_S(t) = [R_1(t)R_2(t)R_3(t) + R_5(t)R_6(t) - R_1(t)R_2(t)R_3(t)R_5(t)R_6(t)][R_4(t) + R_7(t) - R_4(t)R_7(t)]$$

3.4.2 可靠性框图及数学模型

在混联系统中，串并联系统和并串联系统在可靠性领域中有着广泛的应用。在此，对这两种典型混联系统的可靠性模型进行讨论。

1. 串并联系统

串并联系统是具有 n 个子系统的串联系统，每个子系统又由若干并联的冗余单元组成。由于串并联系统的单元是先并联后串联，所以串并联系统又称为附加单元系统或单元冗余系统。图 3-10 给出的是一个特殊的串并联系统可靠性框图，其每个子系统由 m 个单元并联，n 个这样的子系统再串联组成系统。

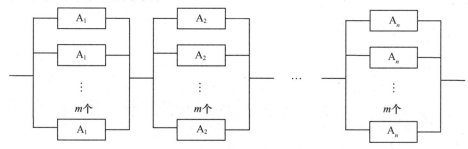

图 3-10 串并联系统可靠性框图示意图

假设每个子系统中的并联单元相同，第 i 个子系统中的单元 A_i 的可靠度为 $R_i(t)$，那么由 n 个这样的子系统串联组成的系统可靠度为

$$R_{S1}(t) = \prod_{i=1}^{n}\{1 - [1 - R_i(t)]^m\} \tag{3-5}$$

2. 并串联系统

并串联系统是具有 m 个子系统的并联系统，每个子系统又由若干串联单元组成。由于并串联系统的单元是先串联后并联，所以并串联系统又称为附加通路系统或系统冗余系统。图 3-11 给出的是一个特殊的并串联系统可靠性框图，其每个子系统由 n 个单元串联，m 组这样的子系统再并联组成系统。

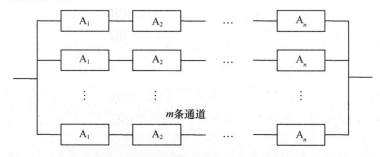

图 3-11 并串联系统可靠性框图示意图

设子系统中单元 A_i 的可靠度为 $R_i(t)$，那么由 m 个这样的子系统并联组成的系统可靠度为

$$R_{S2}(t) = 1 - \left[1 - \prod_{i=1}^{n} R_i(t)\right]^m \tag{3-6}$$

3.4.3 模型讨论

假设有两个具有相同单元组成的串并联系统和并串联系统,可以证明

$$R_{S1}(t) > R_{S2}(t)$$

即由同样单元组成的混联系统,单元级冗余(串并联系统)比系统级冗余(并串联系统)组成的系统可靠性高。

例 3-6 一个系统由两个独立单元串联组成,如图 3-12 所示,已知单元可靠度分别为 0.8 和 0.9。在某时刻系统可靠度 $R_S = 0.8 \times 0.9 = 0.72$。

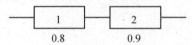

图 3-12 两个独立单元组成的串联系统

现为提高系统可靠度取两个可供选择的方案,方案 A:单元冗余如图 3-13(a)所示。方案 B:系统冗余图 3-13(b)所示。

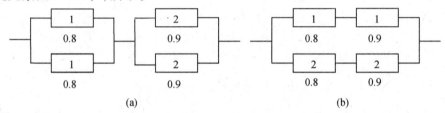

图 3-13 系统改进方案

那么,对方案 A,有 $R_{SA} = [1 - (1 - 0.8)^2][1 - (1 - 0.9)^2] = 0.9504$。

对方案 B,有 $R_{SB} = 1 - (1 - 0.8 \times 0.9)^2 = 0.9216$。

显然,两个方案都提高了系统可靠度,但方案 A 优于方案 B,即在低层次设置冗余比高层次设置冗余更有利于提高系统可靠度。

3.5 储备系统

3.5.1 定义及分类

储备系统也称为储备冗余系统,它是把若干个单元作为备件,可以代替工作中故障的单元,以提高系统的可靠度。单元的储备形式多种多样,常见的有热储备、冷储备和温储备。

热储备:单元在储备期间的故障率和工作时的故障率相同,相当于所有储备件与工作单元一起工作。并联系统是一种特殊的热储备系统。

冷储备:单元在储备过程中不工作,不发生故障,储备期的长短对单元的工作寿命没有影响。如在有好的防腐措施情况下,机械零部件或机械产品在储备期间可以看作冷储备。

温储备:单元在储存期内会有故障,但它的故障率大于零而小于工作故障率,如电子元器件、易老化的垫圈等,在储备期间也会发生故障,可看作温储备。

在后两种储备中,工作单元发生故障后,转换开关就启动一个储备单元代替工作。故转换

开关是否可靠工作,也将影响储备系统的可靠度。下面仅讨论转换开关可靠的冷储备系统。

3.5.2 可靠性框图及数学模型

系统由 $n+1$ 个单元组成,其中一个单元工作,其他 n 个单元都作冷储备。当工作单元故障后,一个储备单元代替工作,这样逐个去替换,直到 $n+1$ 个单元都故障时,系统才故障。同时假定,在用储备单元去代替故障的工作单元时,转换开关不会发生故障。把这样的系统称为转换开关可靠的冷储备系统或理想的冷储备系统。

转换开关可靠的冷储备系统的可靠性框图如图 3 – 14 所示,其中 K 为转换开关。

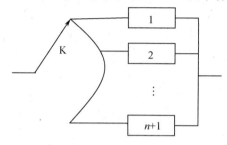

图 3 – 14 转换开关可靠的冷储备系统

设 $T_i(i=1,2,\cdots,n,n+1)$ 为单元 i 的寿命,由转换开关可靠的冷储备系统的工作方式可知,该系统的寿命 T 为各单元寿命之和,即

$$T = T_1 + T_2 + \cdots + T_{n+1}$$

系统可靠度为

$$R_S(t) = P(T > t) = P(T_1 + \cdots + T_{n+1} > t) = 1 - P(T_1 + \cdots + T_{n+1} \leq t)$$

由概率统计可知,$P\{(T_1 + \cdots + T_{n+1}) \leq t\}$ 是联合概率分布,因此

由卷积公式有

$$P\{(T_1 + \cdots + T_{n+1}) \leq t\} = F_1(t) * F_2(t) * \cdots * F_{n+1}(t)$$

$$F_1(t) * F_2(t) * \cdots * F_{n+1}(t) = \int_{-\infty}^{t} \int_{-\infty}^{t-t_1} \cdots \int_{-\infty}^{t-(t_1+\cdots+t_n)} f_1(t_1) \cdots f_{n+1}(t_{n+1}) \mathrm{d}t_1 \cdots \mathrm{d}t_{n+1}$$

$$R_S(t) = 1 - F_1(t) * F_2(t) * \cdots * F_{n+1}(t) \tag{3-7}$$

式中:$F_i(t)$ 为单元 i 的寿命分布函数,$i=1,2,\cdots,n+1$;"$*$"表示卷积。

当组成系统的单元是同一型号且寿命服从指数分布时,即 $\lambda_i(t) = \lambda =$ 常数,$i = 1,2,\cdots,n+1$,那么,$n+1$ 个单元中,当只有 $0,1,2,\cdots,n$ 个单元故障时,系统均完好,则

$$R_S(t) = P(X=0) + P(X=1) + \cdots + P(X=n) = \sum_{i=0}^{n} P(X=i)$$

$$R_S(t) = \sum_{i=0}^{n} \frac{(\lambda t)^i}{i!} \mathrm{e}^{-\lambda t} \tag{3-8}$$

系统平均寿命为

$$\theta_S = E(T) = E\left(\sum_{i=1}^{n+1} T_i\right) = \sum_{i=1}^{n+1} E(T_i) = \sum_{i=1}^{n+1} \theta_i \tag{3-9}$$

当 $\lambda_i(t) = \lambda_i, i=1,2,\cdots,n+1$ 时,有

$$\theta_S = \sum_{i=1}^{n+1} \frac{1}{\lambda_i} \quad (\text{单元服从指数分布}) \qquad (3-10)$$

当 $\lambda_i(t) = \lambda, i = 1, 2, \cdots, n+1$ 时,有

$$\theta_S = \sum_{i=1}^{n+1} \frac{1}{\lambda} = \frac{n+1}{\lambda} \quad (\text{单元服从相同的指数分布}) \qquad (3-11)$$

例 3-7 有 3 台同型号产品组成一冷储备系统。已知产品寿命服从指数分布,且 $\lambda = 0.001/\text{h}$。试求该系统工作 100h 的可靠度。

解 由题意知:$\lambda = 0.001/\text{h}, n = 2, t = 100\text{h}, \lambda t = 0.1$。

由 $R_S(t) = \sum_{i=0}^{n} \frac{(\lambda t)^i}{i!} e^{-\lambda t}$ 可得

$$R_S(100) = \sum_{i=0}^{2} \frac{(0.1)^i}{i!} e^{-0.1} = 0.999845$$

对于两个不同指数分布单元的冷储备系统,其可靠度计算如下:

采用卷积公式,有

$$R_S(t) = 1 - F_1(t) * F_2(t)$$

$$\begin{aligned}
F_1(t) * F_2 &= \int_0^t \int_0^{t-t_1} \lambda_1 e^{-\lambda_1 t_1} \lambda_2 e^{-\lambda_2 t_2} dt_1 dt_2 \\
&= \int_0^t \lambda_1 e^{-\lambda_1 t_1} dt_1 \int_0^{t-t_1} \lambda_2 e^{-\lambda_2 t_2} dt_2 = \int_0^t \lambda_1 e^{-\lambda_1 t_1} dt_1 (1 - e^{-\lambda_2(t-t_1)}) \\
&= \int_0^t [\lambda_1 e^{-\lambda_1 t_1} - \lambda_1 e^{-\lambda_2 t} e^{(\lambda_2-\lambda_1)t_1}] dt_1 \\
&= 1 - \frac{\lambda_2}{\lambda_2 - \lambda_1} e^{-\lambda_1 t} - \frac{\lambda_1}{\lambda_1 - \lambda_2} e^{-\lambda_2 t}
\end{aligned}$$

则

$$R_S(t) = \frac{\lambda_2}{\lambda_2 - \lambda_1} e^{-\lambda_1 t} + \frac{\lambda_1}{\lambda_1 - \lambda_2} e^{-\lambda_2 t}$$

当转换开关可靠度不为 1 时,假设开关可靠度为 R_d,那么,对于由两个不同单元组成的冷储备系统,则有

$$R_S(t) = (1 - R_d) P(T_1 > t) + R_d P(T_1 + T_2 > t)$$

相同单元时 $\lambda_1 = \lambda_2 = \lambda$,有

$$P(T_1 + T_2 > t) = \sum_{k=0}^{1} \frac{(\lambda t)^k}{k!} e^{-\lambda t}$$

$$R_S(t) = (1 - R_d) e^{-\lambda t} + R_d [e^{-\lambda t} + \lambda t e^{-\lambda t}] = e^{-\lambda t} (1 + \lambda t R_d)$$

不相同单元时 $\lambda_1 \neq \lambda_2$,有

$$P(T_1 + T_2 > t) = \frac{\lambda_2}{\lambda_2 - \lambda_1} e^{-\lambda_1 t} + \frac{\lambda_1}{\lambda_1 - \lambda_2} e^{-\lambda_2 t}$$

$$\begin{aligned}
R_S(t) &= (1 - R_d) e^{-\lambda_1 t} + R_d \left[\frac{\lambda_2}{\lambda_2 - \lambda_1} e^{-\lambda_1 t} + \frac{\lambda_1}{\lambda_1 - \lambda_2} e^{-\lambda_2 t} \right] \\
&= e^{-\lambda_1 t} + R_d \frac{\lambda_1}{\lambda_1 - \lambda_2} (e^{-\lambda_2 t} - e^{-\lambda_1 t})
\end{aligned}$$

3.6 表决系统

3.6.1 定义及框图模型

在组成系统的 n 个单元中,只要有 K 个或 K 个以上单元正常,则系统正常。这样的系统称为"n 中取 K 好表决系统",记为 $K/n(G)$。通常所说的表决系统就是 n 中取 K 好表决系统。表决系统也是一种冗余系统,在工程实践中得到了广泛的应用。例如,航天飞机的控制软件由 4 个程序组成,为了成功完成任务,至少 3 个软件要正常工作,并且至少 3 个软件的输出要保持一致,这是一个 $3/4(G)$ 系统。表决系统的可靠性框图一般是在并联系统基础上加上表决器构成,如图 3-15 所示。表决系统的计算可采用状态枚举法。

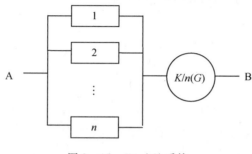

图 3-15 $K/n(G)$ 系统

3.6.2 数学模型

$K/n(G)$ 表决系统的特例是并联($1/n(G)$)和串联($n/n(G)$)系统。以下仅讨论 $K/n(G)$ 表决系统。

例 3-8 求 $2/3(G)$ 系统可靠度。

解 事件 A(系统完好)与 A_1、A_2、A_3(各单元完好)关系为

$$A = A_1 A_2 A_3 \cup A_1 A_2 \bar{A}_3 \cup A_1 \bar{A}_2 A_3 \cup \bar{A}_1 A_2 A_3$$

因而,$2/3(G)$ 系统可靠度为

$$R_S(t) = R_1(t)R_2(t)R_3(t) + R_1(t)R_2(t)F_3(t) + R_1(t)F_2(t)R_3(t) + F_1(t)R_2(t)R_3(t)$$

当各单元可靠度相等时,即 $R_1(t) = R_2(t) = R_3(t) = R(t)$,有

$$R_S(t) = 3R^2(t) - 2R^3(t)$$

对于一般 $K/n(G)$ 系统,假设各单元寿命相互独立,且服从相同分布。

设:$R_i(t) = R(t)(i = 1,2,\cdots,n)$。根据二项式定理,有 n 个单元中有 i 个单元正常,$n-i$ 个单元故障的概率为 $R^i(t)[1-R(t)]^{n-i}$。

n 个单元中取 i 个正常单元的组合数为 C_n^i。

表决系统:K 个或 K 个以上单元正常,即 $i = K,\cdots,n$。

$$R_S(t) = P(i=K) + P(i=K) + \cdots + P(i=n)$$

$$= \sum_{i=k}^{n} C_n^i R^i(t)[1-R(t)]^{n-i} \tag{3-12}$$

这里 n 个单元中有 i 个单元正常,$n-i$ 个单元故障的概率是 $R^i(t)[1-R(t)]^{n-i}$,而组合

公式表示 n 个单元中取 i 个正常单元可能的组合数。

当单元寿命服从指数分布时，有

$$R_S(t) = \sum_{i=k}^{n} C_n^i e^{-i\lambda t}[1 - e^{-\lambda t}]^{n-i} \qquad (3-13)$$

系统平均寿命为

$$\theta_S = \int_0^\infty R_S(t)dt = \sum_{i=k}^{n} \frac{1}{i\lambda} \qquad (3-14)$$

例 3-9 某 20 管火箭炮，要求有 12 个定向器同时工作才能达到火力密度要求，所有定向器相同，且寿命服从 $\lambda = 0.00105/$发的指数分布，任务时间是 100 发。试求任务期间内该炮能正常工作的概率。

解 火箭炮系统可看作 $K/n(G)$ 表决系统，由题意知 $n=20$, $K=12$, $\lambda=0.00105/$发, $t=100$ 发。则单元可靠度为

$$R(t) = e^{-\lambda t}$$
$$R(100) = e^{-0.00105 \times 100} = 0.9000$$

系统可靠度为

$$R_S(t) = \sum_{i=k}^{n} C_n^i e^{-i\lambda t}[1 - e^{-\lambda t}]^{n-i}$$
$$R_S(t) = \sum_{i=12}^{20} C_{20}^i e^{-i\lambda t}[1 - e^{-\lambda t}]^{20-i}$$
$$R_S(100) = 0.99991$$

最后介绍其他两种表决系统。

1. n 中取 K 至 r 系统

n 个单元中，有 K 至 r 个单元正常则系统正常。如果正常单元数目小于 K 或大于 r 则系统不正常。例如，多处理机系统，若全部 n 台处理机中，少于 K 台正常工作，则系统计算能力太小；若多于 r 台同时工作，则公用设备（如总线）不能容纳那么大的数据量，因而系统效率很低。故可认为 K 至 r 台处理机正常，则系统正常；否则系统发生故障。类似情况存在于任何具有固定容量的计算机网络中。

2. n 中连续 K 系统

考虑有 n 个中继站的微波通信系统，如果 1 号站发出的信号可由 2 号或 3 号站接收，2 号站中继的信号可由 3 号或 4 号站接收，依此类推，直至 n 号站。显然，当 2 号站故障时系统仍能把信号从 1 号传至 n 号站。所有中间站相间地出现单站故障时也是如此，系统还是正常的。但是，若任何相邻两站发生故障，则通信系统故障。该系统是"n 中取连续 2 则故障"的直列式系统，简称"n 中取连续 2"系统。

3.7 复杂系统

在工程实际中，许多系统并不属于串联、并联等前面所讲的任何一种系统，而是一个具有复杂结构的网络系统，这样的系统称为复杂系统。无论复杂系统还是串联、并联、储备和表决系统，都可以用网络表示，并可按图论的理论把网络用矩阵形式写出，这也便于实现计算机辅助复杂系统的可靠性分析。

复杂系统可靠度计算方法主要有状态枚举法、全概率分解法、最小路集法、最小割集法和 Monte-Carlo 模拟法等，前两种方法主要用于小型网络系统，最小路集法和最小割集法对大型复杂网络系统十分有效，目前应用十分广泛。本节主要介绍前 4 种方法。

3.7.1 状态枚举法

状态枚举法也称为真值表法，实际上就是穷举法。它是基于对单元故障的所有可能组合进行列表的一种方法。

状态枚举法的基本思想：设一个系统由 n 个单元组成，每个单元的可靠度和不可靠度分别为 p_i 和 $q_i(i=1,2,\cdots,n)$。因为每个单元只有正常和故障两种状态，所以由 n 个单元组成的网络系统总共有 2^n 种不同的状态，而且各种状态之间不存在交集。在这 2^n 种不同的状态中，将能使系统正常工作的所有状态的可靠度相加，可得系统的可靠度。

例 3-10 计算图 3-16 所示的网络系统的可靠度，其中每个单元的可靠度分别为 $p_1 = p_3 = 0.8, p_2 = p_4 = 0.7, p_5 = 0.9$。

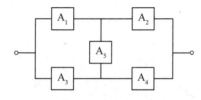

图 3-16 网络系统

解 系统由 5 个单元组成，因此系统共有 $2^5 = 32$ 种不同的状态，如果用 0 表示单元或系统故障，用 1 表示单元或系统正常工作，系统正常与故障的各种状态如表 3-8 所列。

表 3-8 网络系统的状态表

系统状态编号	A_1	A_2	A_3	A_4	A_5	系统	概率
1	0	0	0	0	0	0	
2	0	0	0	0	1	0	
3	0	0	0	1	0	0	
4	0	0	0	1	1	0	
5	0	0	1	0	0	0	
6	0	0	1	0	1	0	
7	0	0	1	1	0	1	0.00336
8	0	0	1	1	1	1	0.03024
9	0	1	0	0	0	0	
10	0	1	0	0	1	0	
11	0	1	0	1	0	0	
12	0	1	0	1	1	0	
13	0	1	1	0	0	0	
14	0	1	1	0	1	1	0.03024
15	0	1	1	1	0	1	0.00784
16	0	1	1	1	1	1	0.07056

(续)

系统状态编号	A_1	A_2	A_3	A_4	A_5	系统	概率
17	1	0	0	0	0	0	
18	1	0	0	0	1	0	
19	1	0	0	1	0	0	
20	1	0	0	1	1	1	0.03024
21	1	0	1	0	0	0	
22	1	0	1	0	1	0	
23	1	0	1	1	0	1	0.01344
24	1	0	1	1	1	1	0.12096
25	1	1	0	0	0	0	0.00336
26	1	1	0	0	1	1	0.03024
27	1	1	0	1	0	1	0.00784
28	1	1	0	1	1	1	0.07056
29	1	1	1	0	0	1	0.01344
30	1	1	1	0	1	1	0.12096
31	1	1	1	1	0	1	0.03136
32	1	1	1	1	1	1	0.28224

在表3-8中:系统状态编号为1时,系统各单元均故障,此时系统处于故障状态,故系统和单元均以"0"记;系统状态编号为2和3时,各仅有一个单元正常工作,其他单元均故障,此时系统处于故障状态,以"0"记;而系统编号为7时,虽然A_1、A_2、A_5这3个单元故障,但A_3、A_4正常工作,由图3-16知,系统可正常工作,以"1"记。以此类推,分析了所有序号下系统的状态,并计算出系统各正常工作状态下的概率。例如,状态7时系统正常工作的概率为

$$p(7) = \overline{p_1}\overline{p_2}p_3p_4\overline{p_5} = (1-p_1)(1-p_2)p_3p_4(1-p_5)$$
$$= 0.2 \times 0.3 \times 0.8 \times 0.7 \times 0.1 = 0.00336$$

由于使系统正常工作的16种状态互不相容,故系统的可靠度为表中这16种状态的概率之和,即

$$R = 0.00336 + 0.03024 + \cdots + 0.28224 = 0.86688$$

由此例可知,状态枚举法原理简单,容易掌握,其特点是不需清楚地画出系统结构,但当组成网络的单元数n较大时,计算量较大,可借助计算机等辅助手段实现。

3.7.2 全概率分解法

全概率分解法的基本思想:将一个复杂的网络系统分解为若干个相对简单的子系统,先求各子系统的可靠度,再利用全概率公式$P(A) = P(B)P(A|B) + P(\overline{B})P(A|\overline{B})$计算系统总的可靠度。

如设系统K中有一个子系统M,先分别假定子系统M处于正常和故障两种状态,这样就可分别得到两个相应的子系统,即$K|M$、$K|\overline{M}$,由全概率公式,并根据两个子系统能正常工作的概率确定该系统的可靠度为$R(K) = P(M)P(K|M) + P(\overline{M})P(K|\overline{M})$,其中$P(M)$为子系统$M$正常的概率,$P(\overline{M})$为子系统$M$故障的概率,$P(K|M)$为子系统$K|M$正常的概率,$P(K|\overline{M})$

为子系统 $K|\overline{M}$ 正常的概率。显然,上述方法可以连续使用,直至使每个子系统的可靠度都易于计算为止。

例 3-11 利用全概率分解法求图 3-16 所示的网络系统 K 的可靠度。其中 5 个单元的可靠度分别为 $p_1 = p_3 = 0.8, p_2 = p_4 = 0.7, p_5 = 0.9$。

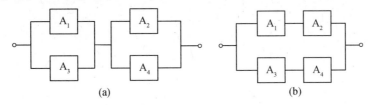

图 3-17 图 3-16 的系统分析框图
(a) M 正常时的子系统 $K|M$;(b) M 故障时的子系统 $K|\overline{M}$。

解 将系统 K 中的 A_5 可看作一个子系统 M,分别假定 M 正常和故障,得到图 3-17(a)、(b)的子系统 $K|M$、$K|\overline{M}$。从图可看出二者分别是串并联结构和并串联结构,因此它们的可靠度是很容易计算出来的。

(1) 假定 M 正常,子系统 $K|M$ 的可靠度为

$$P(K|M) = [1-(1-p_1)(1-p_3)][1-(1-p_2)(1-p_4)]$$
$$= [1-(1-0.8)(1-0.8)][1-(1-0.7)(1-0.7)] = 0.8736$$

(2) 假定 M 故障,子系统 $K|\overline{M}$ 的可靠度为

$$P(K|\overline{M}) = 1-(1-p_1p_2)(1-p_3p_4) = 1-(1-0.8\times0.7)(1-0.8\times0.7) = 0.8064$$

则系统 K 的可靠度为

$$R(K) = 0.9\times0.8736 + 0.1\times0.8064 = 0.8688$$

3.7.3 最小路集法与最小割集法

在计算复杂系统可靠度时,为了使问题简化,先作以下几点假设。
(1) 系统或弧只有两种可能的状态,即正常或故障。
(2) 节点的可靠度等于 1。
(3) 无向弧(即双向弧)两个方向的可靠度相同。
(4) 弧之间的故障是相互独立的,即一条弧的故障不会引起其他弧的故障。

1. 网络图、路集、最小路集、割集、最小割集的概念

(1) 网络图。根据系统的可靠性框图,把表示单元的每个框用弧表示并标明方向,然后在各框的连接处标上节点,就构成系统的网络图,图 3-18 所示为图 3-16 的桥形网络图。

(2) 路集。在网络图中,从节点 v_1 出发,经过一串弧序列可以到达节点 v_2,则称这个弧序列为从 v_1 到 v_2 的一个路集或一条路。一个路集中所有弧对应的单元正常时,系统就能正常运行。

(3) 最小路集。如果在一条路集的弧序列中,去掉其中任一条弧后,它就不再是一条路集,则称该路集为最小路集。最小路集表示一种可使系统正常工作的最少单元的集合,即每一个单元都是必不可少的,减少其中任何一个单元,系统就不能正常工作。

(4) 割集。在网络图中,若存在某弧集,当截断这些弧时,就会截断所有从输入节点到输

出节点的路径,则称该弧集为一条割集。一条割集中所有弧对应的单元都故障时,系统就不能正常运行。

(5)最小割集。如果在一条割集的弧序列中,去掉其中任一条弧后,它就不成为割集,则称该割集为最小割集。若在一条割集中增加任意一个其他单元,就可使系统正常工作。

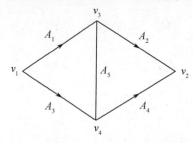

图 3-18 图 3-16 的桥形网络图

在图 3-18 中:v_1、v_2、v_3、v_4 为 4 个节点;A_1、A_2、A_3、A_4、A_5 为五条弧。根据路集、割集、最小路集、最小割集的定义以及例 3-11 的讨论可知:

该系统的路集共 16 个:

$\{A_1,A_2\}$,$\{A_3,A_4\}$,$\{A_1,A_2,A_3\}$,$\{A_3,A_4,A_5\}$,$\{A_1,A_2,A_4\}$,$\{A_1,A_3,A_4\}$,$\{A_1,A_2,A_5\}$,$\{A_2,A_3,A_4\}$,$\{A_2,A_3,A_5\}$,$\{A_1,A_4,A_5\}$,$\{A_1,A_3,A_4,A_5\}$,$\{A_1,A_2,A_3,A_4\}$,$\{A_2,A_3,A_4,A_5\}$,$\{A_1,A_2,A_3,A_5\}$,$\{A_1,A_2,A_4,A_5\}$,$\{A_1,A_2,A_3,A_4,A_5\}$

最小路集共 4 个:

$\{A_1,A_2\}$,$\{A_3,A_4\}$,$\{A_1,A_4,A_5\}$,$\{A_2,A_3,A_5\}$

割集共 16 个:

$\{A_1,A_3\}$,$\{A_2,A_4\}$,$\{A_1,A_4,A_5\}$,$\{A_2,A_3,A_5\}$,$\{A_1,A_3,A_5\}$,$\{A_1,A_2,A_3\}$,$\{A_1,A_3,A_4\}$,$\{A_1,A_2,A_4\}$,$\{A_2,A_3,A_4\}$,$\{A_2,A_4,A_5\}$,$\{A_1,A_3,A_4,A_5\}$,$\{A_1,A_2,A_3,A_4\}$,$\{A_1,A_2,A_3,A_5\}$,$\{A_1,A_2,A_4,A_5\}$,$\{A_2,A_3,A_4,A_5\}$,$\{A_1,A_2,A_3,A_4,A_5\}$

最小割集共 4 个:

$\{A_1,A_3\}$,$\{A_2,A_4\}$,$\{A_1,A_4,A_5\}$,$\{A_2,A_3,A_5\}$

2. 最小路集法

用最小路集法分析一个系统的可靠性的基本思想是:找出系统中可能存在的所有最小路集 $L_1,L_2,\cdots,L_n$,系统正常工作表示至少有一条路集畅通,即系统正常 $S = \bigcup_{i=1}^{n} L_i$,系统的可靠度为

$$R = P(S) = P(\bigcup_{i=1}^{n} L_i)$$

由概率的加法公式得

$$R = \sum_{i=1}^{n} P(L_i) - \sum_{i<j=2}^{n} P(L_i L_j) + \sum_{i<j<k=3}^{n} P(L_i L_j L_k) + \cdots + (-1)^{n-1} P(L_1 L_2 \cdots L_n)$$

3. 最小割集法

用最小割集法分析一个系统的可靠性的基本思想是:找出系统中可能存在的所有最小割集 $G_1,G_2,\cdots,G_m$,系统故障表示至少有一条割集中所有弧对应的单元均故障,即系统故障 $\overline{S} = \bigcup_{j=1}^{m} \overline{G_j}$,其中 $\overline{G_j}$ 表示第 j 条割集中所有弧对应的单元均故障,则系统的不可靠度为

$$F = P(\overline{S}) = P(\bigcup_{j=1}^{m} \overline{G_j})$$

由概率的加法公式得

$$F = \sum_{j=1}^{m} P(\overline{G_j}) - \sum_{j<k=2}^{m} P(\overline{G_j}\,\overline{G_k}) + \sum_{j<k<l=3}^{m} P(\overline{G_j}\,\overline{G_k}\,\overline{G_l}) + \cdots + (-1)^{m-1} P(\overline{G_1}\,\overline{G_2}\cdots\overline{G_m})$$

最后得系统的可靠度 $R = 1 - F$。

例 3 – 12 分别利用最小路集法和最小割集法求图 3 – 16 所示的网络系统的可靠度，其中 5 个单元的可靠度相同，且为 0.8。

解 （1）最小路集法：

由前面的讨论知，图 3 – 16 所示的网络系统的所有最小路集为

$$L_1 = \{A_1, A_2\},\ L_2 = \{A_3, A_4\},\ L_3 = \{A_1, A_4, A_5\},\ L_4 = \{A_2, A_3, A_5\}$$

系统正常工作 $S = \bigcup_{i=1}^{4} L_i$，于是系统的可靠度为

$$R = P(S) = P(\bigcup_{i=1}^{4} L_i) = P(L_1) + P(L_2) + P(L_3) + P(L_4) - P(L_1 L_2) - P(L_1 L_3) -$$
$$P(L_1 L_4) - P(L_2 L_3) - P(L_2 L_4) - P(L_3 L_4) + P(L_1 L_2 L_3) +$$
$$P(L_1 L_2 L_4) + P(L_1 L_3 L_4) + P(L_2 L_3 L_4) - P(L_1 L_2 L_3 L_4)$$
$$= P(A_1 A_2) + P(A_3 A_4) + P(A_1 A_4 A_5) + P(A_2 A_3 A_5) -$$
$$P(A_1 A_2 A_3 A_4) - P(A_1 A_2 A_4 A_5) - \cdots - P(A_1 A_2 A_3 A_4 A_5)$$
$$= 1.28 + 1.024 - 2.048 + 0.65536 = 0.91136$$

（2）最小割集法：

由前面的讨论可知，图 3 – 16 所示的网络系统的所有最小割集为

$$G_1 = \{A_1, A_3\},\quad G_2 = \{A_2, A_3, A_5\},\quad G_3 = \{A_1, A_4, A_5\},\quad G_4 = \{A_2, A_4\}$$

系统故障 $\overline{S} = \bigcup_{j=1}^{4} \overline{G_j}$，则系统的不可靠度为

$$F = P(\overline{S}) = P(\bigcup_{j=1}^{4} \overline{G_j}) = P(\overline{G_1}) + P(\overline{G_2}) + P(\overline{G_3}) + P(\overline{G_4}) - P(\overline{G_1}\,\overline{G_2}) - P(\overline{G_1}\,\overline{G_3}) -$$
$$P(\overline{G_1}\,\overline{G_4}) - P(\overline{G_2}\,\overline{G_3}) - P(\overline{G_2}\,\overline{G_4}) - P(\overline{G_3}\,\overline{G_4}) + P(\overline{G_1}\,\overline{G_2}\,\overline{G_3}) +$$
$$P(\overline{G_1}\,\overline{G_2}\,\overline{G_4}) + P(\overline{G_1}\,\overline{G_3}\,\overline{G_4}) + P(\overline{G_2}\,\overline{G_3}\,\overline{G_4}) - P(\overline{G_1}\,\overline{G_2}\,\overline{G_3}\,\overline{G_4})$$
$$= P(\overline{A_1 A_3}) + P(\overline{A_2 A_3 A_5}) + P(\overline{A_1 A_4 A_5}) + P(\overline{A_2 A_4}) -$$
$$P(\overline{A_1 A_2 A_3 A_5}) - P(\overline{A_1 A_3 A_4 A_5}) - \cdots - P(\overline{A_1 A_2 A_3 A_4 A_5})$$

将各单元的可靠度代入，得 $F = 0.08864$。

于是系统的可靠度 $R = 1 - F = 0.91136$。

3.7.4 最小路集与最小割集的转换

如果找到了系统的所有最小路集，那么也可以根据集合运算规律，找到该系统的全部最小割集；反之亦然。

例如，在例 3 – 12 中，找到了网络系统的所有最小路集为

$$L_1 = \{A_1, A_2\}, L_2 = \{A_3, A_4\}, L_3 = \{A_1, A_4, A_5\}, L_4 = \{A_2, A_3, A_5\}$$

所以系统故障为

$$\overline{S} = \overline{\bigcup_{i=1}^{4} L_i} = \bigcap_{i=1}^{4} \overline{L_i} = \overline{A_1 A_2} \, \overline{A_3 A_4} \, \overline{A_1 A_4 A_5} \, \overline{A_2 A_3 A_5}$$

$$= (\overline{A_1} + \overline{A_2})(\overline{A_3} + \overline{A_4})(\overline{A_1} + \overline{A_4} + \overline{A_5})(\overline{A_2} + \overline{A_3} + \overline{A_5})$$

$$= [(\overline{A_1} + \overline{A_2})(\overline{A_1} + \overline{A_4} + \overline{A_5})][(\overline{A_3} + \overline{A_4})(\overline{A_2} + \overline{A_3} + \overline{A_5})]$$

运用集合运算规律以及简化公式:$A + AB = A, A(A+B) = A$,可化简为

$$\overline{S} = (\overline{A_1} + \overline{A_2}\,\overline{A_5} + \overline{A_2}\,\overline{A_4})(\overline{A_3} + \overline{A_4}\,\overline{A_5} + \overline{A_2}\,\overline{A_4})$$

$$= \overline{A_2}\,\overline{A_4} + (\overline{A_1} + \overline{A_2}\,\overline{A_5})(\overline{A_3} + \overline{A_4}\,\overline{A_5})$$

$$= \overline{A_2}\,\overline{A_4} + \overline{A_1}\,\overline{A_3} + \overline{A_1}\,\overline{A_4}\,\overline{A_5} + \overline{A_2}\,\overline{A_3}\,\overline{A_5}$$

最终得到所有最小割集为

$$\{\overline{A_1}, \overline{A_3}\}, \{\overline{A_2}, \overline{A_3}, \overline{A_5}\}, \{\overline{A_1}, \overline{A_4}, \overline{A_5}\}, \{\overline{A_2}, \overline{A_4}\}$$

由所有最小割集求所有最小路集的方法与以上过程类似。

根据上面的讨论知道,利用最小路集法和最小割集法计算系统的可靠度或不可靠度,最后都归结为一个最小路集或最小割集的和的概率计算问题,尽管利用概率的加法公式进行计算,但可以看出,这是比较麻烦的一步,因此只要知道了最小路集或最小割集的不交和,它们的概率就等于这些不交路集或不交割集的概率和,就容易计算系统的可靠度或不可靠度。

习 题

1. 假设某雷达线路由 10^{-4} 个电子器件串联组成,且其寿命服从同一指数分布,要求工作 3 年的系统可靠度为 0.75,试求电子器件的平均故障率。

2. 对于由 1000 个元件构成的串联系统,它们的故障率相同且为常数。为了保持 10h 工作的可靠度在 99.9% 以上,各元件的故障率必须控制在多少菲特以下。

3. 试按下列情况比较用两个故障率为 10^{-2}/h 的装置所组成的并联系统与单个装置的可靠度。
① 工作时间为 1h。
② 工作时间为 10h。
③ 工作时间为 50h。

4. 一个电子系统包括 1 部雷达、1 台计算机和 1 个辅助设备 3 部分,设其寿命服从指数分布,已知它们的 MTBF 分别为 100h、200h 及 500h。求该系统的 MTBF 及工作 5h 的可靠度。

5. 一个运货公司有一个卡车队,其轮胎的故障率为 4×10^{-6}/km。使用两种卡车,一种有 4 个轮胎,另一种有 6 个轮胎(后轮轴每边各装两个)。两种卡车均使用同样的轮胎。在轮胎相同承载情况下,试画出每种卡车轮胎的可靠性框图,并计算在 10000km 的行驶过程中每种卡车由于轮胎故障而不能完成送货任务的概率。

6. 试比较下列 6 种由 4 个元件组成的系统可靠度,设各元件具有相同的故障率 $\lambda = 0.001$/h, $t = 10$h。

① 4 个元件所构成的串联系统。

② 4 个元件所构成的并联系统。
③ 4 中取 3 的表决系统。
④ 并串联系统。
⑤ 串并联系统。
⑥ 冷储备系统。

7. 用故障率为 0.01/h 的 4 个元件构成冷储备系统，试求在 100h 的工作时间内系统的可靠度。

8. 飞机有 3 台发动机，至少需两台发动机正常才能安全飞行和起落，假定飞机事故仅由发动机引起，并假定发动机故障率为常数（MTBF = 200h），求飞机飞行 10h 和 2h 的可靠性。

9. 火炮运动系统采用某型号轮胎 4 个，其中一个失效则运动系统失效，已知该轮胎的寿命服从参数为 λ 的指数分布，其 MTBF = 10000km。每年筹措备件一次，求保证运动系统在一年运行可靠度 $R_s = 0.95$ 时的备件筹措量（系统每年平均运行 1000km，轮胎工作故障率为 4λ）。

10. 一个系统由 n 个部件组成，只要有一个部件故障系统就故障，各个部件工作是独立的，假如每个部件的寿命具有下列累积故障分布函数，即

$$F(t) = 1 - e^{-\lambda t}, \quad \lambda > 0; \ t \geq 0$$

试求这个系统的累积故障分布函数、可靠度函数和故障率函数。

11. 一个系统由 n 个部件组成，只要有一个部件正常系统就正常，各个部件工作是独立的，假如每个部件的寿命具有下列累积故障分布函数，即

$$F(t) = 1 - e^{-\lambda t}, \quad \lambda > 0; \ t \geq 0$$

试求这个系统的累积故障分布函数、可靠度函数和故障率函数。

第4章 可靠性设计与分析

可靠性设计是实现产品可靠性的关键,它基本确定了产品的固有可靠性。本章主要讲述可靠性建模、可靠性分配、可靠性预计、故障模式影响及危害性分析(FMECA)、故障树分析(FTA)及常用的可靠性设计方法等内容。

4.1 可靠性建模

可靠性模型是指为分配、预计、分析或估算产品的可靠性所建立的模型。建立可靠性模型是可靠性工程的主要工作项目之一。一般地说,在装备的可靠性分析与设计中,都要建立可靠性模型。第3章详细介绍了各种系统可靠性模型,本节仅介绍建模工作。

4.1.1 目的与作用

建模工作的目的就是为具体产品(装备)建立可靠性模型,模型可用于以下几个方面。

(1) 进行可靠性分配,把系统级的可靠性要求分配给系统级以下各个层次,以便进行产品设计。

(2) 进行可靠性预计和评定,估计或确定设计及设计方案可达到的可靠性水平,为可靠性设计与装备保障决策提供依据。

(3) 当设计变更时,进行灵敏度分析,确定系统内的某个参数发生变化时对系统可靠性、费用和可用性的影响。

(4) 作为装备使用中评价其可靠性的工具。

4.1.2 一般程序与方法

可靠性模型可分为基本可靠性模型和任务可靠性模型。就建立基本可靠性模型而言,产品的定义很简单,即构成系统或产品的所有单元(包括冗余单元和代替工作的单元)建立串联模型。然而,就建立任务可靠性来说,则首先应有明确的任务剖面、任务时间、故障判据以及执行任务过程中所遇到的环境条件和工作应力。

1. 产品定义

1) 确定任务及任务剖面

一个复杂的系统往往有多种功能,其基本可靠性模型是唯一的,而任务可靠性模型则因任务不同而不同。既可以建立包括所有功能的任务可靠性模型,也可以根据不同的任务和任务剖面,建立其相应的可靠性模型。例如,歼击机完成攻击任务的可靠性框图中必定包括火控和军械系统,而在完成其他非攻击任务时则不应包括它们;对其燃油系统来说,在完成航行任务时需带副油箱,此时任务可靠性框图中必须包括副油箱及其附件,而在作起落训练时,则不必带副油箱,当然其任务可靠性框图也不必包括它们。

2) 确定是否有代替的工作模式

当系统能以多种方法完成某一特定功能时,它就具有代替的工作模式。如通常用甚高频发射机发射的信息,可以用超高频发射机来代替发射,这就是一种代替的工作模式。虽然在硬件上超高频发射机不是甚高频发射机的储备单元,但两者都具有同样的发射信息功能,因此在任务可靠性框图中它们应画为旁联模型。

3) 确定故障判据

任务可靠性只考虑影响产品任务完成的故障,应该找出导致任务不成功的条件和影响任务不成功的性能参数及参数的界限值。如完成某项任务的一个条件是要求发射机输出功率至少为 200kW,那么导致输出功率低于 200kW 的单一或综合的硬件或软件故障就构成任务故障。

4) 确定任务时间模型

该模型说明与系统特定的使用情况有关的事件和条件,如飞机上的起落架只在起飞、着陆时才工作,而在整个飞行时间它是不工作的。因此,在建立数学模型时必须加以修正,为此可采用系统的占空因数。占空因数指的是分系统工作时间与系统工作时间之比。一般可按下述两种情况进行修正。

(1) 分系统(寿命服从指数分布)不工作时的故障率可以忽略不计的情况,即

$$R_{分}(t) = \exp(-\lambda_{分} t d)$$

式中 $R_{分}(t)$——分系统的可靠度;

$\lambda_{分}$——分系统的故障率;

t——系统的工作时间;

d——占空因数,为分系统工作时间与系统工作时间的比值。

(2) 分系统(寿命服从指数分布)不工作时的故障率与工作时不同的情况,有

$$R_{分}(t) = R_{分1}(t) \cdot R_{分2}(t) = e^{-[\lambda_1 t d + \lambda_2 t (1-d)]}$$

式中 $\lambda_1, R_{分1}(t)$——分系统工作时的故障率和可靠度;

$\lambda_2, R_{分2}(t)$——分系统不工作时的故障率和可靠度。

5) 确定环境条件

一个系统或产品往往可以在不同的环境条件下使用。如某特定产品既可用于汽车也可用于坦克,其环境条件大不相同。某特定任务可能由几个工作阶段组成,每个阶段有其相应的特定主导环境条件。例如,对卫星来说,发射、沿轨道运行、返回大气层、回收,就是卫星为完成其任务所经历的不同工作阶段,各工作阶段环境条件是不同的。建立任务可靠性模型时可按下述方法来考虑环境条件的影响。

(1) 同一个产品用于多个环境条件下的情况。此时该产品的任务可靠性框图不变,仅用不同的环境因子去修正其故障率。

(2) 当产品为完成某个特定任务需分为几个工作阶段,而各工作阶段的环境条件均不相同时,可按每个工作阶段建立任务可靠性模型,然后将结果综合到一个总的任务可靠性模型中去。例如,对于卫星,可以分别建立发射、沿轨道运行、返回大气层、回收 4 个工作阶段的任务可靠性模型,并分别计算出它们的任务可靠度,最后算出卫星总的任务可靠度。

2. 建立任务可靠性框图

可靠性框图表示完成任务时所参与的单元及其关系。每一个方框代表着单元的功能及可靠性

值,在计算系统可靠性时,每一方框都必须计算进去。系统可靠性框图中每个方框应加上标志。

3. 建立相应的数学模型

用数学式表达各单元的可靠性与系统可靠性之间的函数关系(详见第3章),以此来求解系统的可靠性值。

4. 运用和不断修正模型

随着产品设计阶段随时间不断推移,如产品环境条件、设计结构、应力水平等信息越来越多,产品定义也应该不断修改和充实,从而保证可靠性模型的精确程度不断提高。

可靠性模型的建立应在初步设计阶段进行,并为系统可靠性分配及拟定改进措施提供依据。随着产品工作的进展,可靠性框图应不断修改完善,并逐级展开,越画越细,数学模型也更加准确。

4.2 可靠性分配

可靠性分配是为了把产品的可靠性定量要求按照给定的准则分配给各组成部分而进行的工作。它是一个由整体到局部、由大到小、由上到下的分解过程。可靠性分配的本质是一个工程决策过程,是一个综合权衡优化的问题,关系到人力、物力的调度问题。因此,要做到技术上可行、经济上合算、进度上适宜,具有最佳的效果。

4.2.1 目的与作用

可靠性分配的目的就是将系统可靠性指标分配到各产品层次各部分,以便使各层次产品设计人员明确其可靠性设计要求。其具体作用如下:

(1) 为系统或设备的各部分(各个低层次产品)研制者提供可靠性设计指标,以保证系统或设备最终符合规定的可靠性要求。

(2) 通过可靠性分配,明确各承制方或供应方产品的可靠性指标,以便于系统承制方对其实施管理。

可靠性分配是一项必不可少的、费用效益高的工作。因为任何设计总是从明确的目标或指标开始的,只有合理地分配指标,才能避免设计的盲目性。而可靠性分配主要是早期"纸上谈兵"的分析、论证性工作,所需要的费用和人力消耗不大,但却在很大程度上决定着产品设计。合理的指标分配方案,可以使系统经济而有效地达到规定的可靠性目标。

系统可靠性预计和分配是可靠性定量设计的重要任务,两者是相辅相成的,它们在系统设计各阶段均要反复进行多次。其工作流程如图4-1所示。

4.2.2 可靠性分配常用方法

1. 可靠性分配合理性和可行性的一般准则

系统可靠性分配在于求解下面的基本关系式,即

$$R_s[R_1^*(t), R_2^*(t), \cdots, R_i^*(t), \cdots, R_n^*(t)] \geq R_s^*(t) \tag{4-1}$$

$$g_s[R_1^*(t), R_2^*(t), \cdots, R_i^*(t), \cdots, R_n^*(t)] \leq g_s^*(t) \tag{4-2}$$

式中 $R_s^*(t)$ ——要求系统达到的可靠性指标;

$g_s^*(t)$ ——对系统设计的综合约束条件,包括费用、质量、体积、功耗等因素,所以它是

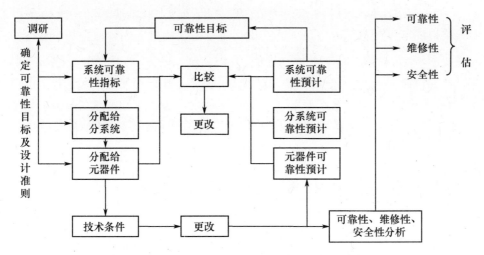

图 4-1 可靠性预计和分配工作流程

一个向量函数关系;

$R_i^*(t)$——分配给第 i 个单元的可靠性指标($i=1,2,\cdots,n$)。

对于简单串联系统而言,式(4-1)就成为

$$\prod_{i=1}^{n} R_i^*(t) \geqslant R_s^*(t) \tag{4-3}$$

如果对分配没有约束,则式(4-3)可以有无数个解。因此,可靠性分配的关键在于要确定一定准则及相应的方法,通过它能得到全部的可靠性分配值或有限数量解。考虑到可靠性的特点,为提高分配结果的合理性和可行性,可以选择故障率、可靠度等参数进行可靠性分配。在进行可靠性分配时需遵循以下几条一般准则。

(1) 对于复杂程度高的分系统、设备等,应分配较低的可靠性指标,因为产品越复杂,要达到高可靠性就越困难,并且更为费钱。

(2) 对于技术上不成熟的产品,应分配较低的可靠性指标。对于这种产品提出高可靠性要求会延长研制时间,增加研制费用。

(3) 对于处于恶劣环境条件下工作的产品,应分配较低的可靠性指标,因为恶劣的环境会增加产品的故障率。

(4) 当把可靠度作为分配参数时,对于需要长期工作的产品,应分配较低的可靠性指标,因为产品的可靠度随着工作时间的增加在降低。

(5) 对于重要度高的产品,应分配较高的可靠性指标,因为重要度高的产品发生故障会影响人身安全或任务的完成。

另外,分配时还可以结合实际,确定适合的准则。

2. 等分配法

这是在设计初期,当产品定义并不十分清晰时或各组成单元大体相似时所采用的最简单的分配方法。

设系统由 n 个分系统串联组成,若给定系统可靠度指标为 $R_s^*(t)$,按等分配法,各分系统的可靠度指标相等,即 $R_1^*(t) = \cdots = R_n^*(t)$,则分配给各分系统的可靠度指标为

$$R_i^*(t) = \sqrt[n]{R_s^*(t)} \tag{4-4}$$

例 4-1 某火炮由炮身、炮闩、反后坐装置、三机、炮架、瞄准装置和运动体 7 个部分组成。若要求该炮的可靠度指标 $R_s^*(t)=0.9$，试用等分配法确定火炮各部分的可靠度指标。

解 按式(4-4)，各部分的可靠度指标 $R_i^*(t)=\sqrt[7]{R_s^*}=\sqrt[7]{0.9}=0.985$。

从这个例子可以看出，这种分配方法虽然简单，表面上比较公平，但并不十分合理。因为实际上，由于技术成熟度、工艺水平等不同，有些元器件、零部件的可靠度在同等条件下比另一些元器件、零部件高，而且所需的费用也不大，因而对这类元器件、零部件，其可靠度指标应当分配得高一些。

3. 比例分配法

如果一个新设计的系统与老的系统非常相似，也就是组成系统的各分系统类型相同（例如，如果新、老飞机都是由机体和动力装置、燃油、液压、导航等相似的分系统组成），对这个新系统只是根据新的情况提出新的可靠性要求。那么，就可以采用比例组合法根据老系统中各分系统的故障率，按新系统可靠性的要求，给新系统的各分系统分配故障率。其数学表达式为

$$\lambda_i^* = \lambda_s^* \frac{\lambda_i}{\lambda_s} \tag{4-5}$$

式中 λ_s^*——新系统的故障率指标；

λ_i^*——分配给新系统中第 i 个分系统的故障率；

λ_s——老系统的故障率；

λ_i——老系统中第 i 个分系统的故障率。

这种方法的基本出发点是：考虑到原有系统基本上反映了一定时期内产品能实现的可靠性，如果不是个别分系统（或设备）在技术上有重大的突破，那么按照现实水平，可把新的可靠性指标按其原有能力成比例地进行调整。

这种方法只适用于新、老系统设计相似，而且有老系统统计数据或者在已有各组成单元预计数据基础进行分配的情况。

例 4-2 有一个液压动力系统，其故障率 $\lambda_s=256\times10^{-6}/h$，各分系统故障率如表 4-1 所列。现要设计一个新的液压动力系统，其组成部分与老的完全一样，只是要求提高新系统的可靠性，即 $\lambda_s^*=200\times10^{-6}/h$。试将该指标分配给各分系统。

表 4-1 某液压动力系统各分系统的故障率

序号	分系统名称	$\lambda_i/(10^{-6}/h)$	$\lambda_i^*/(10^{-6}/h)$
1	油箱	3	2.30
2	拉紧装置	1	0.78
3	油泵	75	59.00
4	电动机	46	36.00
5	止回阀	30	23.00
6	安全阀	26	20.00
7	油滤	4	3.10
8	联轴器	1	0.78
9	导管	3	2.30
10	启动器	67	52.00
	总计（系统）	256	199.26

解 可按下述步骤进行:

① 已知:$\lambda_s^* = 200 \times 10^{-6}/h$; $\lambda_s = 256 \times 10^{-6}/h$。

② 计算:$\lambda_s^*/\lambda_s = 200 \times 10^{-6}/256 \times 10^{-6} = 0.78125$。

③ 计算分配给各分系统的故障率(见表 4-1 中第四列):

$$\lambda_1^* = 3 \times 10^{-6} \times 0.78125 \approx 2.3 \times 10^{-6}/h$$

$$\lambda_2^* = 1 \times 10^{-6} \times 0.78125 \approx 0.78 \times 10^{-6}/h$$

$$\vdots$$

$$\lambda_{10}^* = 67 \times 10^{-6} \times 0.78125 \approx 52 \times 10^{-6}/h$$

一般指标计算后,通常要归整一下作为正式指标。如果没有进行归整就不必做④。

④ 验证,$\lambda_s = \sum_{i=1}^{10} \lambda_i^* = 199.26 \times 10^{-6}/h < \lambda_s^*$。

如果有老系统中各分系统故障数占系统故障数百分比 K_i 的统计资料,而且新、老系统又极相似,那么可以按式(4-6)进行分配,即

$$\lambda_i^* = K_i \lambda_s^* \tag{4-6}$$

式中 K_i——第 i 个分系统故障数占系统故障数的百分比。

例 4-3 要求设计一种飞机,在 5h 的飞行任务时间内 $R_s^* = 0.9$。有这种类型飞机各分系统故障百分比的统计资料,如表 4-2 中第 3 列所列,试把可靠度指标分配给各分系统。

表 4-2 统计资料及可靠性分配值

序号	分系统名称	按历史资料分系统占飞机故障数的百分比 K_i	新飞机分系统分配的故障率 $\lambda_i^*/(1/h)$	分配给分系统的可靠度指标 R_i^*
1	机身与货舱	12	0.002529	0.9874
2	起落架	7	0.001475	0.9927
3	操纵系统	5	0.001054	0.9947
4	动力装置	26	0.005479	0.9730
5	辅助动力装置	2	0.000421	0.9978
6	螺旋桨	17	0.003582	0.9822
7	高空设备	7	0.001475	0.9927
8	电子系统	4	0.000843	0.9957
9	液压系统	5	0.001045	0.9947
10	燃油系统	2	0.000421	0.9978
11	仪表	1	0.000211	0.9989
12	自动驾驶仪	2	0.000421	0.9978
13	通信、导航	5	0.001054	0.9947
14	其他各项	5	0.001054	0.9947
	总计	100	0.021072	≈ 0.9

解 可按下述步骤进行。

① 已知:$R_s^* = 0.9$,则

$$\lambda_s^* = \frac{\ln R_s^*}{t} = \frac{\ln 0.9}{5} = 0.021072/h$$

② 按照式(4-6)计算分配给各分系统的故障率 λ_i^*（见表4-2第4列）：

$$\lambda_1^* = \lambda_s^* K_1 = 0.021072 \times 0.12 = 0.002529/h$$

$$\vdots$$

$$\lambda_{14}^* = 0.021072 \times 0.05 = 0.001054/h$$

$$R_s^* = \prod_{i=1}^{14} R_i^* = 0.9874 \times \cdots \times 0.9947 \approx 0.9$$

如果系统中某些分系统(或设备)属已定型的产品,即该分系统(或设备)的可靠性值已确定,那么可以按式(4-7)分配其他各单元的指标,即

$$\lambda_i^* = \frac{\lambda_s^* - \lambda_c}{\lambda_s - \lambda_c} \lambda_i \tag{4-7}$$

式中 λ_c——已定型产品的故障率；

λ_s^*——新系统的故障率；

λ_i^*——分配给新系统中第 i 个分系统的故障率；

λ_s——老系统的故障率；

λ_i——老系统中第 i 个分系统的故障率。

例 4-4 在例 4-2 中,如果考虑到油泵故障对液压动力系统的影响太大,而改用可靠性更高的外购产品,其 MTBF = 30000h,则 $\lambda_c = 33.3 \times 10^{-6}(1/h)$,其他各分系统的指标按式(4-7)计算。新的分配结果如表 4-3 所列。

表 4-3 某液压动力系统各分系统的故障率

序号	分系统名称	$\lambda_i/(10^{-6}/h)$	$\lambda_i^*/(10^{-6}/h)$
1	油箱	3	2.76
2	拉紧装置	1	0.92
3	油泵	75	33.3⁺
4	电动机	46	42.37
5	止回阀	30	27.63
6	安全阀	26	23.95
7	油滤	4	3.68
8	联轴器	1	0.92
9	导管	3	2.76
10	启动器	67	61.71
	总计	256	200
	总计 - 定型产品	181	166.7

注:表中带 ⁺ 号数字为 λ_c 的值

4. 考虑重要度和复杂度的分配方法

(1) 按重要度分配。一个系统可以按分系统级、设备级、部件级等逐级展开。一般情况下系统是由各分系统串联组成,而分系统则由设备用串联、并联等方式组成。因此,各个部件

(单元)故障不一定能引起系统故障。用一个定量的指标来表示各分系统(或设备)的故障对系统故障的影响,这就是重要度 $\omega_{i(j)}$,即

$$\omega_{i(j)} = \frac{N_{i(j)}}{r_{i(j)}} \quad (4-8)$$

式中 $r_{i(j)}$——第 i 个分系统第 j 个设备的故障次数;
$N_{i(j)}$——由于第 i 个分系统第 j 个设备的故障引起系统故障的次数。

注意:当分系统没有冗余时,下标 $i(j)$ 就是指的第 i 个分系统。此时可按下式进行可靠性分配,即

$$\theta_{i(j)} = \frac{n\omega_{i(j)} t_{i(j)}}{-\ln R_s^*(T)} \quad (4-9)$$

式中 n——分系统数;
$\theta_{i(j)}$——第 i 个分系统第 j 个设备的平均故障间隔时间,$\theta_{i(j)} = 1/\lambda_{i(j)}$;
$t_{i(j)}$——第 i 个分系统第 j 个设备的工作时间;
T——系统规定的工作时间;
$R_s^*(T)$——系统规定的可靠度指标。

这种分配方法的实质在于使 $\theta_{i(j)}$ 与 $\omega_{i(j)}$ 成正比,即第 i 个分系统第 j 个设备越重要,其可靠性指标($\theta_{i(j)}$)也应当成比例地加大。在初步设计阶段,当许多约束条件还未提出来时,用这种分配方法比较简单。

(2)按复杂度分配。复杂度 C_i 可以简单地用该分系统(设备)的基本构成部件数的比例来表示,即

$$C_i = \frac{n_i}{N} = \frac{n_i}{\sum_{i=1}^{n} n_i}$$

式中 n_i——第 i 个分系统的基本构成部件数;
N——系统的基本构成部件总数;
n——分系统数。

即某个分系统中基本构成部件数所占的百分比越大就越复杂。

在分配时,假设这些基本构成部件对整个串联系统可靠度的贡献是相同的,那么,有

$$R_i^*(T) = \{[R_s^*(T)]^{\frac{1}{N}}\}^{n_i} = [R_s^*(T)]^{\frac{n_i}{N}} \quad (4-10)$$

式中符号含义同式(4-9)。

这种分配方法的实质是,复杂的分系统比较容易出故障,因此可靠度应分配得低一些。

(3)综合考虑分系统(设备)重要度和复杂度分配。由式(4-9)可知,当仅考虑分系统(设备)重要度时,按各分系统可靠性指标相等得到

$$R_i^*(T) \approx e^{-\omega_{i(j)} t_{i(j)}/\theta_{i(j)}} = \sqrt[n]{R_s^*(T)}$$

如果不是按照等分配,而是按照分系统的复杂度进行分配,则

$$R_i^* \approx e^{-\omega_{i(j)} \cdot t_{i(j)}/\theta_{i(j)}} = \{[R_s^*(T)]^{1/N}\}^{n_i}$$

$$= [R_s^*(T)]^{n_i/N}$$

$$-\omega_{i(j)} t_{i(j)}/\theta_{i(j)} = \frac{n_i}{N} \ln R_s^*(T)$$

即
$$\theta_{i(j)} = \frac{N\omega_{i(j)} t_{i(j)}}{n_i [-\ln R_s^*(T)]} \tag{4-11}$$

式中符号含义同式(4-9)。

从式(4-11)可以看出,分配给第 i 个分系统第 j 个设备的可靠性指标 $\theta_{i(j)}$ 与该分系统的重要度成正比,与它的复杂度成反比。

当按式(4-11)求出分配给各分系统(设备)的 $\theta_{i(j)}$ 之后,即可求出系统的可靠度 $R_s(T)$,它必须满足规定的系统可靠度值 $R_s^*(T)$。

例 4-5 某电子设备要求工作 12h 的可靠度 $R_s^*(12) = 0.923$,这台设备的各分系统(装置)的有关数据如表 4-4 所列。试对各分系统(装置)进行可靠度分配。

表 4-4 例 4-5 的有关数据

序号	分系统(装置)名称	分系统构成部件数 n_i	工作时间 $t_{i(j)}$/h	重要度 $\omega_{i(j)}$
1	发射机	102	12	1.0
2	接收机	91	12	1.0
3	自动装置	95	3	0.3
4	控制设备	242	12	1.0
5	电源	40	12	1.0
	共计	570		

解 ① 已知 $R_s^*(12) = 0.923$ 及表 4-4 的数据。

② 按式(4-11)计算分配给各分系统(装置)的 $\theta_{i(j)}$,即

$$\theta_1 = \frac{-570 \times 1.0 \times 12}{102 \times \ln 0.923} \approx 837(\text{h}), \quad \theta_2 = \frac{-570 \times 1.0 \times 12}{91 \times \ln 0.923} \approx 938(\text{h})$$

$$\theta_3 = \frac{-570 \times 0.3 \times 3}{95 \times \ln 0.923} \approx 67(\text{h}), \quad \theta_4 = \frac{-570 \times 1.0 \times 12}{242 \times \ln 0.923} \approx 353(\text{h})$$

$$\theta_5 = \frac{-570 \times 1.0 \times 12}{40 \times \ln 0.923} \approx 2134(\text{h})$$

③ 求分配给各分系统(装置)的可靠度 R_i,即

$$R_1(12) = e^{-12/837} \approx 0.9858, \quad R_2(12) = e^{-12/938} \approx 0.9678$$

$$R_3(3) = e^{-3/67} \approx 0.9562, \quad R_4(12) = e^{-12/353} \approx 0.9666$$

$$R_5(12) = e^{-12/2134} \approx 0.9944$$

④ 验算系统可靠度,即

$$R_s(12) = \prod_{i=1}^{5} R_i(t_{i(j)}) = 0.9232 > R_s^*(12)$$

能够满足规定的要求。

由于余度系统及带有约束的系统可靠性分配方法比较复杂,这里不再进行讨论。

4.3 可靠性预计

可靠性预计是为了估计产品在给定工作条件下的可靠性而进行的工作。它根据组成系统

的元件、部件和分系统可靠性来推测系统的可靠性。这是一个由局部到整体、由小到大、由下到上的过程,是一种综合的过程。

4.3.1 目的与作用

(1)目的。用以估计系统、分系统或设备的任务可靠性和基本可靠性,并确定所提出的设计是否达到可靠性要求。

(2)作用。可靠性预计可以作为设计手段,为设计决策提供依据。不同阶段的具体作用不同,一般地说,通过可靠性预计可以起到以下作用。

① 将预计结果与要求的可靠性指标相比较,审查合同或任务书中提出的可靠性指标是否能达到。

② 在方案阶段,利用预计结果进行方案比较,选择最优方案。

③ 在设计过程中,通过预计,发现设计中的薄弱环节,加以改进。

④ 为可靠性增长试验、验证试验及费用核算等提供依据。

⑤ 在研制早期,通过预计为可靠性分配奠定基础。

4.3.2 可靠性预计常用方法

1. 性能参数法

性能参数法的特点是统计大量相似系统的性能与可靠性参数,在此基础上进行回归分析,得出一些经验公式及系数,以便在方案论证及初步设计阶段,能根据初步确定的系统性能及结构参数预计系统可靠性。

例如,通过统计分析发现,雷达可靠性与研制年代、战术技术指标有关,可建立以下回归方程,即

$$T_{BF} = \ln(\alpha_1 + \alpha_2 D_Y + \alpha_3 M + \alpha_4 D_R + \alpha_5 P + \alpha_6 H + \alpha_7 D_R M + \alpha_8 D_R R) \quad (4-12)$$

式中 D_Y——设计年代,如 2013;

M——多目标分辨力(m);

D_R——探测距离(km);

P——脉冲宽度(μs);

H——半功率波速宽度(°);

R——接收机动态范围(dB)。

如果得到了系数 α_1、α_2、α_3、α_4、α_5、α_6、α_7 和 α_8 的值,则可预计给定指标雷达的可靠性。

2. 相似产品法

相似产品法是利用成熟的相似产品所得到的经验数据来估计新产品的可靠性。成熟产品的可靠性数据来自现场使用评价和实验室的试验结果。这种方法在研制初期广泛应用,在研制的任何阶段也都适用。成熟产品的详细故障记录越全,比较的基础越好,预计的准确度就越高。当然准确度也取决于产品的相似程度。

预计的基本公式为

$$\lambda_s = \sum_{i=1}^{n} \lambda_i \quad \text{或} \quad \frac{1}{T_{BF_s}} = \sum_{i=1}^{n} \frac{1}{T_{BF_i}} \quad (4-13)$$

式中 T_{BF_s}——系统的 MTBF 预计值;

T_{BF_i}——相似系统中第 i 个分系统的 MTBF。

例 4-6 某种供氧抗荷系统包括氧气瓶、氧气开关、减压器、示流器、调节器、面罩、跳伞氧气调节器、氧气余压指示器、抗荷分系统等。试用相似产品法预计该供氧抗荷系统的平均故障间隔飞行时间(MFHBF)。

解 收集到的同类机件供氧抗荷系统的可靠性数据及预计值见表 4-5。

表 4-5 统计数据及预计值

产品名称	单机配套数	老产品的 MFHBF/h	预计的 MFHBF/h	备注
氧气开关	3	1192.8	3000	选用新型号,可靠性大大提高
氧气减压器	2	6262	6262	选用老产品
氧气示流器	2	2087.3	2087.3	选用老产品
氧气调节器	2	863.7	863.7	选用老产品
氧气面罩	2	6000	6500	在老产品的基础上局部改进
氧气瓶	4	15530	15530	选用老产品
跳伞氧气调节器	2	6520	7000	在老产品的基础上局部改进
氧气余压指示器	2	3578.2	4500	选用新型号,可靠性大大提高
抗荷分系统	2	3400	3400	选用老产品
整个供氧抗荷系统		122.65	154.5	

3. 专家评分法

这种方法是依靠有经验的工程技术人员的经验,按照几种因素进行评分。按评分结果,由已知的某单元故障率根据评分系数,计算出其余单元的故障率。

(1) 评分考虑的因素可按产品特点而定。这里介绍常用的 4 种评分因素,每种因素的分数在 1~10 之间。

① 复杂度。它是根据组成分系统的元部件数量以及它们组装的难易程度来评定,最简单的评 1 分,最复杂的评 10 分。

② 技术发展水平。根据分系统目前的技术水平和成熟程度来评定,水平最低的评 10 分,水平最高的评 1 分。

③ 工作时间。根据分系统工作时间来确定。系统工作时,分系统一直工作的评 10 分,工作时间最短的评 1 分。

④ 环境条件。根据分系统所处的环境来评定,分系统工作过程会经受极其恶劣和严酷环境条件的评 10 分,环境条件最好的评 1 分。

(2) "专家评分"的实施。已知某系统的故障率为 λ^*,计算出的其他分系统故障率 λ_i 为

$$\lambda_i = \lambda^* C_i, \quad i = 1,2,\cdots,n \tag{4-14}$$

式中 n——分系统数;

C_i——第 i 个分系统的评分系数,且

$$C_i = \omega_i / \omega^*$$

其中 ω^*——系统的评分数,$\omega^* = \sum_{i=1}^{n} \omega_i$;

ω_i——第 i 个分系统评分数,$\omega_i = \prod_{j=1}^{4} r_{ij}$,而 r_{ij} 为第 i 个分系统、第 j 个因素的评分数,且

$$j = \begin{cases} 1 & 代表复杂度 \\ 2 & 代表技术发展水平 \\ 3 & 代表工作时间 \\ 4 & 代表环境条件 \end{cases}$$

例 4-7 某飞行器由动力装置、武器等 6 个分系统组成(表 4-6)。已知制导装置故障率为 284.5×10^{-6}/h，即 $\lambda^* = 284.5 \times 10^{-6}$/h，试用评分法求得其他分系统的故障率。

解 由题意可知，制导装置故障率已知，因此可将其故障率作为基准，相应地，其评分数也可作为基准，在具体计算中可用其评分数代替系统评分数，同时可用其故障率代替系统故障率。

一般计算可用表格进行，如表 4-6 所列。

表 4-6 某飞行器的故障率计算

序号	分系统名称	复杂度 r_{i1}	技术水平 r_{i2}	工作时间 r_{i3}	环境条件 r_{i4}	分系统评分数 ω_i	分系统评分系数 $C_i = \omega_i/\omega^*$	各分系统的故障率 /(10^{-6}/h) $\lambda_i = \lambda^* C_i$
1	动力装置	5	6	5	5	750	0.300	85.4
2	武器	7	6	10	2	840	0.336	95.6
3	制导装置	10	10	5	5	2500(ω^*)	1	284.5(λ^*)
4	飞行控制装置	8	8	5	7	2240	0.896	254.9
5	机体	4	2	10	8	640	0.256	72.8
6	辅助动力装置	6	5	5	5	750	0.3	85.4

将表 4-6 中最后一数值相加，即得总故障率为 878.6×10^{-6}/h。

4. 上、下限法

上、下限法又称边值法。其基本思想是将复杂的系统先简单地看作某些单元的串联系统，求出系统可靠度的上限值和下限值。然后逐步考虑系统的复杂情况，逐次求系统可靠度的越来越精确的上、下限值，达到一定要求后，再将上、下限值进行简单的数学处理，得到满足实际精度要求的可靠度预计值。

上、下限法的优点是特别适合于复杂系统的可靠性预计。它不要求单元之间是相互独立的，适合于热储备和冷储备系统，也适合于多种目的和阶段工作的系统。美国已将此方法用在像"阿波罗"飞船这样复杂系统的可靠性预计上，它的精确度已被实践所证明。下面分别讨论上限值、下限值的计算方法及上、下限值综合处理的方法。

1) 上限值的计算

对于规定的时间 t，在某时刻系统的可靠度可以用下式计算(为书写方便略去 t)，即

$$R_s = 1 - P\{恰有 1 个单元故障,系统故障\} - P\{恰有 2 个单元故障,系统故障\} - $$
$$P\{恰有 3 个单元故障,系统故障\} - \cdots \tag{4-15}$$

记 $R_{\text{上}i} = 1 - \sum_{j=1}^{i} p\{恰有 j 个单元故障,系统故障\}$ $(i = 1, 2, \cdots)$ 为系统第 i 步上限值。显然，$R_{\text{上}1} \geq R_{\text{上}2} \geq R_{\text{上}3} \geq \cdots \geq$ 系统真实的可靠度值。

下面以图 4-2 为例说明计算方法。

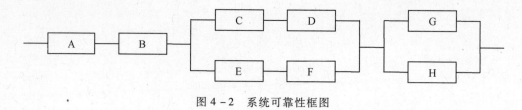

图 4-2 系统可靠性框图

由于

$$\{\text{恰有 1 个单元故障,系统故障}\} = \bar{A}BCDEFGH + A\bar{B}CDEFGH$$

所以

$$R_{\text{上}1} = 1 - F_A R_B R_C R_D R_E R_F R_G R_H - R_A F_B R_C R_D R_E R_G R_H R_F$$

又

$$\{\text{恰有 2 个单元故障,系统故障}\} = ABCDEF\bar{G}\bar{H} + AB\bar{C}\bar{D}EFGH + \\ AB\bar{C}D\bar{E}FGH + ABC\bar{D}E\bar{F}GH + ABC\bar{D}\bar{E}FGH$$

由于 A、B 只要有一个故障就引起系统故障,因此 A、B 同时故障(与其中单个故障相比)引起系统故障概率是小事件概率,可不予考虑。

因此

$$R_{\text{上}2} = R_{\text{上}1} - R_A R_B (R_C R_D R_E R_F F_G F_H + F_C R_D F_E R_F R_G R_H + F_C R_D R_F F_F R_G R_H + \\ R_C F_D F_E R_F R_G R_H + R_C F_D R_E F_F R_G R_H)$$

$$= R_{\text{上}1} - R_A R_B R_C R_D R_E R_F F_G F_H \left(\frac{F_G F_H}{R_G R_H} + \frac{F_C F_E}{R_C R_E} + \frac{F_C F_F}{R_C R_F} + \frac{F_D F_E}{R_D R_E} + \frac{F_D F_F}{R_D R_F} \right)$$

$$\cdots$$

2) 下限值的计算

对于规定的时间 t,在某时刻系统的可靠度还可用下式计算(为书写简单略去 t),即

$$R_s = P\{\text{全部单元正常,系统正常}\} + P\{\text{恰有 1 个单元故障,系统正常}\} + \\ P\{\text{恰有 2 个单元故障,系统正常}\} + \cdots \qquad (4-16)$$

记

$$R_{\text{下}i} = P\{\text{全部单元正常,系统正常}\} + \sum_{j=1}^{i} P\{\text{恰有 } j \text{ 个单元故障,系统正常}\}, i = 1, 2, \cdots 为系统第 i 步下限值,显然, $R_{\text{下}1} \leq R_{\text{下}2} \leq \cdots \leq$ 系统真实的可靠度值。

仍以图 4-2 为例,可得到

$$P\{\text{全部单元正常,系统正常}\} = R_A R_B R_C R_D R_E R_F R_G R_H$$

$$P\{\text{恰有 1 个单元故障,系统正常}\} = R_A R_B R_C R_D R_E R_F R_G R_H \left(\frac{F_C}{R_C} + \frac{F_D}{R_D} + \frac{F_E}{R_E} + \frac{F_F}{R_F} + \frac{F_G}{R_G} + \frac{F_H}{R_H} \right)$$

则

$$R_{\text{下}1} = R_A R_B R_C R_D R_E R_F R_G R_H \left(1 + \frac{F_C}{R_C} + \frac{F_D}{R_D} + \frac{F_E}{R_E} + \frac{F_F}{R_F} + \frac{F_G}{R_G} + \frac{F_H}{R_H} \right)$$

$$\cdots$$

3) 上、下限值的综合计算

有了系统可靠度的第 i 步上、下限值 $R_{\text{上}i}$ 和 $R_{\text{下}i}$,要综合起来得到系统的 R_s 的单一预计值,

最简单的方法是求两个极限值的算术平均,但这种方法误差较大,较精确的计算公式是

$$R_s = 1 - \sqrt{(1-R_{\pm i})(1-R_{\mp i})} \qquad (4-17)$$

在使用此公式时,应注意上、下限值必须求到同一步,即两者都是第 i 步的上限值和下限值。

要使两个极限值越接近,需要考虑的情况就越多,从而使问题复杂化,失去了这个方法的优点。其实,两个比较粗略的极限值综合起来所得的系统可靠度预计值,与两个精确极限值综合所得的系统可靠度预计值一般不会相差太大,这正是边值法的优点之一。根据经验,当 $R_{\pm i} - R_{\mp i}$ 近似地等于 $1 - R_{\pm i}$ 时,逐步求上限值、下限值的工作可以结束,即可用 $R_{\pm i}$ 和 $R_{\mp i}$ 综合计算 R_s。

5. 电子、电气设备特殊的可靠性预计方法

1) 电子、电气设备可靠性预计的特点

(1) 电子、电气设备最大的特点是寿命服从指数分布,即故障率是常数,所以,对串联系统(基本可靠性)通常可采用公式 $\lambda_s = \sum_{i=1}^{n} \lambda_i$ 预计其可靠性指标。

(2) 电子、电气设备均是由电阻、电容、二极管、三极管、集成电路等标准化程度很高的电子元器件组成,而对于标准元器件现已积累了大量的试验、统计故障率数据,建立了有效的数据库,且有成熟的预计标准和手册。对于国产电子元器件、设备,可按国军标《电子设备可靠性预计手册》(GJB/Z 299C—2006)进行预计;而对于进口电子元器件及设备,应采用相应国家或国际标准(规范)进行预计。

2) 元器件计数法

这种方法适用于电子设备方案论证及初步设计阶段。它的计算步骤:先计算设备中各种型号和各种类型的元器件数目,然后再乘以相应型号或相应类型元器件的基本故障率,最后把各乘积累加起来,即可得到部件、系统的故障率。这种方法的优点是,只使用现有的工程信息,不需要详尽地了解每个元器件的应力及它们之间的逻辑关系就可以迅速地估算出该系统的故障率。其通用公式为

$$\lambda_s = \sum_{i=1}^{n} N_i \lambda_{Gi} \pi_{Qi} \qquad (4-18)$$

式中 λ_s——系统总的故障率;

λ_{Gi}——第 i 种元器件的通用故障率;

π_{Qi}——第 i 种元器件的通用质量系数;

N_i——第 i 种元器件的数量;

n——设备所有元器件的种类数目。

式(4-18)适合于在同一环境类别下使用的设备。如果设备所包含的 n 个单元是在不同环境中工作(如机载设备有的单元应用于座舱、有的单元应用于无人舱),则式(4-18)就应该分别按不同环境考虑,然后将这些"环境—单元"故障率相加即为设备的总故障率。

元器件故障率 λ_G 及质量等级 π_Q 可以查国家军用标准 GJB/Z 299C。

例 4-8 用元件计数法预计某地面搜索雷达的 MTBF 及工作 100h 的可靠度。该雷达使用的元器件类型、数量及故障率($\lambda_G \pi_Q$, π_Q 值可查 GJB/Z 299C 得到)见表 4-7。

解 按式(4-18)计算各类元器件的总故障率的总和,为 3926.57×10^{-6}/h(表 4-7)。

$$T_{BF} = \frac{10^6}{3926.57} = 255(h)$$

工作100h的可靠度 $R(100) = e^{-100/255} = 0.676$。

表4-7 某雷达使用的元器件及其故障率

元器件类型	使用数量	故障率/(10^{-6}/h)	总故障率/(10^{-6}/h)	元器件类型	使用数量	故障率/(10^{-6}/h)	总故障率/(10^{-6}/h)
电子管,接收管	96	6.00	576.00	可变合成电阻器	38	7.00	266.00
电子管,发射管	12	40.00	480.00	可变线绕电阻器	12	3.50	42.00
电子管,磁控管	1	200.00	200.00	同轴连接器	17	13.31	226.47
电子管,阴极射线管	1	15.00	15.00	电感器	42	0.938	39.40
晶体二极管	7	2.98	20.86	电气仪表	1	1.36	1.36
高K陶瓷固定电容器	59	0.18	10.62	鼓风机	3	630.00	1890.00
钽箔固定电容器	2	0.45	0.90	同步电动机	13	0.80	10.40
云母膜制电容器	89	0.018	1.60	晶体壳继电器	4	21.28	85.12
固定纸介电容器	108	0.01	1.08	接触器	14	1.01	14.14
碳合成固定电容器	467	0.0207	9.67	拨动开关	24	0.57	13.66
功率型薄膜固定电容器	2	1.60	3.20	旋转开关	5	1.75	8.75
固定线绕电阻器	22	0.39	8.58				
功率变压器和滤液变压器	31	0.0625	1.49	总和			3926.57

3) 元器件应力分析法

适用于电子设备详细设计阶段,已具备了详细的元器件清单、电应力比、环境温度等信息。这种方法预计的可靠性比计数法的结果准确。因为元器件的故障率与其承受的应力水平及工作环境有极大的关系,考虑上述应力的预计方法也已规范化,但具体计算也较繁琐,如晶体管和二极管的失效率计算模型见式(4-19),不同的元器件有不同的计算故障率模型。

$$\lambda_p = \lambda_b (\pi_E \pi_Q \pi_A \pi_R \pi_{s_2} \pi_c) \tag{4-19}$$

式中 λ_p——元器件工作故障率;

λ_b——元器件基本故障率;

π_E——环境系数;

π_Q——质量系数;

π_A——应用系数;

π_R——电流额定值系数;

π_{s_2}——电压应力系数;

π_c——配置系数。

π 系数按照影响元器件可靠性的应用环境类别及其参数对基本故障率进行修正,这些系数均可查阅GJB/Z 299C。把各种元器件的工作故障率计算出来后,就可求得系统的故障率 λ_s,即

$$\lambda_s = \sum_{i=1}^{N} N_i \lambda_{pi} \tag{4-20}$$

式中 λ_{pi}——第 i 种元器件的故障率;

N_i——第 i 种元器件的数量;

N——系统中元器件种类数。

系统的 MTBF 为 $T_{BF} = 1/\lambda_s$。

6. 机械产品特殊的可靠性预计方法

1) 机械产品可靠性预计的特点

对机械类产品而言,它具有一些不同于电子类产品的特点,举例如下:

(1) 许多机械零部件是为特定用途单独设计的,通用性不强,标准化程度不高。

(2) 机械部件的故障率通常不是常值,其设备的故障往往是由于耗损、疲劳和其他与应力有关的故障造成。

(3) 机械产品的可靠性与电子产品可靠性相比,对载荷、使用方式和利用率更加敏感。

2) 机械产品可靠性预计方法

基于上述特点,对看起来很相似的机械部件,其故障率往往是非常分散的,这样,用数据库中已有的统计数据来预计可靠性,其精度是无法保证的。因此,目前预计机械产品可靠性尚没有像电子产品那样通用、可接受的方法。

(1) 修正系数法。其预计的基本思路:既然机械产品的"个性"较强,难以建立产品级的可靠性预计模型,但若将它们分解到零件级,则有许多基础零件是通用的。如密封件,既可用于阀门,也可用于作动器或汽缸等。通常将机械产品分成密封、弹簧、电磁铁、阀门、轴承、齿轮和花键、作动器、泵、过滤器、制动器和离合器等类。这样,对诸多零件进行故障模式与影响分析,找出其主要故障模式与影响这些模式的主要设计、使用参数,通过数据收集、处理及回归分析,可以建立各零部件故障率与上述参数的数学函数关系(即故障率模型或可靠性预计模型)。实践结果表明,具有耗损特征的机械产品,在其耗损期到来之前,在一定的使用期限内,某些机械产品寿命近似按指数分布处理仍不失其工程特色。因此,机械产品预计的故障率为各零件故障率之和。例如,《机械设备可靠性预计程序手册》中介绍的齿轮故障率模型表达式为

$$\lambda_{GE} = C_{GS} C_{GP} C_{GA} C_{GL} C_{GN} C_{GT} C_{GV} \lambda_{GE \cdot B} \tag{4-21}$$

式中 λ_{GE}——在特定使用情况下齿轮故障率(次/10^6 转);

C_{GS}——速度偏差(相对于设计)的修正系数;

C_{GP}——扭矩偏差(相对于设计)的修正系数;

C_{GA}——不同轴性的修正系数;

C_{GL}——润滑偏差(相对于设计)的修正系数;

C_{GN}——污染环境的修正系数;

C_{GT}——温度的修正系数;

C_{GV}——振动和冲动的修正系数;

$\lambda_{GE \cdot B}$——制造商规定的基本故障率(次/10 转)。

计算齿轮系统故障率的最好途径是利用各齿轮制造商的技术规范规定的基本故障率,根据实际使用情况及设计的差异来修正其故障率。

(2) 相似产品类比法。其基本思想是根据仿制或改型的类似产品已知的故障率,分析两者在组成结构、使用环境、原材料、元器件水平、制造工艺水平等方面的差异,通过专家评分给出各修正系数,综合权衡后得出一个故障率综合修正因子 D,即

$$D = K_1 K_2 K_3 K_4 \tag{4-22}$$

$$\lambda_{新} = D\lambda_{旧}$$

式中 K_1——新产品与类似产品差距的修正系数;

K_2——新产品(包括热处理、表面处理、铸造质量控制等方面)与类似产品差距的修正系数;

K_3——新产品工艺水平与类似产品差距的修正系数;

K_4——新产品设计、生产等方面的经验与类似产品差距的修正系数。

式(4-22)在应用中可根据实际情况对修正系数进行增补、删减。下面举一个工程实例来说明。

例 4-9 某型电源系统是参照国外某公司的产品研制的,已知该系统的 MTBF 为 4000h,试对比分析国产某型电源系统的 MTBF。

解 因为国产电源系统是在国外产品基础上研制的,且已知原型产品的 MTBF,故采用相似产品类比论证法,即以国外电源系统的故障率为基本故障率,在此基础上考虑综合的修正因子 D,该因子 D 应包括原材料、元器件、基础工业、工艺水平、技术水平、产品结构(即产品相似性)、使用环境等因素。通过专家评分可得出下式中的各修正系数,即

$$D = K_1 K_2 K_3 K_4 K_5$$

式中:K_1、K_2、K_3、K_4 的含义与式(4-22)相同,$K_1 = 1.2$,$K_2 = 1.2$,$K_3 = 1.2$,$K_4 = 1.5$;K_5 为另一个新的修正系数,表示国产某型电源与国外产品在结构等方面的差异。国产某型电源系统是双排泵结构,而国外产品是单排结构;国产某型电源系统正常工作温度为 150℃,而国外产品一般工作温度在 125℃ 左右,综合分析得 $K_5 = 1.2$。

因此,综合修正因子为

$$D = 1.2 \times 1.2 \times 1.2 \times 1.5 \times 1.2 = 3.11$$

所以,国产某型电源系统的故障率为

$$\lambda_{新} = D\lambda_{旧} = 3.11 \times \frac{1}{4000} = 7.776 \times 10^{-4}/h$$

$$T_{BF新} = \frac{1}{\lambda_{新}} = 1286.0h$$

4.4 故障模式、影响与危害性分析

4.4.1 概述

可靠性分析的目的决不仅是评价系统及其组成单元的可靠性水平,更重要的是找出提高可靠性的途径、措施。因此,必须对系统及其组成单元的故障进行详细分析。故障分析是可靠性分析的一项重要内容。故障分析是对发生或可能发生故障的系统及其组成单元进行分析,鉴别其故障模式、故障原因以及故障机理,估计该故障模式对系统可能产生何种影响,以便采取措施,提高系统的可靠性。最常用的故障分析方法是故障模式、影响及危害性分析和故障树分析(4.5节)。

根据 GJB 451A—2005,故障模式与影响分析(Failure Mode and Effect Analysis,FMEA)是指分析产品中每一个可能的故障模式并确定其对该产品及上层产品所产生的影响,以及把每

一个故障模式按其影响的严重程度予以分类的一种分析技术。而故障模式、影响及危害性分析(Failure Mode, Effect and Criticality Analysis, FMECA)是在 FMEA 的基础上再增加一层任务,即同时考虑故障发生概率与故障危害程度的故障模式与影响分析。它可半定量分析产品的危害性。因此,FMECA 可以看作 FMEA 的一种扩展与深化。

以往,人们是依靠自己的经验和知识来判断元器件、零部件故障对系统产生的影响,这种判断依赖于人的知识水平和工作经验,一般只有等到产品使用后,收集到故障信息才进行设计改善。这样做,反馈周期过长,不仅在经济上造成损失,而且还可能造成更为严重的人身伤亡。因此,人们力求在设计阶段就进行可能的故障模式与影响分析,一旦发现某种设计方案有可能造成不能允许的后果,便立即进行研究,做出相应的设计上的更改。为了摆脱对人为因素的过分依赖,需要找到一种系统的、全面的、标准化的分析方法来正确作出判断,力图将导致严重故障后果的单点故障模式消灭在设计阶段。这就逐渐形成了 FMECA 技术。

由于 FMECA 主要是一种定性分析方法,不需要高深的数学理论,易于掌握,有实用价值,所以受到工程部门的普遍重视。它比依赖于基础数据的定量分析方法更接近于工程实际情况,是因为它无须为了量化处理而将实际问题过分简化。FMECA 在许多重要的领域,被明确规定为设计人员必须掌握的技术,其有关资料被规定为不可缺少的设计文件。

4.4.2 目的与作用

进行 FMECA 的目的在于查明一切可能的故障模式(可能存在的隐患),而重点在于查明一切灾难性、致命性和严重的故障模式,以便通过修改设计或采用其他补救措施尽早予以消除或减轻其后果的危害性。最终目的是改进设计,提高系统的可靠性。其具体作用可能包括以下几个。

(1) 帮助设计者和决策者从各种方案中选择满足可靠性要求的最佳方案。

(2) 保证所有元器件的各种故障模式与影响都经过周密考虑,找出对系统故障有重大影响的产品和故障模式并分析其影响程度。

(3) 有助于在设计评审中对有关措施(如冗余措施)、检测设备等做出客观的评价。

(4) 为进一步定量分析提供基础。

(5) 为进一步更改产品设计提供资料。

(6) 为装备维修保障分析与决策提供基础。

4.4.3 FMEA 方法与程序

1. 几个术语

(1) 故障模式(Failure Mode):故障的表现形式,如短路、开路、断裂等。

(2) 故障影响(Failure Effect)或称故障后果:故障模式对产品的使用、功能或状态所导致的结果。故障影响一般分为三级,即局部的、高一层次的和最终的。

(3) 危害性(Criticality):对故障模式的后果及其出现频率的综合度量。

(4) 约定层次(Indenture Levels):根据分析的需要,按产品的功能关系或组成特点进行 FMEA 的产品所在功能层次或结构层次约定,一般是从复杂到简单依次进行划分。要进行 FMEA 总的、完整的产品所在的最高层次,称为初始约定层次。它是 FMEA 最终影响的对象。相继的约定层次(如第二、第三、第四等)称为其他约定层次,这些层次表明了直至较简单的组成部分的有顺序的排列。约定层次中最底层的产品所在层次称为最低约定层次。它决定了

FMEA 的工作深入、细致的程度。

2. 分析方法

FMEA 有多种分类方法,如功能 FMEA、硬件 FMEA、软件 FMEA 和过程 FMEA 等。其中最为常见的有两种,即硬件法和功能法。工作中采用哪一种方法进行分析,取决于设计的复杂程度和可利用信息的多少。对复杂系统进行分析时,也可以考虑综合采用功能法和硬件法。

(1) 硬件法。这种方法根据产品的功能对每个故障模式进行评价,用表格列出各个产品,对其可能发生的故障模式及其影响进行分析。各产品的故障影响与分系统及系统功能有关。当产品可按设计图纸及其他工程设计资料明确确定时,一般采用硬件法。这种分析方法适用于从零件级开始分析再扩展到系统级,即自下而上进行分析。然而也可以从任一层次开始向任一方向进行分析。采用这种方法进行 FMEA 是较为严格的。

(2) 功能法。这种方法认为每个产品可以完成若干功能,而功能可以按输出分类。使用这种方法时,将输出一一列出,并对它们的故障模式进行分析。当产品构成不能明确确定时(如在产品研制初期,各个部件的设计尚未完成,得不到详细的部件清单、产品原理及产品装配图),或当产品的复杂程度要求从初始约定层次开始向下分析,即自上而下分析时,一般采用功能法。然而也可以在产品的任一层次开始向任一方向进行。这种方法比硬件法简单,但可能忽略某些模式。

下文中介绍的 FMEA,采用的是硬件法。

3. 进行 FMEA 必须掌握的资料

进行 FMEA 必须熟悉整个要分析系统的情况,包括系统结构方面的、系统使用维护方面的以及系统所处环境等方面的资料。具体来说,应获得并熟悉以下信息。

(1) 技术规范与研制方案。

(2) 设计方案论证报告。

(3) 设计数据和图纸。

(4) 可靠性数据。

(5) 过去的经验、相似产品的信息。

4. FMEA 工作程序

FMEA 工作程序分为定义系统及分析与填写 FMEA 表格两步。

1) 定义系统

定义系统是指对系统在每项任务、每一任务阶段以及各种工作方式下的功能进行描述。对系统进行功能描述时,应包括对主要和次要任务项的说明,并针对每一任务阶段和工作方式、预期的任务持续时间和产品使用情况、每一产品的功能和输出以及故障判据和环境条件等,对系统和部件加以说明。

(1) 任务功能和工作方式。包括按照功能对每项任务的说明,确定应完成的工作及其相应的功能模式。应说明被分析系统各约定层次的任务功能和工作方式。当完成某一特定功能不止一种方式时,应明确替换的工作方式。还应规定需要使用不同设备(或设备组合)的多种功能,并应以功能—输出清单(或说明)的形式列出每一约定层次产品的功能和输出。

(2) 环境剖面。应规定系统的环境剖面,用以描述每一任务和任务阶段所预期的环境条件。如果系统不仅在一种环境条件下工作,还应对每种不同的环境剖面加以规定。应采用不同的环境阶段来确定应力—时间关系及故障检测方法和补偿措施的可行性。

(3) 任务时间。为了确定任务时间,应对系统的功能—时间要求作定量说明,并对在任务不同阶段中以不同工作方式工作的产品和只有在要求时才执行功能的产品明确功能—时间要求。

（4）框图。为了描述系统各功能单元的工作情况、相互影响及相互依赖关系，以便可以逐层分析故障模式产生的影响，需要建立框图。这些方框图应标明产品的所有输入及输出，每一方框应有统一的标号，以反映系统功能分级顺序。方框图包括功能框图及可靠性框图。绘制框图可以与定义系统同时进行，也可以在定义系统完成之后进行。对于替换的工作方式，一般需要一个以上的框图表示。

① 功能框图。功能框图表示系统及系统各功能单元的工作情况和相互关系以及系统和每个约定层次的功能逻辑顺序。

② 可靠性框图。把系统分割成具有独立功能的分系统之后，就可以利用可靠性框图来研究系统可靠性与各分系统可靠性之间的关系。

2）分析与填写 FMEA 表格

FMEA 常采用填写表格进行，一种典型的 FMEA 表格如表 4-8 所列。它给出了 FMEA 的基本内容，可根据分析的需要对其进行增补。

表 4-8　故障模式与影响分析表

初始约定层次　　　　　　　任务　　　　　　　审核　　　　　　　第　页共　页
约定层次　　　　　　　　　分析人员　　　　　　批准　　　　　　　填表日期

代码	产品或功能标志	功能	故障模式	故障原因	任务阶段与工作方式	故障影响			严酷度类别	故障检测方式	设计改进措施	使用补偿措施	备注
						局部影响	高一层次影响	最终影响					

第一栏（代码）：为了使每一故障模式及其相应的方框图内标志的系统功能关系一目了然，在 FMEA 表的第一栏填写被分析产品的代码。

第二栏（产品或功能标志）：在分析表中记入被分析产品或系统功能的名称，原理图中的符号或设计图纸的编号可作为产品或功能的标志。

第三栏（功能）：简要填写产品所需完成的功能，包括零部件的功能及其与接口设备的相互关系。

第四栏（故障模式）：分析人员应确定并说明各产品约定层次中所有可预测的故障模式，并通过分析相应方框图中给定的功能输出来确定潜在故障模式。不能完成规定功能就是故障，所以应根据系统定义中的功能描述及故障判断数据中规定的要求，假定出各产品功能的故障模式，进行全面的分析。典型的故障模式如运行提前或自行运行、在规定的应工作时刻不工作、工作间断、在规定的不应工作时刻工作、工作中输出消失或故障、输出或工作能力下降、在系统特性及工作要求或限制条件方面的其他故障状态。

第五栏（故障原因）：确定并说明与分析的故障模式有关的各种原因，包括直接导致故障或使产品缺陷发展为故障的物理或化学过程、设计缺陷、零件使用不当等。还应考虑相邻约定层次的故障原因。一般地，上层次分析的故障原因就是下层次分析的故障模式。

第六栏（任务阶段与工作方式）：简要说明发生故障的阶段与工作方式。当任务阶段可以进一步划分为阶段时，应记录更详细的时间，作为故障发生的假设时间。

第七栏（故障影响）：故障影响是指所分析的故障模式对产品使用、功能或状态所导致的后果。除被分析的产品层次外,所分析的故障还可能影响到几个约定层次。因此,应该评价每一故障模式对局部的、高一层次和最终的影响。这些影响应从任务目标、维修要求、人员及装备安全来考虑。

- 局部影响,是指所分析的故障模式对当前所分析约定层次产品的使用、功能或状态的影响。确定局部影响的目的在于为评价补偿措施及提出改进措施建议提供依据。局部影响有可能就是所分析的故障模式本身。
- 高一层次影响,是指所分析的故障模式对当前所分析约定层次高一层次产品使用、功能或状态的影响。
- 最终影响,是指所假设的故障模式对最高约定层次产品的使用、功能或状态的总的影响。最终影响可能是双重故障导致的后果。例如,只有在一个安全装置及其所控制的主要功能都发生了故障的情况下,该安全装置的故障才会造成灾难性的最终影响。这些由双重故障造成的最终影响应该记入 FMEA 表格中。

第八栏(严酷度类别):根据故障影响确定每一故障模式及产品的严酷度类别。严酷度类别是产品故障模式造成的最坏潜在后果的量度表示。可以将每一故障模式和每一被分析的产品按损失程度进行分类。严酷度一般分为下述 4 类。

- Ⅰ类(灾难的)——这是一种会引起人员伤亡或装备毁坏、重大环境损害的故障。
- Ⅱ类(致命的)——这种故障会引起人员的严重伤害或重大经济损失或导致任务失败、产品严重损坏或严重环境损害的故障。
- Ⅲ类(中等的)——这种故障会引起人员的中等程度伤害或中等程度的经济损失或导致任务延迟或降级、产品中等程度的损坏或中等程度的环境损害。
- Ⅳ类(轻度的)——这是一种不足以导致人员伤害或轻度的经济损失或产品轻度的损坏或环境损害,但它会导致非计划性维护或修理。

确定严酷类别的目的在于为安排改进措施提供依据。最优先考虑的是消除 Ⅰ 类和 Ⅱ 类故障模式。

第九栏(故障检测方式):分析人员应根据故障的特点和装备实际,填写相应的故障检测方法,为后续的维修工作分析等提供依据,如目视检查、原位检测和离位检测等。

第十、十一栏(补偿措施):分析人员应指出并评价那些能够用来消除或减轻故障影响的补偿措施。它们可以是设计上的改进措施,也可以是在使用阶段操作人员的应急补救措施。

设计补偿,如:

- 在发生故障的情况下能继续安全工作的冗余设备;
- 安全或保险装置,如能有效工作或控制系统不致发生损坏的监控及报警装置;
- 可替换的工作方式,如备用或辅助设备。

为了说明为消除或减轻故障影响而需操作人员采取的补救措施,有必要对接口设备进行分析,以确定采取的最恰当的补救措施。此外,还要考虑操作人员按照异常指示采取的不正确动作而可能造成的后果,并记录其影响。

第十二栏(备注):这一栏主要记录与其他栏有关的注释及说明,如对改进设计的建议、异常状态的说明及冗余设备的故障影响等。

为了给维修性设计与分析提供信息,FMEA 中还应针对故障模式、原因提出相应的基本维修措施。

4.4.4 CA 方法与程序

1. 分析方法

危害性分析(Criticality Analysis,CA)就是对产品中的每个故障模式发生的概率及其危害程度所产生的综合影响进行分析,以全面评价产品各种可能的故障模式的影响。CA 是 FMEA 的补充和扩展,没有进行 FMEA,就不能进行 CA。

危害性分析有定性分析和定量分析两种方法。究竟选择哪种方法,应根据具体情况决定。在不能获得产品技术状态数据或故障率数据的情况下,可选择定性的分析方法。若可以获得产品的这些数据,则应以定量的方法计算并分析危害度。

(1) 定性分析法。在得不到产品技术状态数据或故障率数据的情况下,可以按故障模式发生的概率来评价 FMEA 中确定的故障模式。此时,将各故障模式的发生概率按一定的规定分成不同的等级。故障模式的发生概率等级有以下规定。

A 级(经常发生)——在产品工作期间内某一故障模式的发生概率大于产品在该期间内总的故障概率的 20%。

B 级(有时发生)——在产品工作期间内某一故障模式的发生概率大于产品在该期间内的总的故障概率的 10%,但小于 20%。

C 级(偶然发生)——在产品工作期间内某一故障模式的发生概率大于产品在该期间内总的故障概率的 1%,但小于 10%。

D 级(很少发生)——在产品工作期间内某一故障模式的发生概率大于产品在该期间内总的故障概率的 0.1%,但小于 1%。

E 级(极少发生)——在产品工作期间内某一故障模式的发生概率小于产品在该期间内总的故障概率的 0.1%。

(2) 定量分析方法。在具备产品的技术状态数据和故障率数据的情况下,采用定量的方法,可以得到更有效的分析结果。用定量方法进行危害性分析时,所用的故障率数据源应与进行其他可靠性、维修性分析时所用的故障率数据源相同。

2. CA 工作程序

危害性分析分为填写危害性分析表格和绘制危害性矩阵两个步骤。

1) CA 表格

危害性分析表的示例如表 4-9 所列。表中各栏应按以下规定填写。

表 4-9 危害性分析表

初始约定层次				任务				审核		第 页共 页	
约定层次				分析人员				批准		填表日期	

代码	产品或功能标志	功能	故障模式	故障原因	任务阶段与工作方式	严酷度类别	故障概率或故障率数据源	故障率 λ_p	故障模式频数比 α_j	故障影响概率 β_j	工作时间 t	故障模式危害度 C_{mj}	产品危害度 $C_r = \sum C_{mj}$	备注

第一至七栏:各栏内容与 FMEA 表格中对应栏的内容相同,可把 FMEA 表格中对应栏的内容直接填入危害性分析表中。

第八栏(故障概率或故障率数据源):当进行定性分析,即以故障模式发生概率来评价故障模式时,应列出故障模式发生概率的等级,此时不考虑其余各栏内容,可直接绘制危害性矩阵;当进行定量分析时,如果使用故障率数据来计算危害度,则应列出计算时所使用的故障率数据的来源。

第九栏(故障率 λ_p):可通过可靠性预计得到。如果是从有关手册或其他参考资料查到的产品的基本故障率(λ_b),则可以根据需要用应用系数(π_A)、环境系数(π_E)、质量系数(π_Q)以及其他系数来修正工作应力的差异,即

$$\lambda_p = \lambda_b(\pi_A \pi_E \pi_Q) \tag{4-23}$$

应列出计算 λ_p 时所用到的各修正系数。

第十栏(故障模式频数比 α_j):表示产品将以故障模式 j 发生的百分比。如果列出某产品所有(N 个)故障模式,则这些故障模式所对应的各 $\alpha_j(j=1,2,\cdots,N)$ 值的总和等于1。各故障模式频数比可根据故障率原始数据或试验及使用数据推出。如果没有可利用的故障模式数据,则 α_j 值可由分析人员根据产品功能分析判断得到。

第十一栏(故障影响概率 β_j):分析人员根据经验判断得到,它是产品以故障模式 j 发生故障而导致系统任务丧失的条件概率。β_j 的值通常可按表4-10的规定进行定量估计。

表4-10 故障影响概率确定示例

故障影响	β_j
功能实际丧失	$\beta_j = 1$
功能很可能丧失	$0.1 < \beta_j < 1$
功能有可能丧失	$0 < \beta_j \leq 0.1$
功能无影响	$\beta_j = 0$

第十二栏(工作时间 t):可以从系统定义导出,通常以产品每次任务的工作小时数或工作循环次数表示。

第十三栏(故障模式危害度 C_{mj}):产品危害度的一部分。对给定的严酷度类别和任务阶段而言,产品的第 j 个故障模式危害度(C_{mj})可由下式计算,即

$$C_{mj} = \lambda_p \alpha_j \beta_j t \tag{4-24}$$

第十四栏(产品危害度 C_r):一个产品的危害度 C_r 是指预计将由该产品的故障模式造成的某一特定类型(以产品故障模式的严酷度类别表示)的产品故障数。就某一特定的严酷度类别和任务阶段,产品的危害度 C_r 是该产品在这一严酷度类别下的各故障模式危害度 C_{mj} 的总和。C_r 可按下式计算,即

$$C_r = \sum_{j=1}^{n} C_{mj} = \sum_{j=1}^{n} \lambda_p \alpha_j \beta_j \tag{4-25}$$

式中 n——产品在相应严酷度类别下的故障模式数。

第十五栏(备注):该栏记入与各栏有关的补充和说明、有关改进产品质量与可靠性的建议等。

2)危害性矩阵

(1)危害性矩阵用来确定和比较每一故障模式的危害程度,进而为确定改进措施的先后顺序提供依据。

(2)矩阵图的横坐标用严酷度类别表示,纵坐标用产品危害度 C_r 或故障模式发生概率等级表示。其示例如图 4-3 所示。

(3)将产品或故障模式编码参照其严酷度类别及故障模式发生概率或产品的危害度标在矩阵的相应位置,这样绘制的矩阵图可以表明产品各故障模式危害性的分布情况。如图 4-3 所示,所记录的故障模式分布点在对角线上的投影点距离原点越远,其危害性越大,越需尽快采取改进措施。如图中故障模式 B 的投影距离 OB' 比故障模式 A 的投影距离 OA' 长,所以故障模式 B 的危害性大。绘制好的危害性矩阵图应作为 FMECA 报告的一部分。

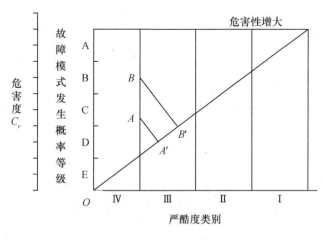

图 4-3 危害性矩阵示例

4.5 故障树分析

4.5.1 概述

故障树分析法(Fault Tree Analysis,FTA)就是通过对可能造成系统故障的硬件、软件、环境、人为因素等进行分析,画出故障树,从而确定系统故障原因的各种可能组合方式和(或)其发生概率,以计算系统故障概率,采取相应的纠正措施,提高系统可靠性的一种分析技术。

FTA 是 1961 年由美国贝尔实验室的华生(H. A. Watson)和汉塞尔(D. F. Hansl)首先提出的,并用于"民兵"导弹的发射系统控制,取得了良好的效果,1965 年在波音公司安全年会上发表,引起学术界的重视。此后,许多人对故障树分析的理论与应用进行了研究。1974 年美国原子能管理委员会的主要采用故障树分析商用原子反应堆安全性的 Wash-1400 报告发表,进一步推动了对故障树分析法的研究与应用。目前,FTA 是公认的对复杂系统进行安全性、可靠性分析的一种好方法,在航空、航天、核能、化工等领域得到了广泛的应用。

FTA 法的步骤,通常因评价对象、分析目的、精细程度等而不同,但一般按以下步骤进行。

(1)故障树的建造。
(2)建立故障树的数学模型。
(3)定性分析。
(4)定量计算。

4.5.2 目的与作用

1. 目的

FTA 的目的是通过 FTA 过程透彻了解系统,找出薄弱环节,以便改进系统设计、运行和维修,从而提高系统的可靠性、维修性和安全性。

2. 作用

(1) 全面分析系统故障状态的原因。FTA 具有很大的灵活性,即不是局限于对系统可靠性作一般的分析,而是可以分析系统的各种故障状态。不仅可以分析某些元器件、零部件故障对系统的影响,还可以对导致这些部件故障的特殊原因(如环境的甚至人为的原因)进行分析,予以统一考虑。

(2) 表达系统内在联系,并指出元器件、零部件故障与系统故障之间的逻辑关系,找出系统的薄弱环节。

(3) 弄清各种潜在因素对故障发生影响的途径和程度,因而许多问题在分析的过程中就被发现和解决了,从而提高了系统的可靠性。

(4) 通过故障树可以定量地计算复杂系统的故障概率及其他可靠性参数,为改善和评估系统可靠性提供定量数据。

(5) 故障树建成后,它可以清晰地反映系统故障与单元故障的关系,为检测、隔离及排除故障提供指导。对不曾参与系统设计的管理和维修人员来说,故障树相当于一个形象的管理、维修指南,因此对培训使用系统的人员更有意义。

FTA 法在系统寿命周期的任何阶段都可采用。然而,在下面 3 种时机采用时最为有效。

(1) 设计早期阶段。这时用 FTA 法的目的是判明故障模式,并在设计中进行改进。

(2) 详细设计和样机生产后、批量生产前的阶段。这时用 FTA 法的目的是要证明所要制造的系统是否满足可靠性和安全性的要求。

(3) 使用阶段,分析、研究和改进故障检测、隔离及修复措施和软硬件时。

4.5.3 故障树的建立

1. 建树的一般步骤和方法

故障树的建造是 FTA 法的关键,故障树建造的完善程度将直接影响定性分析和定量计算结果的准确性。复杂系统的建树工作一般十分庞大繁杂,机理交错多变,所以要求建树者必须仔细,并广泛地掌握设计、使用、维护等各方面的知识。建树时最好能有各方面的技术人员参与。

建树一般可按下列步骤进行。

(1) 广泛收集并分析有关技术资料。包括熟悉设计说明书、原理图、结构图、运行及维修规程等有关资料;辨明人为因素和软件对系统的影响;辨识系统可能采取的各种状态模式以及它们和各单元状态的对应关系,识别这些模式之间的相互转换。

(2) 选择顶事件。顶事件是指人们不希望发生的显著影响系统技术性能、经济性、可靠性和安全性的故障事件。一个系统可能不止一个这样的事件。在充分熟悉系统及其资料的基础上,做到既不遗漏又分清主次地将全部重大故障事件一一列举,必要时可应用 FMEA,然后再根据分析的目的和故障判据确定出本次分析的顶事件。

(3) 建树。一般建树方法可分为两大类,即演绎法和计算机辅助建树的合成法或决策表法。演绎法的建树方法为:将已确定的顶事件写在顶部矩形框内,将引起顶事件的全部必要而又充分的直接原因事件(包括硬件故障、软件故障、环境因素、人为因素等)置于相应原因事件符号中画出第二排,再根据实际系统中它们的逻辑关系用适当的逻辑门连接事件和这些直接原因事件。如此,遵循建树规则逐级向下发展,直到所有最低一排原因事件都是底事件为止。

这样,就建立了一棵以给定顶事件为"根",中间事件为"节",底事件为"叶"的倒置的 n 级故障树。

(4) 故障树的简化。建树前应根据分析目的,明确定义所分析的系统和其他系统(包括人和环境)的接口,同时给定一些必要的合理假设(如对一些设备故障做出偏安全的保守假设,暂不考虑人为故障等),从而由真实系统图得到一个与主要逻辑关系等效的简化系统图。

2. 故障树中使用的符号

故障树中使用的符号通常分为事件符号及逻辑门符号两类,下面仅介绍常用的几种。

1) 事件符号

(1) 矩形符号,如图 4-4 所示。它表示故障事件,在矩形内注明故障事件的定义。它下面与逻辑门连接,表明该故障事件是此逻辑门的一个输出。它适用于 FT 中除底事件之外的所有中间事件及顶事件。

(2) 圆形符号,如图 4-5 所示。它表示底事件或称基本事件,是元器件、零部件在设计的运行条件下所发生的故障事件。一般来说,它的故障分布是已知的,只能作为逻辑门的输入而不能作为输出。为进一步区分故障性质,又用实线圆表示部件本身故障,虚线圆表示由人为错误引起的故障。

(3) 菱形符号,如图 4-6 所示。它表示省略事件。一般用以表示那些可能发生,但概率值较小,或者对此系统而言不需要再进一步分析的故障事件。这些故障事件在定性、定量分析中一般都可以忽略不计。

(4) 三角形符号,如图 4-7 所示。它表示故障事件的转移。在 FT 中经常出现条件完全相同或者同一个故障事件在不同位置出现,为了减少重复工作量并简化树,用转移符号,加上相应标志的标号(如图中的 A),分别表示从某处转入和转到某处,也用于树的移页。

图 4-4 矩形符号　　图 4-5 圆形符号　　图 4-6 菱形符号　　图 4-7 三角形符号

2) 逻辑门符号

(1) 逻辑"与门",如图 4-8 所示。设 $B_i(i=1,2,\cdots,n)$ 为门的输入事件,A 为门的输出事件。B_i 同时发生时,A 必然发生,这种逻辑关系称为事件交。相应的逻辑代数表达式为

$$A = B_1 \cap B_2 \cap B_3 \cap \cdots \cap B_n$$

(2) 逻辑"或门",如图 4-9 所示。当输入事件 B_i 中至少有一个发生时,则输出事件 A 发生,这种关系称为事件并。相应的逻辑代数表达式为

$$A = B_1 \cup B_2 \cup B_3 \cup \cdots \cup B_n$$

(3) 逻辑"禁门",如图 4-10 所示。当给定条件满足时,输入事件直接引起输出事件的发生,否则输出事件不发生。图中长椭圆形是修正符号,其内注明限制条件。

（4）逻辑"异或门"，如图 4-11 所示。输入事件 B_1、B_2 中任何一个发生都可引起输出事件 A 发生，但 B_1、B_2 不能同时发生，相应的逻辑代数表达式为

$$A = (B_1 \cap \bar{B}_2) \cup (\bar{B}_1 \cap B_2)$$

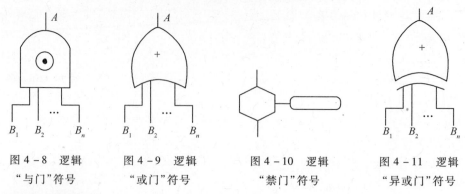

图 4-8　逻辑"与门"符号　　图 4-9　逻辑"或门"符号　　图 4-10　逻辑"禁门"符号　　图 4-11　逻辑"异或门"符号

3. 建树时注意事项

故障树要反映系统故障的内在联系，同时应使人一目了然，形象地掌握这种联系并按此进行正确的分析。因此，在建树时应注意以下几点。

（1）建树者必须对系统有深刻的了解，故障的定义要正确且明确。

（2）选好顶事件。若顶事件选择不当，则可能无法分析和计算。在确定顶事件时，有些是借鉴其他类似系统发生过的故障事件选出来的。一般则是在初步故障分析基础上找出系统可能发生的所有故障状态，结合 FME(C)A 进行。然后，从这些故障状态中筛选出不希望发生的故障状态作为顶事件。

（3）合理确定系统的边界以建立逻辑关系等效的简化故障树。

（4）从上向下逐级建树。建树应从上向下逐级进行，在同一逻辑门的全部必要而又充分的直接输入未列出之前，不得进一步发展其中的任一个输入。

（5）建树时不允许门—门直接相连。不允许不经结果事件而将门—门直接相连。每一个门的输出事件都应清楚定义。

（6）用直接事件逐步取代间接事件。为了使故障树向下发展，必须用等价的比较具体的直接事件逐步取代比较抽象的间接事件，这样在建树时也可能形成不经任何逻辑门的事件——事件串。

（7）正确处理共因事件。共同的故障原因会引起不同的部件故障甚至不同的系统故障。共同原因的若干故障事件称为共因事件。由于共因事件对系统故障发生概率影响很大，建树时必须妥善处理共因事件。若某个故障事件是共因事件，则对故障树不同分支中出现的该事件必须使用同一事件符号，若该共因事件不是底事件，必须使用相同的转移符号简化表示。

（8）对系统中各事件的逻辑关系及条件必须分析清楚，不能有逻辑上的紊乱及条件矛盾。

例 4-10　研究内燃机的可靠性，包括因人为疏忽而造成的故障。选择"马达不能发动"作为顶事件。显然，不能发动并不一定意味着机械失效，也可能是由于人为的原因造成的。"马达不能发动"由下列 3 个失效事件之一引起："缺油""活塞不能压缩""火花塞无火花"。对于每一个这种次级事件还可以进一步分解。如"缺油"由下面 3 个事件之一引起："油箱空""汽化器失效""油管堵"。这里"油箱空"并不是部件的一个失效状态，而是人为疏忽造成的，它是一个基本事件。而"汽化器失效"是不准备进一步分析下去的一个事件。根据同样的方法，把各个次级事件逐一分解，最终得故障树（图 4-12）。

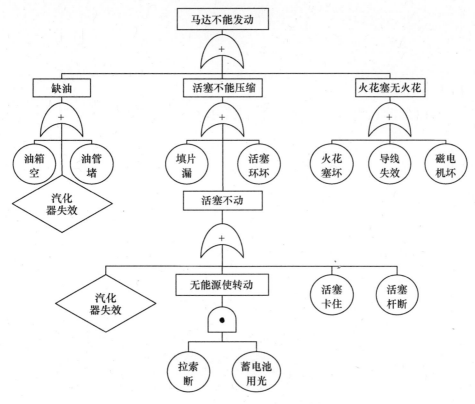

图 4-12　马达不能发动的故障树

例 4-11　考察一个自动充气系统(图 4-13)。其工作过程为：当泵启动 10min,容器注满,预先设定好的定时器打开触点,使泵停止。经过 50min,容器内气体用尽,定时器使触点闭合,泵重新启动。过程循环下去。灌注过程中若定时器不能把触点打开,则报警器在 10min 时发出警报,操作者即来打开开关,使泵停止,从而避免因加注过量而引起容器破裂。

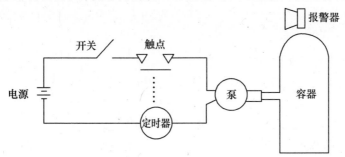

图 4-13　自动充气系统示意图

这里选取容器破裂作为顶事件,它的发生是由下面两个原因之一造成：一是容器本身由于设计制造等缺陷造成的破裂；二是由于灌注过量引起过压造成的破裂。这两个事件由或门与顶事件相联系,过压这个事件是由于泵工作过长,亦即线路闭合时间太长造成的。线路闭合时间过长由以下两个事件同时发生引起：一是开关闭合时间过长；二是触点闭合时间过长,它们与上一级由与门相联系。循此下去可得图 4-14 所示的故障树。

4. 故障树的数学描述(故障树的结构函数)

为了使问题简化,假设所研究的元器件和系统只有正常或故障两种状态,且各元器件的故

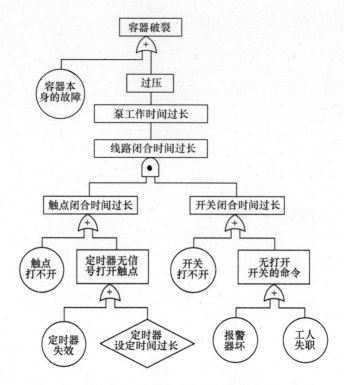

图 4-14 自动充气系统的故障树

障是相互独立的。现在研究一个由 n 个相互独立的底事件构成的故障树。

设 x_i 表示底事件 i 的状态变量,x_i 仅取 0 或 1 两种状态。Φ 表示顶事件的状态变量,Φ 也仅取 0 或 1 两种状态,则有以下定义:

$$x_i = \begin{cases} 1 & \text{底事件 } i \text{ 发生(元器件故障)}(i=1,2,\cdots,n) \\ 0 & \text{底事件 } i \text{ 不发生(元器件正常)}(i=1,2,\cdots,n) \end{cases}$$

$$\Phi = \begin{cases} 1 & \text{顶事件发生(系统故障)} \\ 0 & \text{顶事件不发生(系统正常)} \end{cases}$$

FT 顶事件是系统所不希望发生的故障状态,相当于 $\Phi=1$。与此状态相应的底事件状态为元器件、零部件故障状态,相当于 $x_i=1$。这就是说,顶事件状态 Φ 完全由 FT 中底事件状态向量 X 所决定,即

$$\Phi = \Phi(X)$$

式中 X——底事件状态向量;

$\Phi(X)$——FT 的结构函数。结构函数是表示系统状态的布尔函数,其自变量为该系统组成单元的状态。

记 n 为底事件数,则有以下公式:

(1) 与门的结构函数,即

$$\Phi(X) = \bigcap_{i=1}^{n} x_i = \prod_{i=1}^{n} x_i$$

(2) 或门的结构函数,即

$$\Phi(X) = \bigcup_{i=1}^{n} x_i = 1 - \prod_{i=1}^{n}(1-x_i)$$

（3）系统的结构函数。某系统的故障树如图4-15所示。对各门逐个分析,可建立其结构函数为

$$\Phi(X) = \{x_4 \cap [x_3 \cup (x_2 \cap x_5)]\} \cup \{x_1 \cap [x_5 \cup (x_3 \cap x_2)]\}$$

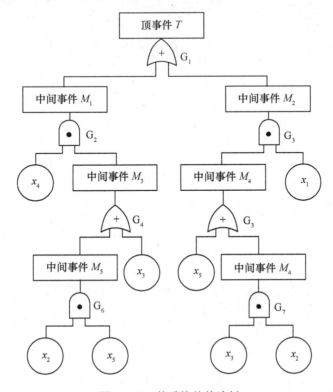

图4-15 某系统的故障树

一般情况下,当FT画出后,就可以直接写出其结构函数。但是对于复杂系统,其结构函数相当冗长繁杂。这样既不便于定性分析,也不易于进行定量计算。后面将引入最小割(路)集的概念,以便把一般结构函数改写为特殊的结构函数,以利于FT的定性分析和定量计算。

4.5.4 故障树的定性分析

故障树定性分析的目的在于寻找导致顶事件发生的原因和原因组合,识别导致顶事件发生的所有故障模式,它可以帮助判明潜在的故障,以便改进设计;可以用于指导故障诊断,改进运行和维修方案。

1. 割集和最小割集

割集指的是故障树中一些底事件的集合,当这些底事件同时发生时,顶事件必然发生。若某割集中所含的底事件任意去掉一个就不再成为割集,这个割集就是最小割集。用图4-16来说明割集和最小割集的意义。这是一个由3个部件组成的串并联系统,共有3个底事件,即x_1、x_2、x_3。

它的5个割集是

$$\{x_1\}, \{x_2, x_3\}, \{x_1, x_2, x_3\}, \{x_1, x_2\}, \{x_1, x_3\}$$

当各割集中底事件同时发生时,顶事件必然发生。它的两个最小割集是$\{x_1\}$、$\{x_2, x_3\}$。因为在这两个割集中任意去掉一个底事件就不再成为割集了。

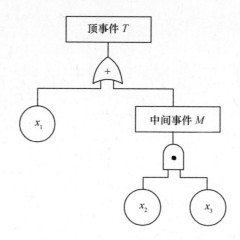

图 4-16 故障树示例

这棵故障树的结构函数为 $\Phi(X) = x_1 \cup (x_2 \cap x_3)$，也可以写成

$$\Phi(X) = 1 - (1 - x_1)(1 - x_2 x_3)$$

故障树定性分析的任务就是要寻找故障树的全部最小割集。

2. 求最小割集的方法

求系统故障树最小割集的方法很多，常用的有下行法与上行法两种。

(1) 下行法。这个算法的特点是根据故障树的实际结构，从顶事件开始，逐级向下寻查，找出割集。因为只就上下相邻两级来看，与门只增加割集阶数(割集所含底事件数目)，不增加割集个数；或门只增加割集个数，不增加割集阶数。所以规定在下行过程中，顺次将逻辑门的输出事件置换为输入事件。遇到与门就将其输入事件排在同一行(取输入事件的交(布尔积))，遇到或门就将其输入事件各自排成一行(取输入事件的并(布尔和))，这样直到全换成底事件为止，这样得到割集再通过两两比较，划去那些非最小割集，剩下即为故障树的全部最小割集。

以图 4-17 故障树为例，求割集与最小割集，表 4-11 是这一过程。这里从步骤 1 到 2 时，因 M_1 下面是或门，所以在步骤 2 中 M_1 的位置换之以 M_2、M_3，且竖向串列。从步骤 2 到 3 时，因 M_2 下面是与门，所以 M_4、M_5 横向并列，由此下去直到第 6 步，共得 9 个割集，即

$$\{x_1\}, \{x_4, x_6\}, \{x_4, x_7\}, \{x_5, x_6\}, \{x_5, x_7\}, \{x_3\}, \{x_6\}, \{x_8\}, \{x_2\}$$

表 4-11 求割集与最小割集的过程

步骤	1	2	3	4	5	6
过程	x_1	x_1	x_1	x_1	x_1	x_1
	M_1	M_2	M_4, M_5	M_4, M_5	x_4, M_5	x_4, x_6
	x_2	M_3	M_3	x_3	x_5, M_5	x_4, x_7
		x_2	x_2	M_6	x_3	x_5, x_6
				x_2	M_6	x_5, x_7
					x_2	x_3
						x_6
						x_8
						x_2

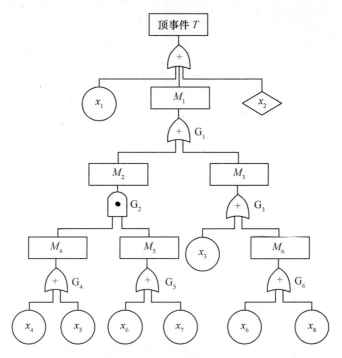

图 4-17 故障树示例

下一步就是把割集通过集合运算规则加以简化、吸收,得到相应的全部最小割集。上述 9 个割集,因 $x_6 \cup x_4 x_6 = x_6, x_6 \cup x_5 x_6 = x_6$,故 $x_4 x_6$ 和 $x_5 x_6$ 被吸收,得到全部最小割集,即

$$\{x_1\},\{x_4,x_7\},\{x_5,x_7\},\{x_3\},\{x_6\},\{x_8\},\{x_2\}$$

(2)上行法。上行法是从底事件开始,自下而上逐步地进行事件集合运算,将或门输出事件表示为输入事件的并(布尔和),将与门输出事件表示为输入事件的交(布尔积)。这样向上层层代入,在逐步代入过程中或者最后,按照布尔代数吸收律和等幂律来化简,将顶事件表示成底事件积之和的最简式。其中每一积项对应于故障树的一个最小割集,全部积项即是故障树的所有最小割集。

仍以图 4-17 故障树为例。故障树的最下一级为

$$M_4 = x_4 \cup x_5, M_5 = x_6 \cup x_7, M_6 = x_6 \cup x_8$$

往上一级为

$$M_2 = M_4 \cap M_5 = (x_4 \cup x_5) \cap (x_6 \cup x_7), \quad M_3 = x_3 \cup M_6 = x_3 \cup x_6 \cup x_8$$

再往上一级为

$$M_1 = M_2 \cup M_3 = [(x_4 \cup x_5) \cap (x_6 \cup x_7)] \cup (x_3 \cup x_6 \cup x_8)$$
$$= (x_4 \cap x_7) \cup (x_5 \cap x_7) \cup x_3 \cup x_6 \cup x_8$$

最后一级为

$$T = x_1 \cup x_2 \cup M_1 = x_1 \cup x_2 \cup (x_4 \cap x_7) \cup (x_5 \cap x_7) \cup x_3 \cup x_6 \cup x_8$$

得到 7 个最小割集,即

$$\{x_1\},\{x_2\},\{x_3\},\{x_6\},\{x_8\},\{x_4,x_7\},\{x_5,x_7\}$$

其结果与第一种方法相同。需要注意的是:只有在每一步都利用集合运算规则进行简化、

吸收,得出的结果才是最小割集。

(3) 最小割集的定性比较。在求得全部最小割集后,如果有足够的数据,能够对故障树中各个底事件发生概率做出推断,则可进一步做定量分析。数据不足时,可按以下原则进行定性比较,以便将定性比较的结果首先根据每个底事件最小割集所含底事件数目(称为阶数)排序。在各个底事件发生概率比较小,其差别相对不大的条件下,有以下几点。

① 阶数越小的最小割集越重要。

② 在低阶最小割集中出现的底事件比高阶最小割集中的底事件重要。

③ 在同一最小割集阶数的条件下,在不同最小割集中重复出现的次数越多的底事件越重要。

为了节省分析工作量,在工程上可以略去阶数大于指定值的所有最小割集来进行近似分析。

4.5.5 故障树的定量计算

故障树定量计算的任务就是要计算或估计顶事件发生的概率等。在故障树的定量计算时,可以通过底事件发生的概率直接求顶事件发生的概率;也可通过最小割集求顶事件发生的概率,此时又分为精确解法与近似解法。

1. 通过底事件发生的概率直接求顶事件发生的概率

故障树分析中,经常用布尔变量来表示底事件的状态,如底事件 i 的布尔变量是

$$x_i(t) = \begin{cases} 1 & \text{在 } t \text{ 时刻事件 } i \text{ 发生} \\ 0 & \text{在 } t \text{ 时刻事件 } i \text{ 不发生} \end{cases}$$

如果事件 i 发生表示第 i 个部件故障,那么 $x_i(t) = 1$,表示第 i 个部件在 t 时刻故障。计算事件 i 发生的概率,也就是计算随机变量 $x_i(t)$ 的期望值,即

$$E[x_i(t)] = \sum x_i(t) P_i[x_i(t)] = 0 \times P[x_i(t) = 0] + 1 \times P[x_i(t) = 1]$$
$$= P[x_i(t) = 1] = F_i(t)$$

$F_i(t)$ 的物理意义是:在 $[0,t]$ 时间内事件 i 发生的概率(即第 i 个部件的不可靠度)。

如果由 n 个底事件组成的故障树,其结构函数为

$$\Phi(X) = \Phi(x_1, x_2, \cdots, x_n)$$

顶事件发生的概率,也就是系统的不可靠度 $F_s(t)$,其数学表达式为

$$P(\text{顶事件}) = F_s(t) = E[\Phi(X)] = \Phi[F(t)]$$

式中

$$F(t) = [F_1(t), F_2(t), \cdots, F_n(t)]$$

下面介绍各种结构的寿命分布函数。

(1) 对于与门结构,有

$$\Phi(X) = \prod_{i=1}^{n} x_i$$

$$F_s(t) = E[\Phi(X)] = E\left[\prod_{i=1}^{n} x_i(t)\right] = \prod_{i=1}^{n} E[x_i(t)] = \prod_{i=1}^{n} F_i(t)$$

(2) 对于或门结构,有

$$\Phi(X) = 1 - \prod_{i=1}^{n}(1 - x_i)$$

$$F_s(t) = E[\Phi(X)] = E\left\{1 - \prod_{i=1}^{n}[1 - x_i(t)]\right\}$$

$$= 1 - \prod_{i=1}^{n} E[1 - x_i(t)] = 1 - \prod_{i=1}^{n}[1 - F_i(t)]$$

2. 通过最小割集求顶事件发生的概率

按最小割集之间不相交与相交两种情况处理。

1) 最小割集之间不相交的情况

假定已求出了故障树的全部最小割集 $K_1, K_2, \cdots, K_{N_k}$,并且假定在一个很短的时间间隔内不考虑同时发生两个或两个以上最小割集的概率,且各最小割集中没有重复出现的底事件,也就是假定最小割集之间是不相交的。所以有

$$T = \Phi(X) = \bigcup_{j=1}^{N_k} K_j(t), \quad P[K_j(t)] = \prod_{i \in K_j} F_i(t)$$

式中 $P[K_j(t)]$ ——在时刻 t 第 j 个最小割集存在的概率;

$F_i(t)$ ——在时刻 t 第 j 个最小割集中第 i 个部件故障的概率;

N_k ——最小割集数。

因此

$$P(T) = F_s(T) = P[\Phi(X)] = \sum_{j=1}^{N_k}\left[\prod_{i \in K_j} F_i(t)\right] \tag{4-26}$$

2) 最小割集之间相交的情况

用式(4-26)精确计算任意一棵故障树顶事件发生的概率时,要求假设在各最小割集中没有重复出现的底事件,也就是最小割集之间是完全不相交的。但在大多数情况下,底事件可以在几个最小割集中重复出现,也就是说,最小割集之间是相交的。这样精确计算顶事件发生的概率就必须用相容事件的概率公式,即

$$P(T) = P(K_1 \cup K_2 \cup \cdots \cup K_{N_k})$$

$$= \sum_{i=1}^{N_k} P(K_i) - \sum_{i<j=2}^{N_k} P(K_i K_j) + \sum_{i<j<k=3}^{N_k} P(K_i K_j K_k) + \cdots + (-1)^{N_k-1} P(K_1 K_2 \cdots K_{N_k})$$

$$\tag{4-27}$$

式中 N_k ——最小割集数;

K_i, K_j, K_k ——第 i, j, k 个最小割集。

由式(4-27)可看出,它共有 $2^{N_k} - 1$ 项。当最小割集数 N_k 足够大时,就会发生项数巨大而计算困难问题,即"组合爆炸"问题。如某故障树有 40 个最小割集,则计算 $P(T)$ 的式(4-27)共有 $2^{40} - 1 \approx 1.1 \times 10^{12}$ 项,每一项又是许多数的连乘积,即使大型计算机也难以胜任。

解决的办法,就是化相交和为不交和,再求顶事件发生概率的精确解。

许多实际工程问题应用中,往往取式(4-27)的首项或前两项来近似,即

$$P(T) \approx S_1 = \sum_{i=1}^{N_k} P(K_i) \tag{4-28}$$

或

$$P(T) \approx S_1 - S_2 = \sum_{i=1}^{N_k} P(K_i) - \sum_{i<j=2}^{N_k} P(K_i K_j) \qquad (4-29)$$

例 4-12 以图 4-18 所示故障树为例，试用式(4-28)、式(4-29)来求该树顶事件发生概率的近似解，其中 $F_A = F_B = 0.2, F_C = F_D = 0.3, F_E = 0.36$。

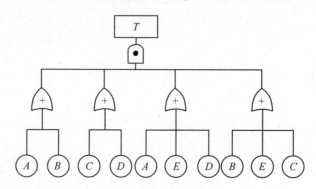

图 4-18 故障树示例

解 该故障树的最小割集为 $K_1 = (A, C), K_2 = (B, D), K_3 = (A, D, E), K_4 = (B, C, E)$。按式(4-28)，有

$$P(T) = \sum_{i=1}^{N_k} P(K_i) = P(K_1) + P(K_2) + P(K_3) + P(K_4)$$

$$= P(A)P(C) + P(B)P(D) + P(A)P(D)P(E) + P(B)P(C)P(E)$$

$$= 2 \times 0.3 \times 0.2 + 2 \times 0.2 \times 0.3 \times 0.36 = 0.1632$$

顶事件发生概率的精确值为 0.140592，其相对误差为

$$\varepsilon_1 = \frac{0.140592 - 0.1632}{0.140592} = -16.1\%$$

按式(4-29)，有

$$S_2 = \sum_{i<j=2}^{N_k} P(K_i K_j)$$

$$= P(K_1 K_2) + P(K_1 K_3) + P(K_1 K_4) + P(K_2 K_3) + P(K_2 K_4) + P(K_3 K_4)$$

$$= P(A)P(C)P(B)P(D) + P(A)P(C)P(D)P(E) + P(A)P(B)P(C)P(E) +$$

$$P(B)P(D)P(A)P(E) + P(B)P(D)P(C)P(E) + P(A)P(D)P(B)P(C)P(E)$$

$$= 0.026496$$

$$P(T) \approx S_1 - S_2 P(T) = 0.1632 - 0.026496 = 0.136704$$

其相对误差为

$$\varepsilon_2 = \frac{0.140592 - 0.136704}{0.140592} = 2.76\%$$

该故障树的底事件故障概率是相当高的，按式(4-28)、式(4-29)的误差尚且不大，当底事件故障概率降低后，相对误差会大大减小，一般都能满足工程应用的要求。

4.6 可靠性设计准则

4.6.1 概述

可靠性设计是为了在设计过程中挖掘和确定隐患(和薄弱环节),并采取设计预防和设计改进措施,有效地消除隐患(和薄弱环节)。定量计算和定性分析(如 FMEA、FTA)等主要是评价产品现有的可靠性水平或找出薄弱环节,而要提高产品的固有可靠性,只有通过各种具体的可靠性设计方法。

随着武器装备的发展,装备的自动化、智能化、电子化水平的不断提高,系统工作环境更趋于复杂和恶劣,因而带来一系列新的问题。例如,由于存在"潜在通路"而引起系统功能异常或抑制正常功能,因此要进行潜在通路的分析;由于系统、设备工作后产生的热量积累,使它们周围环境温度急剧上升而导致元器件故障率的增大,从而降低了它们的可靠性,这就需要进行热设计;武器装备上装了许多完成不同功能的计算机,如果它们的软件发生故障,计算机就无法完成规定的功能,这就需要进行软件可靠性的研究等。此外,除了研究产品工作状态的可靠性问题外,对于非工作状态对产品可靠性的影响也应进行研究。

1. 含义

可靠性设计准则是指在产品设计中为提高可靠性而应遵循的细则。它是根据在产品设计、生产、使用中积累起来的行之有效的经验和方法编制的。

可靠性设计准则一般都是针对某个型号或产品的,建立设计准则是工程项目可靠性工作的重要而有效的工作项目。除型号的设计准则外,也可以把一些型号或产品的可靠性设计准则的共性内容,综合成某种类型的可靠性设计准则,如军用飞机可靠性设计准则、民用飞机可靠性设计准则、直升机可靠性设计准则、机载设备可靠性通用准则等。但是,这些共性的可靠性设计准则不能代替工程项目的设计准则,应将其剪裁、增补成为各型号或产品专用的可靠性设计准则。

2. 意义和作用

(1)可靠性设计准则是进行可靠性定性设计的重要依据。在可靠性设计工作中,当产品的可靠性要求难以规定定量要求时,就应该规定定性的可靠性设计要求,为了满足定性要求,必须采取一系列的可靠性设计措施,而制定和贯彻可靠性设计准则是一项重要内容。例如,由于元器件是系统的基本组成单元,因此,在设计中最关键的一个环节是选择、规定和控制用于该系统的元器件,这就需要制定元器件选择和控制的规范、准则以及优选元器件清单。

(2)贯彻设计准则可以提高产品的固有可靠性。产品的固有可靠性是设计和制造赋予产品的内在可靠性,是产品的固有属性。而设计准则为设计人员在可靠性设计中必须遵循的原则。按此准则设计,就可以避免一些不该发生的故障,从而提高产品的可靠性,如采用余度可提高任务可靠性。

(3)可靠性设计准则是使可靠性设计和性能设计相结合的有效办法。在设计过程中,设计人员只要认真贯彻设计准则,就能把可靠性设计到产品中去,从而提高产品的可靠性。例如,简化设计准则是指在达到产品性能要求的前提下,把产品尽可能设计得简单,这样也可减少故障的发生,同时又有利于实现成本、质量、尺寸等其他性能指标要求。

(4)工程实用价值高,费效比高。可靠性设计准则主要是经验的积累,不需要花费金钱去做试验或进行复杂的数学运算。但贯彻了设计准则,避免不少故障的发生,取得的效益是很大的,因此它的费用比较低。而且,贯彻设计准则,设计人员不需要深厚的数学基础和对可靠性理论的深刻理解,简单易懂,只要按设计准则逐条贯彻即可,因而它受到工程技术人员的欢迎。

3. 制定可靠性设计准则的依据及主要内容

1) 依据

编制可靠性设计准则的主要依据一般有以下几条:

(1) 合同规定的可靠性定性、定量要求。

(2) 合同规定引用的有关规范、标准、手册等提出的可靠性设计要求或准则。

(3) 同类型产品的可靠性设计经验以及可供参考采用的通用可靠性设计准则。

(4) 产品的类型、重要程度及使用特点等。

2) 可靠性设计准则的主要内容

可靠性设计准则的内容很多,主要包括以下几项:

(1) 制定元器件大纲。

(2) 降额设计。

(3) 简化设计。

(4) 余度设计。

(5) 热设计。

(6) 防腐蚀、老化设计。

(7) 其他。

下面仅对几个主要问题进行介绍。

4.6.2 制定元器件大纲

为了达到和保持设备的固有可靠性,减少元器件、零部件品种,降低保障费用和系统寿命周期费用,必须控制标准元器件和非标准元器件的选择和使用。

元器件一般指的是电子、电气系统的基础产品,如半导体、集成电路、电阻器、电容器、变压器、继电器、电缆、光导纤维等。而零部件一般指的是机械系统的基础产品,如螺栓、螺帽、轴承、销子、弹簧、软管、齿轮、密封件等。装备就是由各种基础产品即由各种元器件、零部件构成的。由于其数量、品种众多,所以它们的性能、可靠性、费用等参数对整个系统性能、可靠性、寿命周期费用等影响极大。如果承制方在研制早期就开始对元器件、零部件的应用、选择、控制予以重视,并贯彻于系统寿命周期,就能大大提高系统的优化程度。一个有效的元器件大纲所需要的投资,可以从降低系统寿命周期费用、提高系统效能方面得到补偿。比如使用标准件可以提高产品的固有可靠性和互换性,消除使用非标准件所需的设计、制造和试验费用,从而降低产品的成本。

元器件大纲的主要内容包括元器件控制大纲、元器件的标准化、元器件应用指南、元器件的筛选等。

制定元器件大纲应考虑装备任务的关键性、元器件的重要性、生产的数量、装备的维修方案、元器件的供应、所占新元器件的百分比、元器件的标准化状况等。

元器件大纲中的各项工作与其他分析有关,如与安全性、质量控制、维修性和耐久性等分析有关。上述任何一种分析都可能提出对不同元器件、零部件的要求。在某些情况下,为了满足系统的要求,需要质量更高的新设计的元器件。而在另一种情况下,为了减少系统寿命周期费用和保证供应,则需要采用标准件。因而,元器件大纲的制定和执行必须充分体现权衡分析的精神。

4.6.3 降额设计

降额设计就是使元器件或设备工作时承受的工作应力适当低于元器件或设备规定的额定值,从而达到降低故障率、提高使用可靠性的目的。电子产品和机械产品都应做适当的降额设计,因电子产品的可靠性对其电应力和温度应力敏感,故而降额设计技术对电子产品则显得尤为重要,成为可靠性设计中必不可少的组成部分。

各类电子元器件都有其最佳的降额范围,在此范围内工作应力的变化对其失效率有较明显的影响,在设计上也较容易实现,并且不会在设备体积、重量和成本方面付出过大的代价。过度的降额并无益处,会使元器件的特性发生变化或导致元器件数量不必要的增加或无法找到适合的元器件,反而对设备的正常工作和可靠性不利。

4.6.4 简化设计

简化设计就是在保证产品性能要求的前提下,尽可能使产品设计简单化。简化设计可以提高产品的固有可靠性和基本可靠性。例如,作为替代 F-4、A-T 的美国 F/A-18A 战斗机,在设计中,对雷达、发动机和液压系统采用了简化设计,取得了高可靠性的成效。F/A-18A 的发动机 F-404 只有 14300 个元件,而 F-4 的发动机 J-79 有 22000 个元件,也就是说,F-404 所有元件数为 J-79 的 2/3,但推力两者几乎相等,而 F-404 的可靠性却比 J-79 提高了 4 倍。

为了实现简化设计,可采取以下措施:

(1) 尽可能减少产品组成部分的数量及其相互间的连接。例如,可利用先进的数控加工及精密铸造工艺,把过去要求很多零部组件装配成的复杂部件实行整体加工及整体铸造,成为一个部件。

(2) 尽可能实现零、部、组件的标准化、系列化与通用化,控制非标准零、部、组件的比率。尽可能减少标准件的品种数。争取用较少的零、部、组件实现多种功能。

(3) 尽可能采用经过考验的可靠性有保证的零、部、组件以至整机。

(4) 尽可能采用模块化设计。

4.6.5 余度(冗余)设计

余度设计又称为冗余设计,它是通过在系统或设备完成任务起关键作用的地方,增加完成相同功能的通道、单元或元件,以实现当该部分出现故障时系统仍能正常工作,从而减少系统或设备的故障率,提高系统或设备的可靠性。

余度设计技术是提高系统或设备可靠性、安全性和生存能力的一种设计技术。特别是当元器件或零部件质量与可靠性水平比较低、采用一般设计已经无法满足设备的可靠性要求时,余度技术就具有重要的应用价值。

由第 2 章可知,余度设计是采用增加冗余资源以换取可靠性的一种方法,显然,在提高系统或设备可靠性的同时,它还会使系统或设备的复杂性、重量和体积增加,使系统或设备的基本可靠性降低。因此,系统或设备是否采用余度技术,需从可靠性、安全性指标要求的高低,元器件和成品的可靠性水平,非余度和余度方案的技术可行性,研制周期和费用,使用、维护和保障条件,质量、体积和功耗的限制等方面进行权衡分析后确定。

为提高系统或设备的可靠性而采用余度设计技术时,需与其他传统工程设计相结合。因为不是各种余度设计技术在各类系统和设备上都可以实现,因此应根据需要与可能来确定。可以较全面地采用,也可以局部地采用,不过一般在系统的较低层次单元中采用余度技术,针对系统中的可靠性关键环节采用余度技术时对提高系统可靠性、减少系统的复杂性更有效。同时需注意,采用某些余度技术时会增加若干故障检测和余度通道切换装置,它们的不可靠度应保证低于受控部分的50%;否则采用余度布局所获得的可靠性增长将会被它们的故障所抵消。此外,余度技术也不能用来解决设备超负荷之类的问题。

余度设计的任务包括以下几项:

① 确定余度等级(根据任务可靠性和安全性要求,确定余度系统抗故障工作的能力)。
② 选定余度类型(根据产品类型及约束条件和采用余度的目的来确定)。
③ 确定余度配置方案。
④ 确定余度管理方案。

4.6.6 热设计

1. 概述

制造电子器件时所使用的材料有一定的温度极限,当超过这个极限时,物理性能就会发生变化,器件就不能发挥它预期的作用。器件还可能在额定温度上由于持续工作的时间过长而发生故障,故障率的统计数据表明,电子器件的故障与其工作温度有密切关系。由图 4-19 可看出,温度对电子设备的可靠性有重要的影响。由经验也可知,在高温或负温条件下器件或电路容易发生故障。对温度最为敏感的器件,是大量使用的半导体器件和微电路。半导体器件故障率随温度的增加而呈指数上升,其电性能参数,如耐压值、漏电流、放大倍数、允许功率等均是温度的函数。一般地,其他器件的性能参数也都受温度的影响。

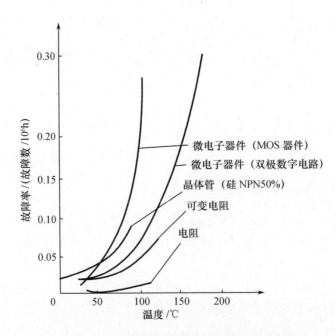

图 4-19 各种电子器件的温度与故障率的关系曲线

热设计就是要考虑温度对产品的影响问题。热设计的重点是通过器件的选择、电路设计（包括容差与漂移设计和降额设计等）及结构设计来减少温度变化对产品性能的影响，使产品能在较宽的温度范围内可靠地工作。其中结构设计主要是加快散热。

加快散热的措施如下：

（1）加快传导。在固体材料中，热流是由分子之间相互作用产生的，这就是传导。加快传导散热的措施有以下几个：

① 选用热导率高的材料制造传导零件。

② 加大与导热零件的接触面积。

③ 尽量缩短热传导的路径，在传导路径中不应有绝热或隔热元件。

（2）加快对流。对流是固体表面与流体表面的热流动，有自然对流和强迫对流之分。在电子设备中流体通常指的是空气。对流散热的措施有以下几个：

① 加大温差，即降低周围对流介质的温度。

② 加大流体与固体间的接触面积，如把散热器做成肋片、直尾形、叉指形等。

③ 加大周围介质的流动速度，使它带走更多的热量。

（3）加快辐射。热由物体沿直线向外射出去是辐射。加快辐射散热的措施有以下几个：

① 在发热体表面涂上散热的涂层。

② 加大辐射体与周围环境的温差，亦即周围温度越低越好。

③ 加大辐射体的表面面积。

2. 热设计的主要内容

电子设备冷却方法的选择要考虑的因素是电子元器件（设备）的热耗散密度（即热耗散量与设备组装外壳体积之比）、元器件工作状态、设备的复杂程度、设备用途、使用环境条件（如海拔高度、气温等）以及经济性等。通常主要考虑电子设备的热耗散密度。

（1）元器件的热设计。主要是减小元器件的发热量，合理地散发元器件的热量，避免热量蓄积和过热，降低元器件的温升。

（2）印制板的热设计。主要任务是有效地把印制板上的热引导到外部（散热器的大气中）。

（3）机箱的热设计。主要任务是在保证设备承受外部各种环境、机械应力的前提下，充分保证对流换热、传导、辐射，最大限度地把设备产生的热散发出去。

习 题

1. 什么是可靠性分配？常用方法有哪些？
2. 什么是可靠性预计？常用方法有哪些？
3. 某电子系统采用五类元器件，数量及失效率如表 4-12 所列，要求预计系统工作 50h 时的可靠度。

表 4-12 数量及失效率

元器件种类	A	B	C	D	E
数 量	1	16	200	300	50
失效率/(10^{-6}/h)	100	5	20	15	1

4. 同上题,如要求工作 50h 的可靠度为 0.9,试进行可靠性分配。

5. 试解释故障模式、故障原因和故障后果及其区别与联系,并举例说明。

6. 试述 FMECA 的中文含义及定义,并说明它的目的是什么。

7. 试对你所熟悉的一种装备或部件进行 FMEA(首先要写出系统的定义,画出系统功能框图和可靠性框图)。

8. 什么叫故障树与故障树分析?

9. FTA 的目的、特点、用途有哪些?

10. 某雷达的可靠性框图如图 4-20 所示,其中 A 为发射机,B_1、B_2 为天线,C 为接收机,试画出相应的故障树,并求出系统的最小割集。

11. 某装备中的电动机启动电路示意图如图 4-21 所示。不考虑连线故障,初始条件 K_1、K_2 开关闭合,电动机转动。试建立以电动机不转动为顶事件的故障树。

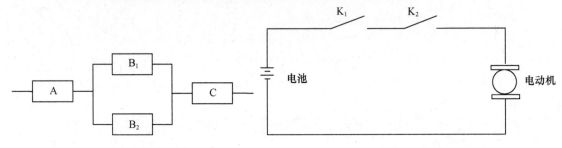

图 4-20　某雷达系统可靠性框图　　　　图 4-21　简单电气系统

12. 故障树如图 4-22 所示,试求:

① 用上行法求最小割集。

② 用下行法求最小割集。

③ 设各事件发生的概率为 $q_A = 0.01, q_B = 0.02, q_C = 0.03, q_D = 0.04, q_E = 0.05, q_F = 0.06$,试求顶事件发生的概率。

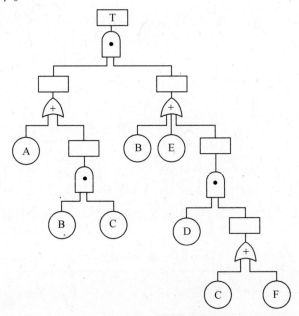

图 4-22　故障树图例

13. 用上、下限法预计图 4-23 的可靠性。已知 $R_A = R_D = 0.85$,$R_E = 0.7$,$R_B = R_C = 0.8$,$R_F = 0.9$。

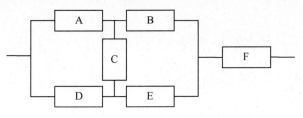

图 4-23 习题 13 可靠性框图

第 5 章　可靠性试验与评价

在前面的章节中,主要探讨了可靠性设计方面的内容。随着装备设计思想的转变和完善,装备的质量尤其是可靠性水平得到了很大的提升。但是设计完成后,可靠性设计和制造中的可靠性保证措施都要通过试验来予以考核、检验。

可靠性试验与评价就是为了了解、分析、提高、评价产品的可靠性而进行工作的总称。通过可靠性试验,一方面可以发现产品设计、工艺方面的缺陷,为产品的改进提供依据,另一方面可以获取评价产品的可靠性水平所需的数据资料。可靠性评价则是对可靠性数据按规定的要求进行综合分析,评估产品实际能够达到的可靠性量值或范围,从而为可靠性相关的工程活动提供决策。

因此,可靠性试验与评价是可靠性工程中的一个重要环节。本章按照装备研制生产过程的主线,介绍各个寿命阶段所涉及可靠性试验的常用类型,解释其相关概念、试验方案等主要内容,重点介绍寿命试验,最后介绍可靠性评价的相关技术与方法。

5.1　可靠性试验的基本概念与分类

可靠性试验是为分析、检验、评价产品的可靠性而进行的试验。产品的可靠性是设计、制造和管理出来的,但应通过试验予以考核、检验。

当装备刚生产出来时,在理想情况下,它应该满足合同或任务书对它的可靠性要求。然而,实际情况却远非如此。对于复杂系统来说,可靠性问题可能是很突出的。因此,通过一系列的可靠性试验,将缺陷尽可能多地诱发出来,予以发现、纠正,使坏事变成好事。这也是提高产品可靠性,使之符合要求的重要工作。

可靠性试验费用较高,但有效的可靠性试验可成十倍地提高初始样机的可靠性,因此从费效比来权衡还是值得的。当然,这并不排斥要充分利用其他试验的信息或与其他试验结合起来节省费用。当前,许多情况下,可靠性试验是与装备性能试验综合进行的。

5.1.1　可靠性试验的目的

不同试验有不同的目的,可靠性试验的一般目的如下:

(1) 发现产品在方案设计、元器件、零部件、原材料和工艺方面的各种缺陷,为改善装备的可靠性提供信息。

(2) 确认产品是否符合合同或任务书中规定的可靠性要求。

(3) 验证可靠性设计的合理性,如可靠性分配的合理性,冗余设计的合理性,选用元器件、原材料及加工工艺的合理性等。

(4) 了解有关元器件、原材料、整机乃至系统的可靠性水平,为设计新产品的可靠性提供依据。

5.1.2 可靠性试验的分类与实施时机

按照《装备可靠性工作通用要求》(GJB 450A—2004),可靠性试验与评价工作共分为7个工作项目,如图5-1所示。按试验的目的,可靠性试验可分为工程试验与统计试验。工程试验的目的是暴露产品设计、工艺、元器件、原材料等方面存在的缺陷,采取措施加以改进,以提高产品的可靠性。工程试验包括环境应力筛选、可靠性研制试验与可靠性增长试验等。统计试验的目的是验证产品的可靠性或寿命是否达到了规定的要求,如可靠性鉴定试验、可靠性验收试验、寿命试验等。

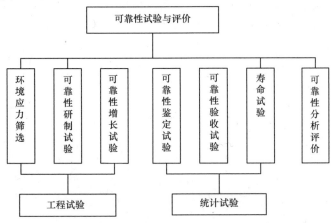

图5-1 可靠性试验与评价方法分类图

各类试验与评价工作的目的、适用对象和适用的时机,如表5-1所列。

表5-1 各类可靠性试验与评价工作的目的、适用对象和时机

试验类型	目的	适用对象	适用时机
环境应力筛选	在产品交付使用前发现和排除不良元器件、制造工艺和其他原因引入的缺陷造成的早期故障	电子产品(包括元器件、组件和设备),也可用于电气、机电、光电和电化学产品	研制阶段、生产阶段和大修过程
可靠性研制试验	通过对产品施加适当的环境应力、工作载荷,寻找产品的设计缺陷,以改进设计,提高产品的固有可靠性水平	电子、电气、机电、光电、电化学产品和机械产品	研制阶段的早期和中期
可靠性增长试验	通过对产品施加模拟实际使用环境的综合环境应力,暴露产品的潜在缺陷并采取纠正措施,使产品的可靠性达到规定的要求	电子、电气、机电、光电、电化学产品和机械产品	研制阶段中期,产品的技术状态大部分已经确定
可靠性鉴定试验	验证产品的设计是否达到规定的可靠性要求	电子、电气、机电、光电、电化学产品和成败型产品	产品设计定型阶段,同一产品已通过环境应力筛选、同批产品已通过环境鉴定试验,产品的技术状态已经固化
可靠性验收试验	验证批生产产品的可靠性是否保持在规定的水平	电子、电气、机电、光电、电化学产品和成败型产品	产品批生产阶段

(续)

试验类型	目的	适用对象	适用时机
寿命试验	验证产品在规定的条件下的使用寿命、储存寿命是否达到规定的要求	有使用寿命、储存寿命要求的各类产品	产品设计定型阶段。产品已通过环境鉴定试验,产品的技术状态已经固化
可靠性分析评价	通过综合利用与产品有关的各种信息,评价其可靠性水平	武器系统、装备、分系统级和设备级	产品工程研制阶段和使用阶段

同时,可靠性试验从其他角度也有不同的分类。如按试验场地,可靠性试验又可分为实验室试验和现场试验两大类。实验室可靠性试验是在实验室中模拟产品实际使用、环境条件,或实施预先规定的工作应力与环境应力的一种试验;而现场可靠性试验是产品直接在使用现场进行的可靠性试验,其比较见表5-2。

表5-2 实验室可靠性试验和现场可靠性试验的比较

序号	比较内容	实验室试验	现场试验
1	试验条件	可以严格控制,但在实验室中很难全部模拟产品的真实环境条件及使用情况	结合用户使用进行,其环境条件和使用情况真实
2	试验数据	数据的收集和分析较方便,容易获得所需的信息	数据记录的完整性和准确性较差
3	受试产品的限制	由于试验设备的限制,大型系统和设备无法做	特别适合武器装备、大型复杂系统的试验
4	故障发现与纠正	可以较早地通过试验发现故障,进行纠正	产品在现场试验或使用时才发现故障,纠正时机较晚
5	子样数	能专门用于试验的子样数少	结合装备的现场试验与用户使用,可用的子样数较多
6	费用	综合环境应力试验设备较昂贵,试验时人、财、物开支较大	结合装备的现场试验与用户使用,费用较低

还有其他分类的角度与方法:按试验抽样方式,可分为全数试验和抽样试验;按试验结束方式,可分为完整试验和截尾试验等。下面沿着装备研制生产过程的主线,分别介绍各个寿命阶段涉及的可靠性试验工作项目。

5.2 环境应力筛选

5.2.1 概述

可靠性是设计到产品中的,但通过设计使产品的可靠性达到了设计目标值,并不意味着投产后生成的产品的可靠性就能达到这一目标值。实际上,由于下列各种原因会向产品引入各种缺陷,包括:使用了有缺陷的元器件、零部件、外购件、备件,制造和修理过程操作不当,工艺及检验工序不完善等。

这些缺陷分为明显缺陷和潜在缺陷两类:明显缺陷通过常规的检验手段即可排除;潜在缺陷用常规检验手段无法检查出来,这样就会在使用期间的应力作用下以早期故障的形式暴露出来。环境应力筛选就是通过向电子产品施加合理的环境应力和电应力,将其内部的潜在缺陷加速成故障,并通过检验发现和排除的过程。

环境应力筛选的目的:在产品出厂前,有意把环境应力施加到产品上,使产品的潜在缺陷加速发展成为早期故障,并加以排除,从而提高产品的可靠性,所以,环境应力筛选是一种剔除产品潜在缺陷的手段,也是一种检验工艺。

环境应力筛选主要适用于电子产品,也可用于电气、机电、光电和电化学产品。国内外的实践均表明,采用环境应力筛选技术,对提高产品可靠性、降低使用维修费用均取得很大的效益,见表5-3。

表5-3 环境应力筛选的效益示例

产品	效益
美国卫星	轨道故障减少50%
ANIUYK 20V 计算机	MTBF 从1150h提高到9534h,提高7.3倍
AG3 变换器	MTBF 从15000h提高到44362h,提高2倍
A—A17 惯导系统	内场故障减少43%
电子燃料喷射系统	外场故障从23.5%降到8%
HEWLETT 台式计算机	现场维修次数减少50%
我国某飞机的大气数据计算机	故障率降低40%~70%

一般来说,一个较好的环境应力筛选,可使整机的平均故障间隔时间提高一个数量级。

5.2.2 典型环境应力

环境应力筛选所使用的应力主要用于激发故障,而不是模拟使用环境。根据以往的实践经验,不是所有应力在激发产品内部缺陷方面都特别有效。因此,通常仅用几种典型的环境应力进行筛选。

1. 恒定高温

恒定高温筛选也叫高温老炼,是一种静态工艺。通过施加额外的热应力,激发产品缺陷。恒定高温筛选是析出电子元器件缺陷的有效方法,主要用于元器件的筛选,但不推荐用于组件级(印制电路板、单元或系统)的筛选。恒定高温筛选效果远低于温度循环。

2. 温度循环

温度循环时,产品交替膨胀和收缩,在产品中产生热应力和应变。如果某产品内部有瞬时的热梯度(温度不均匀性),或产品内部邻接材料的热膨胀系数不匹配,则这些热应力和应变将加剧。这种应力和应变在缺陷处最大。这种循环加载使缺陷长大,最终可大到能造成结构故障并产生电故障。因此,温度循环应力强度高,筛选效果好,常用于组件(部件)、产品(设备)组装等级的筛选。

3. 温度冲击

温度冲击这一方法能够提供较高的温度变化率,产生的温度应力较大,是筛选元器件,特别是集成电路器件的有效方法。这一方法用于其他组装等级时,要注意其可能造成的附加损坏。在缺乏具有足够速率的温度循环试验箱的情况下,温度冲击方法是一种替代方法。

4. 正弦振动

正弦振动包括定频正弦振动和扫频正弦振动。定频正弦振动是以规定的加速度量值在某一频率上振动。如果产品缺陷的固有频率不在该频率点上,将不易使缺陷激发并发展成为故障。扫频正弦振动的频率在给定的频段内变化,因而能依次在每个谐振频率点上对产品进行激励,使激发缺陷的能力有所加强。

5. 随机振动

随机振动是在宽频率范围内对产品同时施加振动,使产品在规定频带内的所有谐振频率在规定时间内同时受到激励,使筛选效果大大增强,筛选所需时间大大缩短。

以上这些典型应力及其强度和费用效果如表 5-4 所列。从表可见,应力强度高、筛选效果好的是随机振动、快速温变率的温度循环及其两者的组合或综合。

表 5-4 常用的应力及其强度、费用和筛选效果

环境应力	应力类型		应力强度	费用	筛选效果
温度	恒定高温		低	低	不显著
	温度循环	慢速温变	低	较低	不显著
		快速温变	高	较高	好
	温度冲击		较高	适中	较好
振动	扫频正弦		较低	适中	不显著
	随机振动		高	较高	好
组(综)合	温度循环与随机振动		高	高	好

5.2.3 环境应力筛选大纲的设计

无论是研制阶段还是生产阶段,均应制订切实可行的环境应力筛选大纲,作为备件和修理件单独采购的低组装等级的产品也应制订相应的筛选大纲。环境应力筛选大纲是《装备可靠性工作通用要求》(GJB 450A—2004)工作项目 400 系列的内容之一,应通过承制方和订购方协商后将裁剪的环境应力筛选大纲纳入可靠性工作大纲。

5.2.3.1 筛选大纲设计的基本准则

筛选大纲的设计,应充分考虑以下准则,并进行综合权衡。

1. 安全性准则

选择的筛选应力强度,应当能激发出最多的早期故障,但不损坏产品中原来完好的部分,又不影响使用寿命。

2. 可行性准则

选择的筛选应力,应尽可能是本单位相应的试验设备或装置能够提供的,或者是协作利用外单位试验设备或装置能够提供的。筛选应在计划进度内完成,不延缓生产或研制进度。

3. 经济性准则

在保证能有效剔除现场使用中经常出现的早期故障的前提下,应尽量选用低费用的筛选设备与方法。

4. 任务关键性准则

如果产品在未来应用中十分关键,产品一旦出现故障对完成军事任务具有决定性的影响,甚至会贻误战机或带来重大经济、政治损失,则应使用最严格的筛选。

5.2.3.2 筛选大纲的主要内容

环境应力筛选大纲至少应包括以下内容:

(1) 受筛产品的组装等级、技术状态、物理尺寸、重量、复杂程度等。
(2) 筛选用的设备及其状态说明。
(3) 检测仪表及其精度说明。
(4) 筛选应力类型和方法。
(5) 性能检测(筛选前后和筛选期间)项目。
(6) 筛选过程及故障记录要求。
(7) 详细的筛选操作步骤。

1. 组装等级的选择

为了保证彻底消除早期故障,应在各个组装等级安排环境应力筛选,任何一级上的筛选不能替代高一级上进行的筛选,这是因为在将低组装等级的各产品组装成高一级产品时,由于使用了外购件及组装工艺,会引入新的缺陷。

但是在各个组装等级都进行筛选有时是不现实的。在制订筛选大纲时,应考虑每一组装等级,这并不意味着在每一组装等级都需要进行筛选,而是要从技术效果、费用效果以及故障可探测性等方面进行评价,做出决策。

2. 筛选应力的选择

筛选用的环境应力,一般应优先采用温度循环和随机振动,如果经济或设备条件不许可,也可采用强度较差的其他应力。

环境应力筛选效果不仅取决于所采用的各应力特有的作用机理,还取决于其互相加速作用。如使用温度循环和随机振动筛选时,筛选应力组合应是振动—温度循环—振动。环境应力筛选所用的应力一般是加速应力,但不能超出设计的极限应力,以不使设备性能下降或寿命降低。

3. 检测仪表和测试设备

环境应力筛选效果除了取决于施加的应力以外,另一个不容忽略的因素是故障检测能力。如果没有检测速度快、故障判别和定位能力强的先进检测仪表和测试设备,就难以把已被应力加速发展成为故障的缺陷找出并迅速加以排除,不可能提高筛选效果。因此,应尽量配备先进的测试仪表,提高筛选检测能力。

5.3 可靠性研制与增长试验

5.3.1 概述

可靠性研制试验与可靠性增长试验同属于可靠性工程试验,其目的都是使产品的可靠性得到增长。相较于环境应力筛选的主要作用是排除早期故障,使产品的可靠性接近设计的固有可靠性水平,它们则是通过消除产品中由设计缺陷造成的故障源或降低由设计缺陷造成的故障出现概率,从而提高产品的固有可靠性水平。

可靠性研制试验的目的是通过对产品施加适当的环境应力、工作载荷,寻找产品中的设计缺陷,以改进设计,提高产品的固有可靠性水平。可靠性增长试验的目的是通过对产品施加模拟实际使用环境的综合环境应力,暴露产品中的潜在缺陷并采取纠正措施,使产品的可靠性达到规定的要求。

虽然两者的目的都是使产品的可靠性得到增长,但在具体目标、适用时机、试验方法和环境条件等方面又有一定区别,如表 5-5 所列。

表 5-5 可靠性研制试验与可靠性增长试验的区别

项目	可靠性研制试验	可靠性增长试验
目标	提高产品的固有可靠性水平	使产品可靠性达到规定的要求
适用时机	研制样机造出之后尽早进行	研制阶段后期,可靠性鉴定试验之前
试验方法	可靠性摸底试验、可靠性强化试验等	有模型的可靠性增长试验
环境条件	模拟实际的使用环境或加速应力环境	模拟实际的使用环境

5.3.2 可靠性研制试验

可靠性研制试验通过对受试产品施加应力将产品中存在的材料、元器件、设计和工艺缺陷激发成为故障,进行故障分析定位后,采取纠正措施加以排除,它实际上也是一个试验、分析、改进的过程。

根据试验的直接目的和所处的阶段以及施加的应力水平,可靠性研制试验可分为可靠性摸底试验、可靠性强化试验或高加速寿命试验等,也包括结合性能试验、环境试验而开展的可靠性研制试验。

1. 可靠性摸底试验

可靠性摸底试验是根据我国国情开展的一种可靠性研制试验。它是一种以可靠性增长为目的,无增长模型,也不确定增长目标值的短时间可靠性增长试验。其试验的目的是在模拟实际使用的综合应力条件下,用较短的时间、较少的费用,暴露产品的潜在缺陷,并及时采取纠正措施,使产品的可靠性水平得到增长,保证产品具有一定的可靠性和安全性水平,同时为产品以后的可靠性工作提供信息。

可靠性摸底试验一般在产品有了试验件后就应尽早进行。任何一个武器装备的研制过程,都不可能对构成装备的各项产品全部进行可靠性摸底试验。因此,必须考虑产品本身的结构特点、重要度、技术特点、复杂程度等因素综合权衡确定试验对象。一般建议以较为复杂的、重要度较高的、无继承性的新研或改型电子产品为主要对象,类似的机电产品也可适当考虑。

2. 可靠性强化试验

可靠性强化试验是一种采用加速应力的可靠性研制试验,其目的是使产品设计得更为"健壮"。基本方法是通过施加步进应力,不断地加速激发产品的潜在缺陷,并进行改进和研制,使产品的可靠性不断提高,并使产品耐环境能力达到最高,直到现有材料、工艺、技术和费用支撑能力无法作进一步改进为止。

可靠性强化试验是一种激发试验,它将强化环境引入到试验中,解决了传统的可靠性模拟试验的试验时间长、效率低及费用大等问题。产品通过基于可靠性强化试验,可以获得更快的增长速度、更高的固有可靠性水平、更低的使用维护成本、更好的环境适应能力和更短的研制周期。其具有以下技术特点。

(1) 可靠性强化试验不要求模拟环境的真实性,而是强调环境应力的激发效应,从而实现研制阶段产品可靠性的快速增长。

(2) 可靠性强化试验是一种加速应力试验,采用步进应力方法,施加的环境应力是变化的,而且是递增的,可以超出规范极限甚至达到破坏极限。

(3) 为了试验的有效性,可靠性强化试验必须在能够代表设计、元器件、材料和生产中所使用的制造工艺都已基本落实的样件上进行,并且应尽早进行,以便进行改进。

5.3.3 可靠性增长试验

可靠性增长试验是通过试验激发产品设计和制造的缺陷,使之成为故障,通过分析找出薄弱环节,采取改进措施,并不断评价措施的有效性,使产品的固有可靠性在规定的时间内不断提高直至达到规定值。

5.3.3.1 可靠性增长试验时机与对象

可靠性增长试验是产品工程研制阶段中单独安排的一个可靠性工作项目,作为工程研制阶段的组成部分。可靠性增长试验属于工程类项目,其任务是通过可靠性增长,保证产品进入批量生产前的可靠性达到预期的目标。

为了有效地完成规定任务,可靠性增长试验通常安排在工程研制基本完成之后和可靠性鉴定试验之前。这样安排是兼顾了故障机理检测时故障信息的时间性与确实性。在这个时机,产品的性能与功能已基本达到设计要求,产品的结构与布局已接近批量生产时的结构与布局,所以故障信息的确实性较高。由于产品尚未进入批量生产,故障信息的时间性尚可,在故障纠正时尚来得及对产品设计和制造作必要的较重大的变更。

由于可靠性增长试验要求采用综合环境条件,需要综合试验设备,试验时间较长,需要投入较大的资源。因此,一般只对那些有定量可靠性要求、新技术含量高且重要、关键的产品进行可靠性增长试验。

5.3.3.2 可靠性增长模型

可靠性增长试验必须要有可靠性增长模型。增长模型是一个数学表达式,描述了产品在可靠性增长过程中产品可靠性增长的规律或总趋势。目前,普遍使用的模型是杜安(Duane)模型和 AMSAA 模型。

1. 杜安模型

杜安模型通常采用图解的方法分析可靠性增长规律。根据杜安模型绘制的可靠性参数曲线图,可以反映可靠性水平的变化,并能得到相应的可靠性点估计值。它适用于不断努力提高可靠性的试验过程,其含义是产品的累积故障率与累积试验时间成函数关系,数学表达式为

$$\ln[N(t)/t] = \ln a - m\ln t \tag{5-1}$$

式中 $N(t)$——到累积试验时间 t 时所观察到的累积故障数;

a——尺度参数,它的倒数 $1/a$ 是杜安模型累积 MTBF 曲线在双对数坐标纸纵轴上的截距,反映了产品进入可靠性增长试验的初始 MTBF 水平;

m——杜安曲线的斜率(增长率),它是累积 MTBF 曲线或瞬时 MTBF 曲线的斜率,表征产品 MTBF 随试验时间逐渐增长的速度。

累积 MTBF 和瞬时 MTBF 分别为

$$M_c(t) = \frac{t^m}{a} \tag{5-2}$$

$$M(t) = \frac{t^m}{a(1-m)} \tag{5-3}$$

杜安模型反映了以下规律：在可靠性增长试验中，前期诱发的故障通常是故障率较高的故障，通过纠正后产品的 MTBF 有较大的提高；而在后期诱发的故障则正好相反，此时，通过纠正后产品 MTBF 的提高量相对比较小一些。

杜安模型在可靠性增长试验中广泛应用，它具有很多优点：杜安模型形式简单；模型参数的物理意义容易理解，便于制定增长计划；对增长过程的跟踪和评估较为简便。同时，杜安模型也存在一些不足之处：MTBF 的点估计精度不高；不能给出当前 MTBF 的区间估计。从理论上讲，当 $t \to 0$ 和 $t \to \infty$ 时，产品的瞬时 MTBF 分别趋向于零和无穷大，与工程实际不符；但是实践表明，这不影响其在可靠性增长试验中的应用。

2. AMSAA 模型

AMSAA 模型是利用非齐次泊松过程建立的可靠性增长模型。这个模型既可以用于以连续尺度度量其可靠性的产品，也可以用于每个试验阶段内试验次数相当多而且可靠性相当高的一次性使用产品。

AMSAA 模型仅能用于一个试验阶段，而不能跨阶段对可靠性进行跟踪，它能用于评估试验过程中，因引进了改进措施而得到的可靠性增长，而不能用于评估由于在一个试验阶段结束时，引入改进措施而得到的可靠性增长。其数学表达式为

$$E[N(t)] = at^b \qquad (5-4)$$

式中　$N(t)$——到累积试验时间 t 时所观察到的累积故障数；
　　　a——尺度参数；
　　　b——增长形状参数；
　　　$E[N(t)]$——$N(t)$ 的数学期望。

AMSAA 模型是杜安模型的改进模型，具有以下优点：模型参数的物理意义容易理解，便于制定可靠性增长计划；表示形式简洁，可靠性增长过程的跟踪和评估非常简便；考虑了随机现象，MTBF 的点估计精度较高，并且可以给出当前 MTBF 的区间估计。但是 AMSAA 模型也存在与杜安模型同样的不足，即在理论上，当 $t \to 0$ 和 $t \to \infty$ 时，产品的瞬时 MTBF 分别趋向于零和无穷大，与工程实际不符。但实践表明，AMSAA 模型在理论上的不足并不影响在可靠性增长试验中的广泛应用。

应该说明，杜安模型和 AMSAA 模型互为补充。杜安模型最为直观、简单明了，对增长趋势一目了然。一次拟合优度检验可能会拒绝 AMSAA 模型，却无法指出拒绝理由，而一条由相同数据绘制成的杜安曲线却可能指出拒绝的某种原因。但用 AMSAA 模型进行可靠性估计比杜安模型好。

5.4　可靠性鉴定与验收试验

5.4.1　概述

根据《可靠性维修性保障性术语》(GJB 451A—2005)中的定义，可靠性鉴定试验是为验证产品设计是否达到规定的可靠性要求，由订购方认可的单位按选定的抽样方案，抽取有代表性的产品在规定条件下所进行的试验。可靠性鉴定试验的结果是批准定型的依据。可见，其目的是在产品设计定型阶段验证产品的设计是否达到了规定的可靠性要求。

可靠性验收试验为验证批量生产产品是否达到规定的可靠性要求，在规定条件下所进行

的试验。其目的是确定已通过可靠性鉴定试验而转入批量生产的产品在规定条件下是否达到规定的可靠性要求,验证产品的可靠性是否随批量生产期间的工艺、工装、工作流程、零部件质量等因素的变化而降低。

因此,两者尽管同属于统计试验,试验方案的制订依据与方法非常相似,但适用时机却不同,可靠性鉴定试验适用于产品的设计定型阶段,可靠性验收试验则在批量生产产品交付前进行。

5.4.2 试验方案的参数与类型

5.4.2.1 统计试验方案的参数及确定原则

要制订一个完整的可靠性统计试验方案,以下几个参数是必需的:

(1) 检验值的上限值(θ_0 或 R_0)。它是可接受的 MTBF 值或可接受的成功率。当受试产品的检验值接近 θ_0 或 R_0 时,标准试验方案以高概率接收该产品。

(2) 检验值的下限值(θ_1 或 R_1)。它是最低可接受的 MTBF 值或不可接受的成功率。当受试产品的检验值接近 θ_1 或 R_1 时,标准试验方案以高概率拒收该产品。

(3) 鉴别比 $d=\theta_0/\theta_1$。d 越小,则做出判断所需的试验时间越长,所获得的试验信息也越多。一般取 1.5、2 或 3。

(4) 生产方风险 α。当产品的 MTBF 真值等于 θ_0 时被拒收的概率。即本来是合格的产品被判为不合格而拒收,使生产方受损失的概率。

(5) 使用方风险 β。当产品的 MTBF 真值等于 θ_1 时被接受的概率。即本来是不合格的产品被判为合格而接受,使用方受损失的概率。

α、β 一般在 0.1~0.3 范围内。

统计试验参数量值应根据其验证时机、产品可靠性指标要求、产品可靠性的已知情况、产品的成熟程度、产品的重要程度和所需试验经费、试验进度等方面进行综合权衡后确定。一般应遵循下列确定原则。

1. 检验下限(θ_1 或 R_1)的确定

根据相关国军标要求,规定值是合同和研制任务书中规定的期望装备达到的合同指标,它是承制方进行可靠性、维修性设计的依据。而最低可接受值是合同和研制任务书中规定的、装备必须达到的合同指标,它是进行考核的依据。为了验证产品的可靠性能否达到设计定型阶段的最低可接受值,应以产品设计定型阶段的最低可接受值作为统计试验方案中的检验下限。

2. 鉴别比 d 及检验上限(θ_0 或 R_0)的确定

在检验下限已经确定的情况下,鉴别比与检验上限两个参数只要确定其中一个,另一个也将随之确定。其量值应在同时满足以下两条原则的情况下进行综合权衡后确定。

(1) 检验上限不能超过产品可靠性预计值。

(2) 鉴别比越大,所需总的试验时间越短,试验做出判决越快。但要求产品实际具有的可靠性量值也越大,才能使产品的可靠性试验得以高概率通过接受。

3. 使用方风险 β 的确定

一般情况下,使用方风险由使用方提出,经生产方和使用方协商后确定,但有时使用方为保证接受设备的可靠性水平符合其特定要求,而单独提出固定的使用方风险。在确定 β 时,应综合考虑下列因素:

（1）产品的重要程度。如果是关键设备，一旦出现故障，就会发生等级事故，则 β 值应尽可能取小些；反之，可适当放宽。

（2）对于成熟程度较高的产品可以选用较高风险的方案；反之，如果所要验证的产品是一项新研产品，且在研制过程中发生故障较多，对这种产品的可靠性验证一般应选用使用方风险低的方案。

（3）经费的限制。由于风险率 β 越小，试验时间越长，而试验时间又受经费的制约，因此 β 取值大小还应考虑能承受的试验经费情况。

（4）进度要求。对于需要迅速交付的设备，或因进度紧迫，试验时间有限的设备，β 取值可适当大些。

4. 生产方风险 α 的确定

生产方风险由生产方提出，主要考虑经费和进度要求来确定 α 值的大小。α 取值越大，该试验方案的试验结果给生产方带来的风险就越大，但可以缩短总的试验时间，节省试验经费；反之亦然。

一般情况下，在选取试验方案时，应力求使方案的实际风险值接近于确定的风险值。

5.4.2.2 试验方案类型及适用范围

统计试验方案的类型很多，按照所统计产品的寿命特征，其分类如图 5-2 所示。

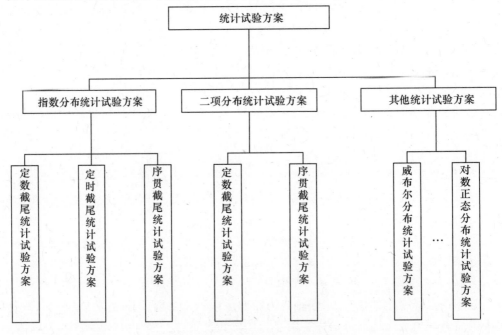

图 5-2 统计试验方案类型

（1）指数分布统计试验适用于其可靠性指标可以用时间度量的电子产品、部分机电产品及复杂的功能系统。二项分布统计试验方案主要适用于其可靠性指标用可靠度或成功率度量的成败型产品，但采用该试验方案需要足够多的受试样本。只有当指数分布统计试验和二项分布统计试验方案都不适用的情况下（如多数的机械产品），才考虑采用其他统计试验方案，如威布尔分布统计试验方案。

（2）定时试验方案的优点是判决故障数及试验时间、费用在试验前已能确定，便于管理，是目前可靠性鉴定试验中用得最多的试验方案。其缺点是对于可靠性较差或特好的产品,做出判决所需的试验时间较序贯试验长。序贯截尾试验优点是对于可靠性较差或特好的产品能够较快地做出拒绝接受或接受的判决,一般适用于可靠性验收试验,也适用于对受试产品的可靠性有充分的信心,能够较快地做出接受判决的产品的可靠性鉴定试验;其缺点是故障数及试验时间、费用在试验前难以确定,不便管理。定数试验方案多用于成败型产品。

由于在实际应用中,指数分布统计方案应用最多,这里主要介绍当产品寿命服从指数分布时,统计试验方案的制订。

5.4.3 指数分布统计试验方案

指数分布的试验方案按照抽样产品的数量及方法可以分为全数试验、定时截尾试验、定数截尾试验、序贯截尾试验等。

(1) 全数试验,是指对生产的每台产品都做试验。仅在极特殊情况(如出于安全或完成任务的需要考虑)时才采用。

(2) 定时截尾试验,是指事先规定试验截尾时间 t_0,利用试验数据评价产品的可靠性特征量。按试验过程中对发生故障的产品所采取的措施,又可分为无替换和有替换两种方案。前者指产品发生故障就撤去,在整个试验过程中,随着故障产品的增加,样本随之减少。而后者则是当试验中某产品发生故障,立即用一个新产品代替,在整个试验过程中保持样本数不变。

定时截尾试验方案的优点是,由于事先已确定了最大的累积试验时间,便于计划管理并能对产品 MTBF 的真值作估计,所以得到广泛的应用。但其主要缺点是为了做出判断,质量很好的或很差的产品都要经历很长的累积试验时间。

(3) 定数截尾试验,是指事先规定试验截尾的故障数,利用试验数据评价产品的可靠性特征量。同样也可以分为有替换或无替换两种方案。由于事先不易估计所需的试验时间,所以实际应用较少。

(4) 序贯截尾试验,是按事先拟定的接受、拒绝接受及截尾时间线,在试验期间,对受试产品进行连续观测,并将累积的相关试验时间和故障数与规定的接受、拒绝接受或继续试验的判据进行比较做出决策的一种试验。这种方案的主要优点是,一般情况下做出判断所要求的平均故障数和平均累积试验时间最短,因此常用于可靠性验收试验。但其缺点是,随着产品质量不同,其总的试验时间差别很大,尤其对某些产品,由于不易做出接受或拒绝接受的判断,因而最大累积试验时间和故障数可能会超过相应的定时截尾试验方案。

1. 定数截尾统计试验方案

从一批产品中任取 n 个样本,在事先规定的一个截尾的失效个数 r 下进行寿命试验。当 n 个样品中出现第 r 个失效时,试验停止。前面 r 个失效样品时间为

$$t_1 \leqslant t_2 \leqslant \cdots \leqslant t_r, \quad r \leqslant n$$

由这些数据,可求出平均寿命 θ 的极大似然估计为

$$\hat{\theta} = \begin{cases} \dfrac{nt_r}{r} & \text{有替换时} \\ \dfrac{1}{r}\left[\sum_{i=1}^{r} t_i + (n-r)t_r\right] & \text{无替换时} \end{cases} \quad (5-5)$$

则平均寿命的检验规则如下:

$\hat{\theta} \geq c$,认为产品合格,接受这批产品;

$\hat{\theta} < c$,认为产品不合格,拒绝接受这批产品。

所以对于定数截尾寿命试验抽样方案,在决定截尾失效个数 r 后,尚需确定抽验量 n 和合格判定数 c。

对于常用的一些两类风险 α、β 及鉴别比 d,定数截尾平均寿命抽样方案如表 5-6 所列。

表 5-6 定数截尾平均寿命抽样表(部分)

鉴别比 $d=\dfrac{\theta_0}{\theta_1}$	$\alpha=0.05, \beta=0.05$		$\alpha=0.05, \beta=0.10$		$\alpha=0.10, \beta=0.05$		$\alpha=0.10, \beta=0.10$	
	r	c/θ_1	r	c/θ_1	r	c/θ_1	r	c/θ_1
1.5	67	1.212	55	1.184	52	1.241	41	1.209
2	23	1.366	19	1.310	18	1.424	15	1.374
3	10	1.629	8	1.494	8	1.746	9	1.575
5	5	1.970	4	1.710	4	2.180	3	1.835
10	3	2.720	3	2.720	2	2.660	2	2.660

例 5-1 给定 $\alpha=0.05$,$\beta=0.10$,$\theta_0=10\times10^6$h,$\theta_1=2\times10^6$h。试制订一个定数截尾平均寿命抽样方案。

解 由 θ_0、θ_1 计算鉴别比 d,即

$$d = \frac{\theta_0}{\theta_1} = \frac{10\times10^6}{2\times10^6} = 5$$

查表 5-6 中 $\alpha=0.05$、$\beta=0.10$ 所在列,$d=5$ 所在行,得 $r=4$,$c/\theta_1=1.710$,所以 $c=1.710\theta_1 = 1.710\times2\times10^6$h $= 3.42\times10^6$h。

这样就得到一个试验方案。任取 n 个产品进行定数截尾寿命试验(无替换或有替换,若为无替换,n 要超过 4),试验到有 4 个产品失效停止。根据上述公式计算其平均寿命 $\hat{\theta}$。若 $\hat{\theta} \geq 3.42\times10^6$h,则此产品批通过。

若 $\hat{\theta} < 3.42\times10^6$h,则此产品批不通过。

此方案与抽验量 n 无关,这就给了根据实际情况来挑选 n 的余地。假如要求试验时间短一些,就要多选一些样品参加试验,因为投试样品数越多,r 个失效产品就可提前发生;反之,假如投试样品不能很多,那么要在较长时间内才可能有 r 个产品失效。

在定数截尾寿命试验下,平均寿命抽样方案中,是用 n 个产品的总试验时间求出平均寿命 θ 的估计量 $\hat{\theta}$,与合格判定数 c 作比较后再对产品批做出判断,因而充分利用了截尾子样所提供的信息,从而可减少抽验量 n 或试验时间 t。但其最大缺点是试验时间无法控制,因为第 r 个失效何时发生是一个随机变量,难以预先估计,给科研和生产管理带来困难。所以在平均寿命的抽样检验中,更多的是用定时截尾寿命试验下的抽样方案。

2. 定时截尾统计试验方案

随机抽取一个样本量为 n 的样本,进行可靠性寿命试验。试验进行到累计寿命达预定值 T^* 时截止。设在试验过程中共出现 r 次故障。如 $r \leq A_c$(接受数),认为批产品可靠性合格,可接受;如 $r \geq R_e$(拒绝接受数),认为批产品可靠性不合格,拒绝接受。

国军标《可靠性鉴定和验收试验》(GJB 899A—2009)提供了标准型的定时试验方案。标准型试验方案采用正常的 α、β 为 10% ~ 20%。MTBF 的可接受质量水平 θ_0 与最低可接受值 θ_1 之比,即鉴别比 $d = \theta_0/\theta_1$ 取 1.5、2.0、3.0。由于在方案中的接受数 $A_c = c$、拒绝接受数 $R_e = c+1$ 都只可能是整数,因此 $P(\theta_0)$ 及 $P(\theta_1)$ 只能尽量接近原定的 $1-\alpha$ 与 β。原定的 α、β 值称为名义值,α、β 的实际值 α'、β' 见表 5-7。这些方案的试验时间以 θ_1 作为单位。

表 5-7 标准型定时试验方案表(部分)

方案号	决策风险/% 名义值		决策风险/% 实际值		鉴别比 $d=\dfrac{\theta_0}{\theta_1}$	试验时间 (θ_1 的倍数)	判决故障数 拒绝接受数 R_e	判决故障数 接受数 A_c
	α	β	α'	β'				
9	10	10	12.0	9.9	1.5	45.0	≥37	≤36
10	10	20	10.9	21.4	1.5	29.9	≥26	≤25
11	20	20	19.7	19.6	1.5	21.5	≥18	≤17
12	10	10	9.6	10.6	2.0	18.8	≥14	≤13
13	10	20	9.8	20.9	2.0	12.4	≥10	≤9
14	20	20	19.9	21.0	2.0	7.8	≥6	≤5
15	10	10	9.4	9.9	3.0	9.3	≥6	≤5
16	10	20	10.9	21.3	3.0	5.4	≥4	≤3
17	20	20	17.5	19.7	3.0	4.3	≥3	≤2

选用定时试验方案的程序如下:

第一步:在合同中规定,而且通常是由订购方提出可靠性指标时就提出检验要求,包括 θ_0、θ_1、α 和 β 值,可得到鉴别比为 $d = \theta_0/\theta_1$。

第二步:根据 θ_1、d、α、β 值查表,得到相应的试验时间(θ_1 的倍数)、A_c 及 $R_e = A_c + 1$ 值。

第三步:根据使用方规定的 MTBF 验证区间或置信区间 (θ_L, θ_U) 的置信度 γ(建议 $\gamma = 1 - 2\beta$),由试验数据现场数据估出 (θ_L, θ_U) 和观测值(点估计值)$\hat{\theta}$。当试验结果做出接受判决时(该试验停止前出现的责任故障数一定小于或等于接受判决的故障数 A_c,试验必定是在达到规定的试验时间而停止的),此时根据定时截尾公式进行估计。试验过程中若故障数达到拒绝接受的判决故障数 R_e 即可停止试验,并做出拒绝接受判决(这实质上是根据预定的 R_e 的定数截尾判决),此时根据定数截尾公式进行估计。

例 5-2 设 $\theta_1 = 500\text{h}, d = 2.0, \alpha = \beta = 20\%$。试设计一个指数寿命设备的可靠性定时试验方案。

解 此时 $\theta_0 = d\theta_1 = 2.0 \times 500\text{h} = 1000\text{h}$,令 $\alpha = \beta = 20\%$,查方案表 5-7,方案号为 14。查得相应的试验时间为 7.8(单位为 θ_1),故为 $7.8 \times 500 = 3900\text{h}$,$A_c = 5$,$R_e = 6$。因此方案为:

预定总试验时间 $T^* = 3900$ 台时。如当试验停止时出现的故障数 $r \leq 5$,则认为该产品可靠性合格,接受;在试验累积时间未达 T^*,故障数 r 达 R_e 时,停止试验,认为该产品可靠性不合格,拒绝接受。可根据试验结果用定时(接受时)或定数(拒绝接受时)截尾公式作点估计以及规定的置信度 γ 作区间估计。

3. 序贯截尾统计试验方案

序贯试验方案的程序如下:

第一步:使用方及生产方协商确定 θ_0、θ_1、α、β。$d = \theta_0/\theta_1$ 取 1.5、2.0、3.0 之一,α、β 取

10%、20%（短时高风险试验方案取30%）。

第二步：查出相应的方案号及相应的序贯试验判决表。判决表中的时间以 θ_1 为单位，使用时应将判决表中的时间乘以 θ_1，得到实际的判决时间 T_{A_c} 及 T_{R_e}（T_{A_c} 为接受判决时间，T_{R_e} 为拒受判决时间）。

第三步：进行序贯可靠性试验。如为可靠性验收试验，每批产品至少应有2台接受试验。样本量建议为批产品的10%，但最多不超过20台。进行试验时，将受试产品的实际总试验时间 T（台时）及故障数 r 逐次和相应的判决值 T_{A_c}、T_{R_e} 进行比较。

如果 $T \geq T_{A_c}$，判决接受，停止试验。

如果 $T \leq T_{R_e}$，判决拒绝接受，停止试验。

如果 $T_{R_e} < T < T_{A_c}$，继续试验，到下一个判决值时再作比较，直到可以做出判决，停止试验时为止。

例5-3 使用方及生产方对飞机上用的黑盒子的可靠性验收试验协定为：$\theta_1 = 50h$，$\theta_0 = 100h$（$d = \theta_0/\theta_1 = 100h/50h = 2.0$，符合GJB 899的鉴别比值要求），$\alpha = \beta = 20\%$。试拟定它的序贯寿命试验方案。

解

第一步：已定 $\theta_1 = 50h$，$\theta_0 = 100h$，$\alpha = 20\%$，$\beta = 20\%$。

第二步：根据《可靠性鉴定和验收试验》(GJB 899A—2009) 查得其所应采用的试验方案如表5-8所列。

表5-8 标准型序贯试验统计方案简表

方案号	决策风险/%				鉴别比	判决标准
	名义值		实际值			
1	10	10	11.1	12.0	1.5	略
2	20	20	22.7	23.2	1.5	略
3	10	10	12.8	12.8	2.0	略
4	20	20	22.3	22.5	2.0	见表5-9
5	10	10	11.1	10.9	3.0	略
6	20	20	18.2	19.2	3.0	略

可知实际的 $\alpha = 22.3\%$，$\beta = 22.5\%$，与名义值 $\alpha = 20\%$，$\beta = 20\%$ 略有不同，根据相应的序贯判决标准（表5-9），用 $\theta_1 = 50h$ 转化为实际的判决时间，如表5-10所列。

表5-9 方案4的接受-拒绝接受判决标准

故障数	累计总试验时间（单位为 θ_1）		故障数	累计总试验时间（单位为 θ_1）	
	拒绝接受 T_{R_e}	接受 T_{A_c}		拒绝接受 T_{R_e}	接受 T_{A_c}
0	不适用	≥3.80	5	≤4.86	≥9.74
1	不适用	≥4.18	6	≤6.24	≥9.74
2	≤0.70	≥5.58	7	≤7.62	≥9.74
3	≤3.08	≥6.96	8	≤9.74	不适用
4	≤3.46	≥8.34			

表 5-10 方案 4 的接受 – 拒绝接受累计时间表

故障数	累计总试验时间/h		故障数	累计总试验时间/h	
	拒绝接收 T_{R_e}	接受 T_{A_c}		拒绝接收 T_{R_e}	接受 T_{A_c}
0	不适用	≥140	5	≤243	≥487
1	不适用	≥209	6	≤314	≥487
2	≤35	≥279	7	≤381	≥487
3	≤104	≥384	8	≤487	不适用
4	≤173	≥417			

第三步：进行序贯可靠性试验。样品台数至少 2 台，具体数由双方协定。

例 5-4 在上例的黑盒子试验中，到累计总试验 487 台时，共出现 5 个故障，出故障时的总累计试验时间为 50h、90h、120h、250h、390h，问如何判决？

解 根据上例的接受 T_{A_c} 及拒绝接受 T_{R_e} 表：
第一个故障相应的累计总试验时间 $T_1 = 50h$，$50 < 209$，继续试验。
第二个故障相应的累计总试验时间 $T_2 = 90h$，$35 < 90 < 279$，继续试验。
第三个故障相应的累计总试验时间 $T_3 = 120h$，$104 < 120 < 348$，继续试验。
第四个故障相应的累计总试验时间 $T_4 = 250h$，$173 < 250 < 417$，继续试验。
第五个故障相应的累计总试验时间 $T_5 = 390h$，$243 < 390 < 487$，继续试验。
当累计总试验时间达到 487h 时，仍只有 5 个故障，故该批产品予以接受。

5.5 寿命试验与评价

在许多情况下，人们不但要通过试验判别产品可靠性是否合格，而且希望估计其寿命。寿命试验的目的：一是发现产品中可能过早发生耗损的零部件，以确定影响产品寿命的根本原因和可能采取的纠正措施；二是验证产品在规定条件下的使用寿命、储存寿命是否达到规定的要求。

5.5.1 寿命点估计与区间估计

1. 平均寿命的点估计

假设：

① $t_1, \cdots, t_n$ 为相互独立同分布的指数分布，$f(t) = \dfrac{1}{\theta} e^{-\frac{t}{\theta}}$。

② 按大小排序为 $t_{(1)} \leq t_{(2)} \leq \cdots \leq t_{(n)}$。

③ 试验进行到 $t_{(r)}$ 时停止，即进行到第 r 个失效时为止，$t_{(1)} \leq t_{(2)} \leq \cdots \leq t_{(r)}$（$0 < r \leq n$）。

在上述假设下，θ 的极大似然估计量为

$$\hat{\theta} = \frac{T^*}{r} \quad (5-6)$$

其中总试验时间为

$$T^* = \sum_{i=1}^{r} t_{(i)} + (n-r) t_{(r)} \quad (5-7)$$

2. 平均寿命的区间估计

定理 5-1 指数分布 $f(t) = \frac{1}{\theta}e^{-\frac{t}{\theta}}$ 的样本大小为 n 的前 r 个观测值为 $t_{(1)} \leq t_{(2)} \leq \cdots \leq t_{(r)}$，其总试验时间 $T^* = \sum_{i=1}^{r} t_{(i)} + (n-r)t_{(r)}$，则有

$$\frac{2T^*}{\theta} \sim \chi^2(2r)$$

证明 $t_{(i)}, (i=1,2,\cdots,r)$ 的联合密度函数为

$$f(t_{(1)},\cdots,t_{(r)}) = \frac{n!}{(n-r)!}\left[\prod_{i=1}^{r}\frac{1}{\theta}e^{-\frac{t_{(i)}}{\theta}}\right]\left[e^{-\frac{t_{(r)}}{\theta}}\right]^{n-r} = \frac{n!}{(n-r)!}\frac{1}{\theta^r}e^{-\frac{T^*}{\theta}}$$

作变换，即

$$W_1 = nt_{(1)}, \quad W_i = (n-i+1)[t_{(i)} - t_{(i-1)}], \quad i=2,\cdots,r$$

即 W_i 为第 $i-1$ 次失效与第 i 次失效之间的总试验时间。显然，$T^* = \sum_{i=1}^{r} W_i$，而

$$t_{(i)} = \sum_{j=1}^{i} \frac{W_j}{n-j+1}, \quad i=2,\cdots,r$$

则变换的 Jacobi 行列式为

$$\frac{\partial(t_{(1)},\cdots,t_{(r)})}{\partial(W_1,\cdots,W_r)} = \begin{vmatrix} \frac{1}{n} & & & & \\ \frac{1}{n} & \frac{1}{n-1} & & 0 & \\ \frac{1}{n} & \frac{1}{n-1} & \frac{1}{n-2} & & \\ \vdots & \vdots & \vdots & & \\ \frac{1}{n} & \frac{1}{n-1} & \frac{1}{n-2} & \cdots & \frac{1}{n-r+1} \end{vmatrix} = \frac{(n-r)!}{n!}$$

故 $W_i(i=1,\cdots,r)$ 的联合密度函数为

$$g(W_1,\cdots,W_r) = f(t_{(1)},\cdots,t_{(n)})\left|\frac{\partial(t_{(1)},\cdots,t_{(r)})}{\partial(W_1,\cdots,W_r)}\right| = \frac{1}{\theta^r}\exp\left(\frac{1}{\theta}\sum_{i=1}^{r}W_i\right)$$

则 $W_i \sim \frac{1}{\theta}e^{-\frac{W_i}{\theta}}(i=1,\cdots,r)$ 相互独立，即 $2\frac{W_i}{\theta} \sim \chi^2(2)(i=1,\cdots,r)$ 相互独立，故

$$\frac{2T^*}{\theta} = 2\frac{1}{\theta}\sum_{i=1}^{r}W_i \sim \chi^2(2r)$$

利用上面结果可以得到以下几点。

① θ 的以 $1-\alpha$ 为置信度的双边置信区间为

$$\theta \in \left[\frac{2T^*}{\chi^2_{\frac{\alpha}{2}}(2r)}, \frac{2T^*}{\chi^2_{1-\frac{\alpha}{2}}(2r)}\right] \tag{5-8}$$

② θ 以 $1-\alpha$ 为置信度的单侧下限为

$$\theta \leqslant \frac{2T^*}{\chi^2_\alpha(2r)} \tag{5-9}$$

例 5-5 有一批产品,已知其寿命服从指数分布,现从该批产品中随机地抽取 10 只,进行无替换的定数截尾(规定失效数 $r=5$)寿命试验,其 5 只产品失效的时间为:$t_{(1)}=50\text{h}$, $t_{(2)}=75\text{h}$, $t_{(3)}=125\text{h}$, $t_{(4)}=250\text{h}$, $t_{(5)}=300\text{h}$。试求该批产品平均寿命的双边置信区间($\alpha=0.10$)。

解 $T^* = 50+75+125+250+300+(10-5)\times300 = 2300(\text{h})$

$r=5$, $\frac{\alpha}{2}=0.05$, $1-\frac{\alpha}{2}=0.95$, $\chi^2_{0.05}(10)=18.307$, $\chi^2_{0.95}(10)=7.261$

$\frac{2T^*}{\chi^2_{0.05}(10)} = \frac{2\times2300}{18.307} = 251.2(\text{h})$, $\frac{2T^*}{\chi^2_{0.95}(10)} = \frac{2\times2300}{7.261} = 1167.5(\text{h})$

所以 θ 的 0.90 的置信区间为 $[251.2\text{h}, 1167.5\text{h}]$

下面不加证明地给出不同试验类型指数分布参数极大似然估计结果,如表 5-11 所列。

表 5-11 平均寿命 θ 的点估计值与置信区间

试验类型	$\hat{\theta} = T^*/r$	双侧置信区间	单侧置信区间
无替换定数截尾	$\dfrac{\sum_{i=1}^{r} t_{(i)} + (n-r)t_{(r)}}{r}$	$\left[\dfrac{2T^*}{\chi^2_{\frac{\alpha}{2}}(2r)}, \dfrac{2T^*}{\chi^2_{1-\frac{\alpha}{2}}(2r)}\right]$	$\dfrac{2T^*}{\chi^2_\alpha(2r)}$
有替换定数截尾	$\dfrac{nt_{(r)}}{r}$	$\left[\dfrac{2T^*}{\chi^2_{\frac{\alpha}{2}}(2r)}, \dfrac{2T^*}{\chi^2_{1-\frac{\alpha}{2}}(2r)}\right]$	$\dfrac{2T^*}{\chi^2_\alpha(2r)}$
有替换定时截尾	$\dfrac{n\tau}{r}$	$\left[\dfrac{2T^*}{\chi^2_{\frac{\alpha}{2}}(2r+2)}, \dfrac{2T^*}{\chi^2_{1-\frac{\alpha}{2}}(2r)}\right]$	$\dfrac{2T^*}{\chi^2_\alpha(2r+2)}$
无替换定时截尾	$\dfrac{\sum_{i=1}^{r} t_{(i)} + (n-r)\tau}{r}$	$\left[\dfrac{2T^*}{\chi^2_{\frac{\alpha}{2}}(2r+2)}, \dfrac{2T^*}{\chi^2_{1-\frac{\alpha}{2}}(2r)}\right]$	$\dfrac{2T^*}{\chi^2_\alpha(2r+2)}$

5.5.2 加速寿命试验

寿命试验(包括截尾寿命试验)方法是基本的可靠性试验方法。在正常工作条件下,常常采用寿命试验方法去估计产品的各种可靠性特征。但是这种方法对寿命特别长的产品来说,就不是一种合适的方法。因为它需要花费很长的试验时间,甚至来不及做完寿命试验,新的产品又设计出来,老产品就要被淘汰了,所以这种方法与产品的迅速发展是不相适应的。经过人们的不断研究,在寿命试验的基础上,找到了加大应力、缩短时间的加速寿命试验方法。

加速寿命试验是用加大试验应力(如热应力、电应力、机械应力等)的方法,加快产品失效,缩短试验周期。运用加速寿命模型,估计出产品在正常工作应力下的可靠性特征。

5.5.2.1 加速寿命试验的分类

通常分为以下 3 种。

(1) 恒定应力加速寿命试验(目前常用)。它是将一定数量的样品分为几组,每组固定在一定的应力水平下进行寿命试验,要求选取各应力水平都高于正常工作条件下的应力水平。

试验做到各组样品均有一定数量的产品发生失效为止,如图 5-3 所示。

(2) 步进应力加速寿命试验。它是先选定一组应力水平,譬如是 $S_1, S_2, \cdots, S_k$,它们都高于正常工作条件下的应力水平 S_0。试验开始时把一定数量的样品在应力水平 S_1 下进行试验,经过一段时间,如 t_1 后,把应力水平提高到 S_2,未失效的产品在 S_2 应力水平下继续进行试验,如此继续下去,直到一定数量的产品发生失效为止,如图 5-4 所示。

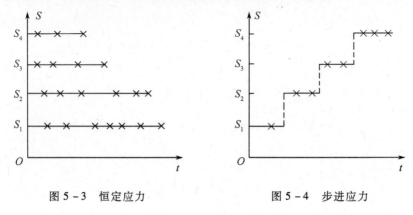

图 5-3　恒定应力　　　　　　图 5-4　步进应力

(3) 序进应力加速寿命试验。产品不分组,应力不分档,应力等速升高,直到一定数量的故障发生为止。它所施加的应力水平将随时间等速上升,如图 5-5 所示。这种试验一般需要有专门的设备。

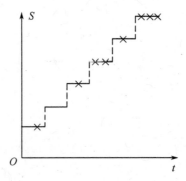

图 5-5　序进应力

在上述 3 种加速寿命试验中,以恒定应力加速寿命试验更为成熟。尽管这种试验所需时间不是最短,但比一般的寿命试验的试验时间还是缩短了不少。因此,它还是经常被采用的试验方法。目前国内外许多单位已采用恒定应力加速寿命试验方法来估计产品的各种可靠性特征,并有了一批成功的实例。下面主要介绍如何组织恒定应力加速寿命试验及其统计分析方法,包括图估计和数值估计方法。

5.5.2.2　恒定应力加速寿命试验的参数估计

产品不同的寿命分布应有不同的参数估计方法,下面以威布尔寿命分布的产品为例说明,其他寿命分布的估计问题可参考有关文献。

1. 基本假定

在恒定应力加速寿命试验停止后,得到了全部或部分样品的失效时间,接着就要进行统计分析。一定的统计分析方法都是根据产品的寿命分布和产品的故障机理而制定的。因此,一个统计分析方法成为可行就必须要有几项共同的基本假定。违反了这几项基本假定,统计分析的结果就不可靠,也得不到合理的解释。因为这几项基本假定是从不少产品能够满足的条件中抽象出来的,所以这几项基本假定对大多数产品来说不是一种约束,只要在安排恒定应力加速寿命试验时注意到这几项基本假定,它们就可以被满足。

(1) 设产品的正常应力水平为 S_0,加速应力水平确定为 $S_1, S_2, \cdots, S_k$,则在任何水平 S_i 下,产品的寿命都服从或近似服从威布尔分布,其间差别仅在参数上,这一点可在威布尔概率纸上得到验证。

其分布函数为

$$F_{T_i}(t_i) = 1 - \exp\left(-\frac{t_i}{\eta_i}\right)^{m_i}, \quad t_i \geq 0, i = 0,1,2,\cdots,k$$

(2) 在加速应力 $S_1, S_2, \cdots, S_k$ 下产品的故障机理与正常应力水平 S_0 下的产品故障机理是相同的。

因为威布尔分布的形状参数 m 的变化反映了产品的故障机理的变化,故有 $m_0 = m_1 = m_2 = \cdots = m_k$。这一点可在威布尔概率纸上得到验证。若不同档次的加速应力所得试验数据在威布尔概率纸上基本上是一簇平行直线,则假定(2)就满足了。

(3) 产品的特征寿命 η 与所加应力 S 有以下关系,即

$$\ln\eta = a + b\varphi(S) \tag{5-10}$$

式中 a, b——待估参数;

  $\varphi(S)$——应力 S 的某一已知函数。

式(5-10)通常称为加速寿命方程。

国内外大量试验数据表明,不少产品是可以满足上述 3 项基本假定的,也就是说,对不少产品是可以进行恒定应力加速寿命试验的。

2. 图估法

威布尔分布条件下的图估法步骤如下:

(1) 分别绘制在不同加速应力下的寿命分布所对应的直线。

(2) 利用威布尔概率纸上的每条直线,估计出相应加速应力下的形状参数 m_i 和特征寿命 η_i。

(3) 由假定(2)取 k 个 m_i 的加权平均,作为正常应力 S_0 的形状参数 m_0 的估计值,即

$$\hat{m}_0 = \frac{n_1\hat{m}_1 + n_2\hat{m}_2 + \cdots + n_k\hat{m}_k}{n_1 + n_2 + \cdots + n_k}$$

式中 n_i——第 i 个分组中投试的样品数。

(4) 由假定(3),在以 $\varphi(S)$ 为横坐标、$\ln\eta$ 为纵坐标的坐标平面上描点,根据 k 个点 $(\varphi(s_1), \ln\eta_1), (\varphi(s_2), \ln\eta_2), \cdots, (\varphi(s_k), \ln\eta_k)$ 配置一条直线,并利用这条直线,读出正常应力 S_0 下所对应的特征寿命的对数值 $\ln\hat{\eta}_0$,取其反对数,即得 η_0 的估计值 $\hat{\eta}_0$。

(5) 在威布尔概率纸上作一直线 L_0,其参数分别为 $\hat{m}_0$ 和 $\hat{\eta}_0$。

(6) 利用直线 L_0,在威布尔概率纸上对产品的各种可靠性特征量进行估计。

5.6 可靠性评价

可靠性评价是利用产品寿命周期各阶段特定试验的试验信息(或使用信息),或综合利

用产品研制阶段不同试验的试验信息、低层次单元的试验信息、相似产品的相关信息、仿真信息、专家信息等,用概率统计的方法给出产品在某一特定条件下的可靠性特征量的估计值。一般为给定置信度下的产品可靠性参数,如 MTBF、可靠度 R、可用度 A 等的置信下限估计值。

5.6.1 可靠性评价的作用

可靠性评价贯穿于产品研制、试验、生产、使用和维修的全过程,是开展可靠性工程活动的基础。其目的是根据在产品研制、试验、生产、使用和维修等过程中所开展的可靠性工程活动的需求而决定的。

（1）在方案论证阶段,进行同类产品的可靠性评价和数据分析,以便进行方案的对比和选择。

（2）在工程研制阶段,利用研制各阶段的试验数据进行产品可靠性评价与数据分析,以验证试验的有效性,掌握产品可靠性增长的情况,并作为研制过程中转阶段的重要依据,同时,找出薄弱环节,提出故障纠正的策略和设计改进的措施。

（3）研制阶段结束进入生产前,应根据可靠性验证试验的结果,评价其可靠性水平是否达到设计的要求,为产品设计定型和生产决策提供管理信息。

（4）在投入批生产后应根据验收试验的数据评价可靠性,检验其生产工艺水平能否保证产品所要求的可靠性,同时,可靠性评价和数据分析是制定产品初始维修大纲和初始备件清单的重要依据。

（5）使用过程中应定期对产品进行可靠性分析和评价,为产品改进提供依据,使产品的可靠性水平逐步达到设计目标值,同时也是进行产品维修大纲动态管理和后续备件清单制定的重要依据。

5.6.2 可靠性评价的基本方法与流程

可靠性评价分为单元级产品可靠性评价和系统级产品可靠性评价两类方法。

单元级产品可靠性评价是指将评价对象作为一个单元整体,只利用其本身的研制试验或实际使用数据以及与其相关的其他信息对其可靠性进行评价。

系统级产品可靠性综合评价也称为"金字塔"式的可靠性系统综合评价,是根据评价对象（即产品）的可靠性模型,利用组成产品的不同层次、不同类型的单元研制试验数据,对产品可靠性进行综合评价。

产品可靠性评价流程如图 5-6 所示。

（1）明确产品可靠性要求,包括可靠性参数和指标。
（2）明确产品的定义、组成、功能、任务剖面。
（3）建立产品各种任务剖面下的可靠性框图和模型。
（4）明确产品的故障判据和故障统计原则。
（5）按大纲要求和故障判据、故障统计原则进行试验数据的收集与整理。
（6）根据数据情况选取适合的评价方法,对系统的可靠性进行评价。
（7）对评价结果进行分析,并得出相应的结论和建议。
（8）完成评价报告。

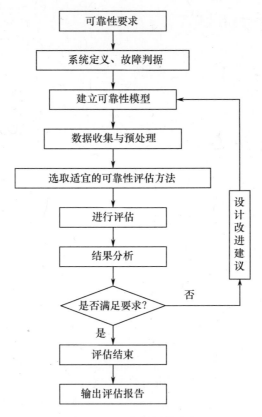

图 5-6 可靠性评价流程

5.6.3 引入环境折合系数的产品可靠性评价方法

对产品进行可靠性评价,一般采用研制最后阶段定型试验的试验数据。但由于各种原因,试验一般都是小样本情况,经典方法的评价精度不能满足工程需要。

然而,产品在研制过程中,出于各种不同的目的,还要进行许多试验,如性能试验、环境试验、可靠性试验、定型试验、实际使用环境下的试验等,如果这些试验数据能够被用于可靠性评价,则评价的数据量就会有很大的增加,从而使得评价风险降低,结果的可信度大大增加。但这些试验的试验环境可能不同,数据不具有可比性,因此需要引进环境折合系数对数据进行折合。

下面以寿命服从指数分布为例,介绍在引入环境折合系数后,产品的可靠性评价方法。

引入环境折合系数的产品的可靠性评价方法就是用环境折合系数去折合试验时间和故障时间,然后将折合后的时间用经典的方法进行处理。已知:产品研制过程中有 m 个试验的试验件技术状态相同,即数据来自同一母体,第 i 个试验的试验时间 t_i,第 i 个试验中发生的故障次数 $r_i(i=1,2,\cdots,m)$。给定任务时间 t_0,设定置信度 c,环境折合系数 $K_i(i=1,2,\cdots,m)$,则:

(1) 产品 MTBF 点估计值为

$$\begin{cases} \text{MTBF} = T/r \\ T = \sum_{i=1}^{m} t_i \cdot K_i \\ r = \sum_{i=1}^{m} r_i \end{cases} \tag{5-11}$$

(2) 产品平均故障间隔时间下限估计为

$$\theta_L = \frac{T}{r}\left[1 - \frac{N_c}{\sqrt{r}}\right] \tag{5-12}$$

$R(t_0)$ 的单侧置信下限为

$$R_L(t_0) = e^{-t_0/\theta_L} \tag{5-13}$$

例 5-6 已知某指数分布的产品研制过程中做了 5 个试验,这 5 个试验中产品的技术状态相同,试验数据见表 5-12,给定置信度 c 为 80%,任务时间为 100h,求该产品在第 5 个试验结束时的 MTBF 和任务可靠度的点估计和区间估计。

表 5-12 试验数据

序号	试验名称	试验时间/h	故障次数	环境折合系数
1	性能试验	21550	0	0.02
2	环境试验	1200	1	1.3
3	筛选试验	800	0	0.6
4	可靠性鉴定试验	600	1	1.4
5	飞行试验	450	2	1

评价结果如表 5-13 所列。可以看出,综合利用 5 个试验数据的产品可靠性评价值与只利用飞行试验数据的结果相差很大,说明如果只利用飞行试验数据进行可靠性评价,由于试验时间短,将导致评价结果与产品实际可靠性水平不符的结果。

表 5-13 评价结果

结果	MTBF 点估计	MTBF 单侧置信下限	R 点估计	R 单侧置信下限($c=80\%$)
只利用飞行试验数据	450	150	0.8001	0.5141
综合利用 5 个试验数据	1254	682	0.9233	0.8636

习 题

1. 100 只开关管在 300℃条件下进行高温储存试验,储存时间为 80h,在此期间共有 74 只失效,失效时间如下:

失效时间(h) 1 3 6 13 22 41 73

失效数(只) 5 4 14 23 11 13 4

若此种开关管寿命服从指数分布,试求在 300℃下的平均储存寿命 θ 的估计值。

2. 装备上用的某种产品共 39 个,进行可靠性试验,每次出现故障便进行更换,更换后使试验继续进行,直到出现 9 次故障为止,其故障时间(单位:h)为

423,1090,2396,3029,3652,3925,8967,10957,11358

假定此种产品的寿命服从指数分布,求平均寿命 MTBF 的极大似然估计值。

3. 已知某批元件的寿命分布为指数分布,从该批中随机抽取 20 只进行 500h 的无替换寿命试验,在 500h 以前有 6 只元件失效,该 6 只失效前时间的总和为 956h,要求以 95% 的置信度对 θ 给出单、双侧置信区间。

4. 设某元件寿命服从指数分布,抽取其中 50 个元件进行 500h 的寿命试验。在试验期

内,在 $t_1=110\text{h}$, $t_2=180\text{h}$, $t_3=300\text{h}$, $t_4=410\text{h}$, $t_5=480\text{h}$ 时各发生一个失效,失效元件不予替换。试确定置信水平为 0.90 的平均寿命 θ 的单侧置信下限。

5. 设某产品的寿命服从指数分布,抽取其中 20 个产品进行无替换定时截尾寿命试验。在 500h 内已观察到二次失效,第一次在 $t_1=200\text{h}$,每二次在 $t_2=450\text{h}$,在置信水平为 0.90 下,为满足平均寿命的单侧置信下限为 2000h,还需要继续进行无失效试验多少小时?

6. 某种产品投入 20 只进行可靠性寿命试验,到有 10 只失效停止试验,10 只失效产品的失效时间(单位:h)为

500,920,1380,1510,1650,1760,2100,2320,2350,2900

问该种晶体管的寿命是否服从指数分布($\alpha=0.10$)?

第 6 章 可靠性数据的收集与分析

随着可靠性工作的深入发展，可靠性数据的收集与分析工作越来越显示出其重要的价值和作用。人们更深刻地体会到，有效的信息和数据是开展可靠性工作的基础，是决策的依据；没有信息，可靠性工程乃至整个型号的研制工作就好像无本之木、无源之水。

在产品的寿命周期中，可靠性数据的收集与分析伴随着各阶段可靠性工作而进行。在工程研制阶段需要收集和分析同类产品的可靠性数据，以便进行方案的对比和选择，为产品的改进和定型提供科学依据。生产阶段可靠性数据的分析和评估，反映了产品的设计和制造水平，而使用阶段收集和分析的可靠性数据首先是对产品的设计和制造的评价最权威，因为它反映的使用及环境条件最真实，参与评估的产品数量较多，其评估结果反映了产品趋向成熟期或达到成熟期时的可靠性水平，是该产品可靠性工作的最终检验，是今后开展新产品的可靠性设计和改进原产品设计的最有益的参考；其次，该阶段的可靠性数据收集和分析，也是装备保障分析和决策的重要输入和基础。由此看来，可靠性数据的收集与分析在可靠性工作中是一项基础性的工作，对于装备保障能力的形成与发挥也具有重要的作用。

6.1 可靠性数据的收集与管理

可靠性数据是指在各项可靠性工作及活动中所产生的描述产品可靠性水平及状况的各种数据，它们可以是数字、图表、符号、文字和曲线等形式。产品寿命周期各阶段的一切可靠性活动都是可靠性数据的产生源，所以，可靠性数据的来源贯穿于产品设计、制造试验、使用、维护的整个过程中。例如，研制阶段的可靠性试验、可靠性评审报告；生产阶段的可靠性验收试验、制造、装配、检验记录，元器件、原材料的筛选与验收记录，返修记录；使用中的故障数据、维护、返修记录及退役、报废记录等。

6.1.1 可靠性数据的作用与特点

1. 收集可靠性数据的目的

收集可靠性数据是为了在产品寿命周期内有效地利用数据，为改进产品的设计、生产提供信息，为装备管理和保障提供决策依据。具体来说，其主要目的如下：

（1）根据可靠性数据提供的信息，改进产品的设计、制造工艺，提高产品的固有可靠度，并为新技术的研究、新产品的研制提供信息。

（2）根据现场使用提供的数据，改进产品的可靠性、维修性和保障性，使产品结构合理，维修方便，易于保障，提高产品的使用可用度。

（3）根据可靠性数据预测系统的可靠性和维修性，开展系统的可靠性设计和维修性设计以及保障系统设计与优化。

（4）根据可靠性数据进行产品的可靠性分析及保障性分析。

2. 可靠性数据的特点

根据《装备质量信息管理通用要求》(GJB 1686A)等的相关规定,论证、研制、生产、使用等过程中产生的质量与可靠性数据和报告等以及将其经过汇总、分析、整理后形成的在一定范围内具有指导意义的报告、手册等都应进行收集以作为分析内容。总之,可靠性数据主要从两方面得到:一是从实验室进行可靠性试验中得到;二是从产品实际使用现场得到。从实验室得到的数据叫试验数据,从现场得到的数据叫现场数据。

可靠性数据具有以下特点:

(1) 时间性。可靠性数据多以时间来描述,产品的无故障工作时间反映了它的可靠性。这里的时间概念是广义的,包括周期、距离(里程)、次数等,如汽车的行驶里程、发动机循环次数等。

(2) 随机性。产品何时发生故障是随机的,所以描述产品寿命的数据是随机变量,具有随机性。

(3) 有价性。从两个方面来看,可靠性数据都是有价的。首先数据的收集需要花费大量的财力和物力,所以它本身的获取就是有价的。另外,经分析处理后的可靠性数据,对可靠性、维修性和保障性工作的开展和指导具有很高的价值,其所创造的效益是可观的。

(4) 时效性和可追溯性。可靠性数据的产生和利用与产品寿命周期各阶段有密切的关系,各阶段产生的数据反映了该阶段产品的可靠性水平,所以数据的时效性很强。随着时间的推移,可靠性数据也反映了产品可靠性发展的趋势和过程,如经过改进的产品其可靠性得到了增长,当前的数据与过去的数据有关,所以数据本身还具有可追溯性的特点。

6.1.2 试验数据与现场数据

试验数据和现场数据通常来自不同的寿命阶段。现场数据只能在产品投入使用后得到,而试验数据主要在产品的研制阶段和生产阶段获取。这两种数据是评估产品寿命各阶段可靠性的重要依据。由于数据产生的条件不同,它们各有优劣且各具特色,所以数据收集、处理分析的方法也可能不同。充分收集试验数据和现场数据,并将它们有效结合和利用,对开展产品可靠性工作具有重要作用,如在"运七"飞机及其机载设备的定寿延寿中,就采用了现场数据与厂内可靠性试验数据相结合的方法,有效地分析了飞机及其机载设备的可靠性,保证了"运七"飞机的安全飞行。

1. 试验数据

试验数据总体上可分为两类,即完全数据和不完全数据。

在实验室取得可靠性数据时,对象产品全部都发生故障时所得到的数据,称为完全数据。但一般情况下并不这样做,因为若等到全部样本都发生故障才结束试验,无论是从经济性还是从时效性方面,都是不现实的。因此,通常会按照预定的规则,经过某段时间后将可靠性试验中断,这时产品只有部分发生故障,所取得的数据,就不是完全数据。如第5章所述,若是在预定的时间停止试验,观测中断的数据,称为定时截尾数据。若采取故障数达到某一预定值时,中断试验的方法所取得的数据,称为定数截尾数据。定时截尾数据和定数截尾数据,都含有观测中断数据,即运转了一定的时间,尚未发生故障的数据,这种包含观测中断数据的数据,称为不完全数据。

2. 现场数据

产品实际使用中得到的数据称为现场数据。其中记述产品开始工作至故障的时间(故障时间)及开始工作至统计之时尚未故障的工作时间(无故障工作时间)的数据是用来评估使用可靠性参数的重要数据,应特别注意收集。

现场数据是极其珍贵的,它反映了产品在实际使用环境和维护条件下的情况,比之实验室的模拟条件更代表了产品的表现。因此,美国的一些厂家认为:"厂内试验需要做,但无论如何也不可能完全复现真实使用条件,同时对有些可靠性指标来说,如 MTBF,靠厂内试验则费用和时间花费太多"。但由于使用地区、环境条件等的差异,相同的产品其可靠性可能不同,所以现场数据波动大,处理时必须按不同的情况和处理要求进行分类。

现场数据是在实际使用中得到的数据,由于它反映了产品在实际使用环境和维护条件下的情况,因此更能反映产品的可靠性水平。但是现场使用的产品大都有使用环境、使用条件的差异以及实际使用时间的不同,所以现场数据具有较大的波动性。在现场使用中,由于产品开始运转的时间不同,观测者记录数据时除故障时间外,还有一些产品统计时仍在完好工作,以及使用中途会因某种原因产品转移到其他处等,形成了现场数据随机截尾的特性,如图 6-1 所示。

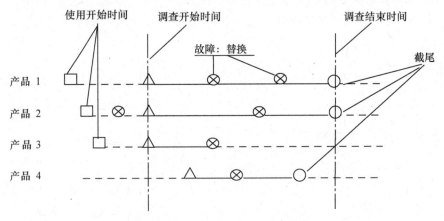

图 6-1 现场数据调查的时间历程

根据目前我军装备的使用、维修特点,在训练部队和修理场所收集到的现场数据一般都属于随机截尾数据,且具有以下两个突出特点:

1) 数据类型复杂

现场数据比较复杂,一般它包含 3 部分数据,即故障数据、完好数据和统计中断数据。故障数据是指零部件在规定的使用条件下,由于自身原因出现故障而产生的数据。完好数据是指尚未出现故障的数据。统计中断数据是指由于管理不善或人为疏忽等原因造成寿命跟踪中断而产生的数据。

2) 删除比大、短寿命数据多

我国可靠性数据收集工作起步较晚,导致许多部件的寿命情况不得而知。加上受一些传统维修观念和管理体制的影响,如"部件修的越勤越安全,换得越勤越可靠",造成许多部件远没有达到寿命终结状态,甚至有些部件正处于偶然故障期的最佳状态便被拆检或更换,使得部件的寿命没有得到充分利用。因此得到的寿命数据常常是短寿命数据较多,中止数据较多,删除比(中止数据与数据总数之比)常常超过 50%。在处理此类数据时,应对中、长期寿命数据给予更多的重视。

6.1.3 收集要求与程序

在数据的收集中,由于试验数据始终受到密切的监视,所以这类数据收集的质量是比较高的,只要在试验中注意防止抽验的片面性问题,做到随机抽样,一般不会有其他问题。现场数据则不然,由于大都有使用环境、使用条件等各种复杂因素的影响,其数据的不确切性也很大,因此在对数据满足一定量要求的条件下,对质的要求应该给予高度重视。

1. 数据收集的基本要求

可靠性数据收集应满足的基本要求如下:

1)确保收集数据的准确性

数据的准确性是前提,只有对装备状况如实地进行记录与描述,才能用于准确地判断问题。因此,对于装备的检测、故障以及维修状况应如实进行记录。在收集故障数据时,首先要根据故障判别标准确定装备是否有故障,是关联故障还是因从属故障、误用以及人为因素、非使用条件下使用等引起的非关联故障。对装备实际工作时间的记录也应注意,很多装备在使用中检测时间和实际工作时间并不一致,检测时间、起止工作时间等要区别对待,记录要反映实际情况。

2)保证数据的完整性

记录的故障情况应在符合规定的前提下尽量详细、完整,对于哪一部分发生故障、什么原因引起的故障等情况,应尽可能细化;对于维修过程及遇到的问题、发生的故障及其修理方法等应有相应的记录。而且不只是对最后的检测结果给出"正常"或"故障"的简单结论,应尽量提供对于质量分析和设计改进有价值的可用信息。尤其是一些新列装的装备,其故障多具有代表性,准确分析这些数据对于改进装备设计质量非常有价值。因此,其数据的记录要更加完整和详细,尽量减少甚至避免信息丢失。

3)注意数据收集的系统性

对于一些比较复杂的结构或由许多分系统组成的装备,在数据收集过程中应注意数据的系统性。同时,在时间历程上,所收集装备的可靠性信息应该涵盖其在寿命过程中所有事件和经历过程的详细描述,例如,装备开始储存或使用、发生故障、中止储存或使用、返厂修理,经过纠正或报废等情况,所有这些信息反映了装备整个寿命周期的质量情况,都应进行收集。

4)注意数据收集的及时性

在装备检测或修理之后,要及时进行相关的数据记录,若等到需要时再临时收集,其准确性、真实性等方面都难以得到保证,数据的可信性不高。

2. 收集程序与方法

由于数据的随机性、有价性、随机截尾性等特点,可靠性数据的收集应有周密的计划,以提高工作质量和效果。尤其是现场数据,具有较大的波动性,处理时必须按不同情况和处理要求进行分类,以便为经济而有效地开展分析工作及时、准确地提供充分而必要的信息。因此,在收集工作中,应遵循规范的程序和方法。

1)明确收集内容和目的

在进行数据收集前必须进行需求分析,明确数据收集的内容及目的。不同的分析对数据的需求是不同的,可靠性数据的收集主要是为可靠性分析与决策服务,因而所收集的对象和内容应因之而定。

2) 确定数据收集点

在产品不同的寿命阶段有不同的数据收集点,在选择重点地区或部门时,以有一定的代表性为好,这样收集的数据才有代表性,分析得到的结果也比较普遍适用。对于新投入使用的产品,应尽可能从头开始跟踪记录,并贯穿其使用的全过程,以得到更为详尽的信息。

3) 规范数据收集形式

现场数据的收集者在很多情况下,是由各种水平的人担任,对于这种情况,数据收集必须就收集的内容和记录形式、记录方法等进行规范,以使所收集的数据既能满足分析的需要,又要适应将来的利用。表6-1给出的是可靠性数据采集表格示例。比如,作故障记录时,最低限度应包括产品的种类(产品名称、产品编号等)、产品的经历(使用时间、维修状况等)、使用环境、使用条件(应力)、发生故障的情况(故障零件名称、故障现象、故障模式等)、故障的影响与纠正措施等项目。实践证明,制定统一、规范化的表格对于促进可靠性收集工作是非常有效的。

表6-1 数据采集表格示例

数据采集单位_____ 采集人_____ 采集时间_____

产品信息	产品代码 2.1	产品名称 曲杆	相应功能故障模式原因代码	1A2	模型代码 1A2
			相应故障原因		
维修数据	维修工作类型	定期更换	所需时间____	维修周期____	维修费用____
故障数据	数据类型____	潜在故障次数____	检出率____	故障次数____	检出率____
具体数据	开始使用时间	缺陷(1)	故障(2)	发生时间	时间长度	检测时间
	…	…	…	…	…	…
	…	…	…	…	…	…
	…	…	…	…	…	…

4) 选定数据收集方式

如果建立了完善的可靠性数据收集系统,那么可靠性数据可依其传送的途径,按正常流通渠道进行,当没有或数据收集系统运行尚不完善时,可用以下两种方式进行:一种方式是在使用现场聘请信息员,让其按所要求收集的内容,逐项填表,定期回馈;另一种方式是派专人到现场收集,按预先制定好的计划进行。

3. 故障数据的判定与记录

故障数据是可靠性数据中的重要部分,它是对产品故障状况的描写,如故障发生时产品的工作时间,发生故障的现象及原因,故障后对产品及其上属系统造成的影响等。

为记录产品的故障数据,首先应明确什么是故障,按《可靠性维修性保障性术语》(GJB 451A—2005)的定义,故障是指产品不能执行规定功能的状态。

产品所需完成的功能,根据产品应用的场合,规定的工作条件,由技术条件预先规定。同种产品用于不同场合,完成功能的标准也可能不同,如军用或民用,军用不合格时,民用可能是合格的。产品不能完成规定的功能表现在:在规定的条件下工作时,它的一个或几个性能参数不能保持在要求的上、下限之间;其结构部分、组件、元件等在工作条件下破损、断裂、丧失完成功能的能力。

故障判据一旦明确,它就是判定产品故障的标准。预期会在现场使用中出现的产品故障为关联故障,将其作为应收集的故障数据。与此相反,未按规定条件使用而引起的故障,或已经证实仅属某项将不采用的设计所引起的故障,称为非关联故障,应不计为故障。如在计算机系统的故障中,非关联故障所占比例就很大,如表 6-2 所列。

表 6-2 某计算机系统关联与非关联故障统计表

故障原因分类	比例/%	故障性质
设计	25	关联故障
制造	33	
人为、不正确试验程序	31	非关联故障
二次故障、试验装置故障等	11	

在不同的试验中,关联故障的标准和内容可能不同,如在航空产品的寿命试验中,主要考核产品的耐久性,确定首翻期,因此应将那些故障后引起产品大修的故障作为关联故障。一般偶然性故障经过现场维护,排除即可,只将它们列入非关联故障,在分析数据时不考虑。

综上,在收集故障数据时,应首先根据故障判别标准确定产品是否故障,其次再进一步判别其是否为关联故障。从属故障、误用及人为因素、非使用条件下使用等引起的故障等都属于非关联故障。在对数据进行剔除时,应根据产品当时的物理背景进行分析,既不能随意接受,也不能一概舍弃,尤其是新品,只要它正确地反映事实,那它就可能成为发现早期产品缺陷的重要途径。

6.1.4 可靠性数据的管理与利用

建立可靠性信息管理系统是有效管理和利用数据的重要手段之一。从 20 世纪 50 年代起,世界上以美国为首的技术先进国家就已充分认识到这一点,特别是对与军方有关的武器装备的数据管理,由国防部归口,拥有一套完善的组织系统。如构建了全国范围的政府与工业部门数据交换网(Government Industry Data Exchange Program,GIDEP)和直属国防部的空军罗姆航空发展中心的可靠性分析中心(Reliability Analysis Center,RAC)。此外,各航空、航天制造公司还建立了可靠性数据系统,如 FRACAS;有使用单位建立的军种级和基地级的各种可靠性、维修性及后勤保障数据系统等。这些组织与国防部的各种数据管理机构,保证了数据的来源、需求,数据的收集和分析、处理以及数据的有效利用。我国从 20 世纪 80 年代开始,也在武器装备各部门逐步建立起各部门和行业的数据管理系统,虽然尚不健全,但也在某些方面起到了有利的作用,如最早建立的全国电子元器件数据交换网以及 1985 年后建立的航空装备质量与可靠性信息网。有关信息管理的国家军用标准如《装备质量信息管理通用要求》(GJB 1686A—2005)等也已颁布。

在产品寿命周期中,数据的利用体现在通过各级数据管理系统实现对数据的闭环监控上,闭环监控是利用对数据的闭环控制来实现对产品可靠性的监控,即数据源→数据收集→数据的分析和处理→反馈至有关部门制定纠正措施→纠正措施的实施→形成新的数据源。

在研制、生产制造阶段主要是研制、试验、生产部门之间的数据流通及控制,在装备投入使用后,应在使用方与承制方之间实现闭环监控。实施对数据的闭环监控,对于促进武器装备的可靠性设计、提高部队综合作战能力和维修保障水平、降低寿命周期费用等方面均会发挥重大的作用。具体来说,可以做到以下几点:

(1) 有效地评价产品的质量和 R&M&S 水平。
(2) 预测产品相关可靠性维修性以及性能等的变化规律。
(3) 有助于发现产品的薄弱环节,弄清故障原因和后果,便于以后改进设计。
(4) 有利于为有关部门的科学决策提供依据,降低装备寿命周期费用。

6.2 可靠性数据的分析与处理

可靠性数据分析的目的和任务是根据可靠性工作的需要而提出的。在研制阶段进行可靠性增长试验时,应根据试验结果对参数进行评估,分析产品的故障原因,找出薄弱环节,提出改进措施,以求产品可靠性得到逐步增长。研制阶段结束进入生产前,应根据可靠性鉴定试验的结果,评估其可靠性水平是否达到设计的要求,为生产决策提供管理信息。在投入批生产后应根据验收试验的数据评估可靠性,检验其生产工艺水平能否保证产品所要求的可靠性。在投入使用的早期,应特别注意使用现场可靠性数据的收集,及时进行分析与评估,找出产品早期故障及其主要原因,进行改进或加强质量管理,加强可靠性筛选,以大大降低产品的早期故障率,提高产品的可靠性。使用期中应定期对产品进行可靠性分析和评估,对可靠性低下的产品进行改进,使之达到设计所要求的指标。

可靠性分析主要是对产品的故障进行分析,因此可靠性数据的分析与处理也主要是针对故障数据来开展的。目前,故障数据主要可用两类模型来处理,一是物性论模型,二是概率论模型。物性论模型是研究故障在产品的什么部位,以什么形式发生,从物理、化学或材料强度等方面对其分析,即从失效机理上进行分析,这是一种微观的分析,也是一种寻根求源的做法。概率论模型则研究故障与时间的关系,用数理统计的方法,找出其故障时间的概率分布,这是一种宏观的分析方法。这里进行的数据分析是以概率论模型为主,但也必须结合对产品故障的原因、故障现象等的分析,并运用以往的经验和历史信息,对产品做出全面、正确的评估。

6.2.1 可靠性数据的预处理

由于在数据收集的过程中,会受到环境、使用情况等各方面的影响,导致所收集的可靠性数据存在多批次、非连续性等特点,并不能直接作为一个理想样本来处理,尤其是现场数据更是如此,因此在对可靠性数据进行正式地分析之前,必须采取相应的手段进行预处理。下面重点介绍两种经常会遇到的情况。

1. 日历时间与使用时间

所谓故障时间,通常是指产品从开始使用,到发生故障的实际使用时间。但是,在现场数据中,却常常不知道使用时间。

对于连续运转的装置,它的日历时间就是使用时间,因此不存在什么问题。但是,对于那些只在需要时才启动的装置,如果不记录使用时间,也未安装计时仪等装置,则实际使用时间仍属未知。

这种情况下,若利用日历时间进行分析,虽然不无意义,但应充分注意到,分析结果并不是真正可靠性的数据,不能用这些数字进行定量比较。所以,当不知道实际使用时间时,还有一种分析数据的方法,那就是利用与使用时间成比例变化的物理量,代替实际使用时间。至于采用什么物理量好,当然应大致与使用时间成比例变化,而且容易测量。利用汽车轮胎的磨损量就是一例。

汽车的实际使用时间很难定义,而且测量也很困难。但是,如果装有计程器,就可以知道行驶距离的准确值。因此,就汽车本体而言,可以用行驶距离代替日历时间,对于零部件也可以做同样的处理。

但是,在考虑轮胎时,情况有些不同。轮胎行驶距离与汽车本体行驶距离可能有相当大的差别。因为,考虑到轮胎的更换,就不能把本体行驶距离数据,原封不动的作为基本量。为了测定轮胎磨损量,在轮胎上刻有沟槽是为了表示轮胎使用期限而设的,故可用它的深度来作为时间变量。把磨损量作为独立随机变量,比把行驶距离或行驶时间作为独立随机变量,更适合于轮胎的情况。

2. 多样本数据的独立同分布检验

通常在进行数据分析及建立数学模型时要求所观察的样本为独立同分布样本,即样本之间相互独立且服从同一分布,称为 IID(Independently and Identically Distributed)。独立同分布是对样本处理的前提条件,如果样本不服从 IID,那么采用一般的统计分析方法及建立的模型就可能出现错误。因此,在进行统计分析和建立模型之前要对数据进行独立同分布检验。

用于检验样本 IID 的常用方法是趋势分析法,其基本应用原理是分析样本的时间序列变化趋势,根据样本的变化趋势(缩短、增长或不变)来判别总体是否发生变化,检验样本是否符合 IID。这里以某一经过多次修理的可修复产品的寿命为例来说明其应用。

假设经过收集,得到了寿命数据为 $t_i(i=1,2,\cdots,n)$ 的一组样本。

令 $x_i = \sum_{j=1}^{i} t_j (i,j = 1,2,\cdots,n)$,则

$$x_1 = t_1$$
$$x_2 = t_1 + t_2$$
$$x_3 = t_1 + t_2 + t_3$$
$$\vdots$$
$$x_n = t_1 + t_2 + \cdots + t_n$$

可以证明当 $n \geq 3$ 时趋势统计量为

$$U = \sqrt{12n}\left[\frac{\sum_{i=1}^{n} x_i}{nx_0} - \frac{1}{2}\right] \tag{6-1}$$

渐进服从标准正态分布,其中 x_0 为观察区域,且 $x_0 \geq x_n$。

如果给定显著性水平 α,就可以通过查标准正态分布表得到趋势统计量的临界值 $U_{1-\alpha/2}$。当 $-U_{1-\alpha/2} < U < U_{1-\alpha/2}$ 时,表明在显著性水平 α 下样本满足独立同分布要求。简单的趋势统计量的临界值可参考表 6-3。

表 6-3 趋势统计量临界值

显著性水平 α	趋势统计量临界值 $U_{1-\alpha/2}$
0.01	2.576
0.02	2.326
0.05	1.963
0.10	1.645
0.20	1.282

3. 小子样场合下的相容性检验

通常采用的传统方法都要求有充分的样本数据,这里介绍一种小子样情况下的相容性检验方法。

假设对某个随机变量分别各进行了 n 次测定,得到两组小样本值,即

$$x_1, x_2, \cdots, x_n \text{ 和 } y_1, y_2, \cdots, y_n$$

要检验其是否相容(设 $x_1, x_2, \cdots, x_n$ 分布函数 $F(x)$ 已知)。

首先,对 $x_1, x_2, \cdots, x_n$ 和 $y_1, y_2, \cdots, y_n$ 进行排序,形成有序子样

$$z_1 \leqslant z_2 \leqslant \cdots \leqslant z_{2n}$$

则其分布密度为

$$f(z_k) = \frac{(2n)!}{(k-1)!(2n-k)!} F^{(k-1)}(x)[1-F(x)]^{2n-k} f(x), \quad k=1,2,\cdots,2n \quad (6-2)$$

式中 $F(x)$——分布函数;
$f(x)$——分布密度。

分布参数可用式(6-2)的极大似然估计求出。然后,计算有序子样式(6-2)相对应的随机变量序列 a_k,即

$$a_k = \int_0^{y_k} \frac{(2n)!}{(k-1)!(2n-k)!} t^{k-1}(1-t)^{2n-k} dt, \quad k=1,2,\cdots,2n \quad (6-3)$$

因式(6-3)是分布函数的反函数,所以随机变量 a_k 可以被看作从 $[0,1]$ 区间均匀分布总体中抽取的子样,这样对测定的两组小样本的相容性检验问题,就转化成检验随机序列,即

$$a_1 \leqslant a_2 \leqslant \cdots \leqslant a_{2n} \quad (6-4)$$

是否服从 $[0,1]$ 均匀分布的问题。

为此计算有序统计量 χ 的值,即

$$\chi_j = \frac{a_j - a_1}{a_{2n} - a_1}, \quad j=1,2,\cdots,2n-1 \quad (6-5)$$

于是,从均匀分布总体中抽取的式(6-5)统计量的概率值为 $S_P = F(\chi_2, \chi_3, \cdots, \chi_{2n-1})$,其中 $F(\chi_2, \chi_3, \cdots, \chi_{2n-1})$ 为 $\chi_2, \chi_3, \cdots, \chi_{2n-1}$ 的联合分布函数。

将所得出的 S_P 值与表 6-4 中查出的对应临界值 S_{kP} 相比较,如果 $S_P \geqslant S_{kP}$,则认为 $x_1, x_2, \cdots, x_n$ 和 $y_1, y_2, \cdots, y_n$ 是相容的;反之,则认为其不相容。

表 6-4 均匀分布检验的临界值 S_{kP}

a	S_{kP}			
	$k=2$	$k=3$	$k=4$	$k=5$
0.050	0.050	0.01173	0.00157	0.00043
0.100	0.100	0.02140	0.00441	0.00123
0.150	0.150	0.03575	0.00762	0.00226
0.200	0.200	0.05077	0.01072	0.00379
0.250	0.250	0.06262	0.01425	0.00582
0.300	0.300	0.08212	0.02173	0.00832

6.2.2 故障数据的经验分布函数

1. 数据分析的直方图法

直方图是用来整理故障数据,找出其规律性的一种常用方法。通过作直方图,可以求出一批数据(一个样本)的样本平均值及样本的标准差,并由其图形的形状近似判断该批数据(样本)的总体属于哪种分布。

直方图法的具体步骤如下:

(1) 在收集到的一批数据中,找出其最大值(L_a)和最小值(S_m)。

(2) 将数据分组。一般采用下面的经验公式(6-6)确定所分组数 k,即

$$k = 1 + 3.3\lg n \tag{6-6}$$

式中 n——观测的数据个数。

(3) 计算组距 Δt,即组与组之间的间隔为

$$\Delta t = \frac{L_a - S_m}{k} \tag{6-7}$$

(4) 确定各组组限值,组限即各组的上、下限值。

为了避免数据落在分点上,一般将组限值取得比该批数据多一位小数,或将组限取成等于下限值和小于上限值,即按半闭区间[ )分配数据。

(5) 计算各组的组中值,即

$$t_i = \frac{某组下限值 + 某组上限值}{2} \tag{6-8}$$

(6) 统计落入各组的频数 Δr 和频率 w_i,即

$$w_i = \frac{\Delta r_i}{n} \tag{6-9}$$

(7) 计算样本平均值 $\bar{t}$,即

$$\bar{t} = \frac{1}{n}\sum_{i=1}^{k}\Delta r_i \times t_i \tag{6-10}$$

(8) 计算样本标准差 s,即

$$s = \sqrt{\frac{1}{n-1}\sum_{i=1}^{k}\Delta r_i(t_i - \bar{t})^2} \tag{6-11}$$

(9) 作直方图。

① 频数直方图:将各组的频数作为纵坐标,故障时间为横坐标,作成故障频数直方图,参见图 6-2。

② 频率分布图:将各组频率除以组距 Δt,取 $w_i/\Delta t$ 为纵坐标,横坐标为故障时间,作成故障频率分布图,参见图 6-3。由图可看出,当样本容量增大、组距 Δt 缩小时,将各直方图的中点连成一条曲线,它将是分布密度曲线的一种近似。

③ 累积频率分布图:第 i 组的累积频率计算为

$$F_i = \sum_{j=1}^{i} w_j = \sum_{j=1}^{i} \frac{\Delta r_j}{n} = \frac{r_i}{n} \tag{6-12}$$

式中 r_i——第 i 组结束时的累积频数。

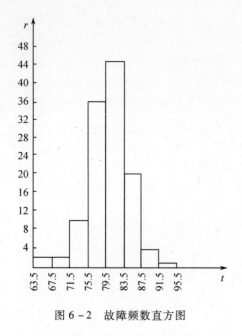

图 6-2 故障频数直方图

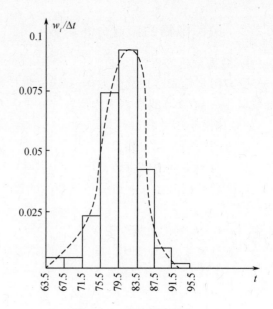

图 6-3 故障频率分布

将累积频率作纵坐标、故障时间为横坐标,作成累积频率直方图,如图 6-4 所示。当样本容量 n 逐渐增大到无穷,组距 Δt 趋近于 0,那么各直方图中点的连线将趋近于一条光滑曲线,它表示总体的累积分布函数曲线。

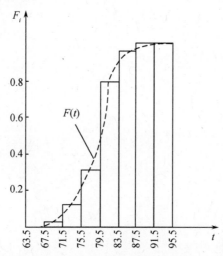

图 6-4 累积故障频率直方图

由上述所作各直方图的形状可以初步判断所抽取的样本其总体属于何种分布。

2. 随机截尾数据的经验分布函数

对于一组完全寿命试验的样本数据,可按其故障时间的大小排列成一组顺序统计量,然后采用直方图法进行分析。但是,在收集现场数据时,经常会遇到随机截尾的样本数据,其中那些尚未故障而中途撤离的产品,什么时间故障无法预计,因此此时直方图法就不再适用。这里介绍一种专门处理随机截尾数据的平均秩次法。

秩次是指一组寿命数据样本中,每一个故障时间按照故障发生的先后顺序所对应的顺序号。对于一组随机截尾寿命试验,由于那些尚未故障而中途撤离产品的故障时间无法预计,因此它们的寿命秩次就不好决定,然而却可以估计出它们所有可能的秩次,再求出平均秩次,将平均秩次代入中位秩公式,求出其经验分布函数。为便于理解,以下用一实例说明。

例如,某车轮轧制厂试制了一批新型产品,取样 6 件在实验室作车轮运行模拟试验。有 3 件试到寿终,有 3 件未试到寿终,把 6 件车轮的"运行里程"按大小排列如表 6-5 所列。寿终的以 F 表示,未寿终的以 S 表示,并编下标表示顺序。现用此例说明经验分布函数的计算。

表 6-5 车轮的运行里程记录

序号	运行里程/km	寿终情况
1	112000	F_1
2	213000	S_1
3	250000	F_2
4	484000	S_2
5	500600	S_3
6	572000	F_3

显然,表 6-5 中 F_1 是寿命最短的一件,在 6 件样本中它的寿命秩次为 1,代入中位秩公式,即

$$F_n(t_i) = \frac{i - 0.3}{n + 0.4} \tag{6-13}$$

即可得其对应的经验分布函数为

$$F_n(t_1) = \frac{1 - 0.3}{6 + 0.4} = 0.109$$

而对 F_2,它的寿命秩次就不明显了,可能是 2(如果 S_1 在 250000km 之后寿终),也可能是 3(如果 S_1 在 250000km 之前寿终)。如果 F_2 的秩次为 3,前面 3 件的寿终排列为 F_1、S_1、F_2,后面 3 件为 S_2、S_3、F_3 的寿终排列,将有 3!=6 种。如果 F_2 的秩次为 2,前面两件的寿终排列为 F_1、F_2,后面 4 件的寿终排列将有 4!=24 种。这样,对于 F_2 的平均秩次就可得到

$$F_2 \text{ 的平均秩} = \frac{6 \times 3 + 24 \times 2}{6 + 24} = 2.2$$

将其代入中位秩公式得到

$$F_n(t_2) = \frac{2.2 - 0.3}{6 + 0.4} = 0.297$$

F_3 的寿命秩次也可依此类推。但当样本越来越大时,上述计算将十分繁杂,因此统计学家们给出了一个计算平均秩的增量公式,即

$$A_k = A_{k-1} + \Delta A_k, \quad \Delta A_k = \frac{n + 1 - A_{k-1}}{n - i + 2} \tag{6-14}$$

式中 A_k——故障产品的平均秩次,下标代表故障产品的顺序号;

i——所有产品的排列顺序号,按故障时间和删除时间的大小排列。

有了平均秩次,代入下面的中位秩公式,即可计算产品的经验分布函数,即

$$F_n(t_k) = \frac{A_k - 0.3}{n + 0.4} \tag{6-15}$$

6.2.3 故障数据的主次及因果分析

在对故障数据的分布规律进行初步分析后,还要进一步分析故障的主要原因、主要故障模式和关键产品。这时,就需要对故障数据进行主次分析和因果分析。

主次分析是用统计的方法找出对所分析对象影响最大的因素,而因果分析则是用图形化等方法分析出故障发生原因的逻辑关系。最常采用的方法分别为主次图和因果图。

1. 主次图

主次图又叫巴雷特图或排列图,它是一种分析、查找主要因素的直观图表。将要分析的因素按主次从左向右排列作为横坐标,纵坐标为各因素所占的百分比或累积百分比。由图可找到主要因素,将其用于产品或系统的故障频数分析,则得到故障最多的关键系统或产品;用于原因分析,则可得到故障的主要原因及次要原因。同理,还可用于主要故障模式的分析、故障的责任分析等。

分析中画出各因素的累积频率(累积百分比),累积频率在80%~90%之间的因素为主要因素,在90%~100%范围内因素为次要因素。在各种分析中,对主要因素应是重点研究的对象。图6-5是国外某型飞机影响飞行任务完成的主要系统和故障频数较高的系统主次分析图。从图中可以看出,电源系统是影响该机飞行的主要系统,其次发动机系统也应作为关注的对象,经过对电源系统的故障原因和故障模式等进行分析,进一步找到电源系统断电是电源系统影响的主要模式。

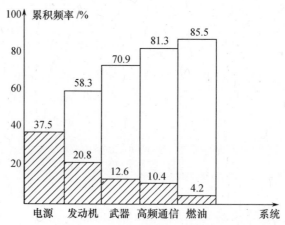

图6-5 国外某型飞机影响飞行任务故障系统主次图

主次图分析的优点是简单明了,可用于故障分析的各个方面。在产品的质量管理中这也是一种常用的分析方法。

2. 因果图

因果图也被称为鱼刺图,它的名字来源于鱼的形状模式,用于描绘各种导致某一特殊事件发生的各因素之间的关系。典型的鱼刺图分析法将各种潜在的原因划分为4个主要的类别(如人、设备、原料及方法),但可以包括各种因素的各种组合。图6-6示出了一个简单的分析案例。

就像许多故障分析方法一样,这种分析方法依赖于对导致某一特殊事件发生的行为或变化的逻辑评估,如设备故障。这种方法与其他方法唯一不同之处在于,它使用鱼的形状图形描绘各种特殊的行动或变化之间的原因影响关系,以及最终的结果或事件。

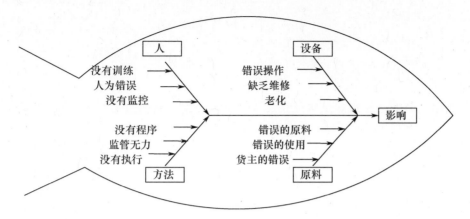

图 6-6 典型的鱼骨图描绘了四类主要原因

这种方法也有其局限性。鱼刺图分析法并没有提供清晰的导致故障发生的事件顺序,但它显示了所有可能的导致事件发生的原因。虽然这是非常有用的,但它并没有将导致事件发生的特殊因素隔离开来。若希望将这些因素隔离开,则需要借助一些其他方法。

6.3 寿命分布函数的统计分析

一个产品在使用过程中,何时发生故障、其工作时间多长是不能确切知道的,因此其故障前工作时间和产品经过修复后的工作时间,在此统称为产品的寿命,都是未知的。产品的寿命取决于设计与制造中对其功能、结构、原材料等的选择及质量控制过程中各种随机因素的影响。它是一个服从一定统计规律的随机变量,一般用寿命的分布函数(也叫累积分布函数)来描述。

从可靠性试验或现场使用中得到的数据,是从某批产品(总体)中得到的一个样本,用统计推断的理论,可以判断出产品的寿命分布函数。由此可计算产品的可靠性参数,如可靠度、故障率、概率密度函数,以及各种寿命特征量,如平均寿命、可靠寿命、特征寿命、使用寿命等。因此,通过对可靠性数据的统计分析找出产品寿命分布的规律,是进一步分析产品故障、预测故障发展、研究其失效机理及制定维修策略的重要手段,具有重要意义。

6.3.1 寿命分布函数的分析流程

对可靠性数据进行统计分析,从而推断出寿命分布函数,一般应遵循以下步骤:

(1)对所收集的样本进行独立同分布检验。许多情况下,样本数据的来源不同,或者其获取分为多个阶段,这些"多源信息""多阶段信息"是否来源于同一总体,需要通过相容性检验,以判断其是否服从同一分布。

(2)根据工程背景或数理知识推断数据的分布形式。数据分布形式反映了其来源主体故障时间的统计规律,可以通过数理统计相关理论知识或长期积累下来的工程经验对其进行推断。

(3)数据分布函数中未知参数的估计。根据数据的内容和性质,采用与之相应的方法估计分布函数中的未知参数。

(4) 推断结果的拟合优度检验。根据样本所得到的寿命分布函数是否符合要求,需要通过拟合优度检验对所得数据与拟合分布之间的符合程度作出判断。

在上述步骤完成的基础上,所得到的寿命分布函数才可作为可靠性分析的输入。对可靠性数据进行寿命分布函数统计推断的一般流程可用图 6 - 7 表示,以下部分将以此基本流程为主线,对可靠性数据分析中的寿命分布形式推断、寿命分布参数估计、分布拟合优度检验等关键步骤进行详细说明。

6.3.2 寿命分布形式的推断

产品寿命分布类型是各种各样的,某一类型的分布可适用于具有共同失效机理的某些产品。寿命分布往往与产品的类型关系不大,而与其施加的应力、产品内在结构、物理和力学性能等,即其失效机理有关。

某些产品以工作次数、循环周期数等作为其寿命度量单位,如开关的开关次数,这时可用离散型随机变量的概率分布来描述其寿命分布的规律,如二项分布、泊松分布和超几何分布等。多数产品寿命需要用到连续随机变量的概率分布,常用的有指数分布、正态分布、威布尔分布等。

确定产品的寿命分布类型有其重要的意义,但要判断其属于哪种分布类型仍是困难的,目前所采用的方法有两种。一种方法是通过失效物理分析,来证实该产品的故障模式或失效机理近似地符合于某种类型分布的物理背景,表 6 - 6 给出了某些产品在实践经验中得到的对应分布的举例。

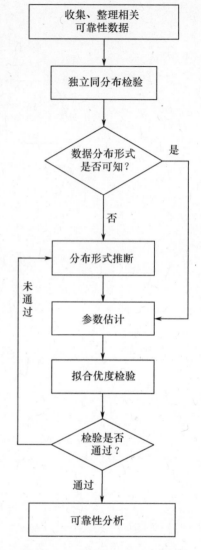

图 6 - 7 寿命分布函数的统计分析过程

表 6 - 6 符合典型分布的产品类型举例

分布类型	适用的产品
指数分布	具有恒定故障率的部件,无余度的复杂系统,经老炼试验并进行定期维修的部件
威布尔分布	某些电容器、滚珠轴承、继电器、开关、断路器、电子管、电位计、陀螺、电动机、航空发电机、电缆、蓄电池等
对数正态分布	电机绕组绝缘、半导体器件、硅晶体管、锗晶体管、直升机旋翼叶片、飞机结构等
正态分布	飞机轮胎磨损及某些机械产品

另一种方法则是利用数理统计中的判断方法来确定其分布。由于一些分布可以或至少部分可以被其参数的函数所描述,所以可以利用这些函数来推断出一个较为合适的分布簇。图 6 - 8 针对寿命的几种常用分布,结合其统计特性,给出了其分布形式选择的一般步骤。

需要说明的是,无论哪种方法,也仅只作参考,只能是近似符合某种分布,而不是绝对理想的分布。如有些分布中间部分不易分辨,只有尾端才有不同,而在可靠性试验中,由于截尾子样观测数据的限制,要分辨属于哪种分布是比较困难的。

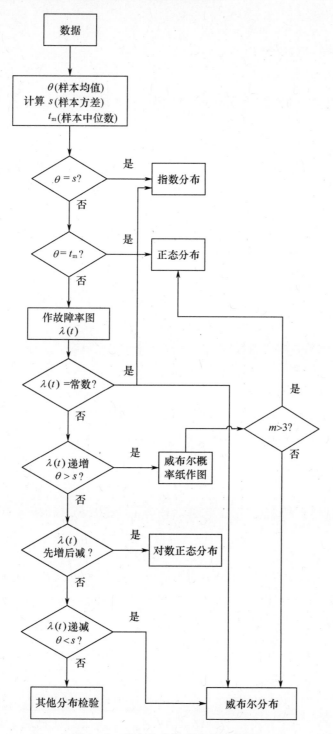

图 6-8 寿命分布形式选择流程图

6.3.3 寿命分布参数估计

在寿命分布类型已知的情况下,数据分析的任务就是根据样本观测值来估计总体的分布参数,即参数估计。参数估计分为点估计和区间估计,本书主要讨论点估计,即通过样本观测值对未知参数给出接近真值的一个估计数值。

6.3.3.1 估计量的优劣标准

一般来说,用不同的估计方法对同一个未知参数可能得出不同的估计量,究竟采用哪一个估计量需要遵循一定的评价估计量的标准。下面简单介绍几种评选准则。

1. 无偏估计

由于估计量是样本的函数,因而它是随机变量,所以由不同的观察值得到的估计值也就不同。这样,要确定一个估计量的优劣就不能仅仅依据一次试验的结果,而必须由多次结果来评定。一个直观的想法就是,估计值必须在未知参数的真值附近徘徊,即希望它在平均意义上要等于未知参数的真值,即满足无偏性。

其定义如下:设 $\hat{\theta}(T_1,T_2,\cdots,T_n)$ 是未知参数 θ 的估计量,若 $E\hat{\theta}=\theta$,则称 $\hat{\theta}$ 为 θ 的无偏估计量。

无偏性是对估计量的一个重要的最常见的要求,然而在一些场合下是不适用的。比如炮弹炸药含量鉴定,如果对这一批系统误差估计偏大,而对下一批则估计偏小,虽然整体"无偏",但结果并不可信。因此它的适用具有局限性。

2. 最小方差无偏估计和有效估计

由于无偏估计量只说明估计量的取值在真值周围摆动,从无偏性这一标准有时还分辨不出哪一个估计量最好。于是,又在无偏性的基础上加上了对方差的要求,估计量的方差越小,则该估计量的取值就越密集在待估参数附近,也就是更为理想的估计量。为此,需要引进有效性的概念。

其定义如下:设 $\hat{\theta}_1$、$\hat{\theta}_2$ 是 θ 的两个无偏估计量,若 $\dfrac{D(\hat{\theta}_1)}{D(\hat{\theta}_2)}<1$,则称 $\hat{\theta}_1$ 比 $\hat{\theta}_2$ 有效。设 $\hat{\theta}$ 是 θ 的一个无偏估计量,若对于 θ 的任意一个无偏估计量 $\hat{\theta}'$,有 $D(\hat{\theta})\leqslant D(\hat{\theta}')$,则称 $\hat{\theta}$ 为 θ 的最小方差无偏估计或最优无偏估计。

3. 一致估计

在某些情况下,无偏估计类中方差为最小的估计量,其方差却并不一定比某个有偏差的估计量的方差小。一个估计量,即使其平均值等于 θ,但离散程度很大,那么用这个估计量来估计参数 θ 仍然不理想,甚至不如用另一个有偏估计为好。进而,在偏差性与离散性两者兼顾的原则下来建立估计量的"最优"准则,引进了一致性的概念。

设 $\hat{\theta}_n=\hat{\theta}_n(T_1,T_2,\cdots,T_n)$ 为未知参数 θ 的一列估计,如果 $\{\hat{\theta}_n\}$ 依概率收敛于真参数值 θ,即对任意 $\varepsilon>0$,有 $\lim\limits_{n\to\infty}P\{|\hat{\theta}_n-\theta|>\varepsilon\}=0$,则称 $\hat{\theta}_n$ 为 θ 的一致估计量。

上面从几个方面讨论了评价一个估计量的标准。从统计方法要求来看,自然要求一个估计量具有一致性;然而用一致性来衡量估计量的好坏时,要求样本容量适当地大,这在实际中往往难以办到,从而无偏性在直观上就显得比较合理。可是并非每个参数皆有无偏估计,有时一个无偏估计还可能有明显的弊病。有效性无论在直观上还是理论上都比较合理,所以在使用中是用得比较多的一个标准。

6.3.3.2 几种传统参数估计方法

下面对目前常用的一些传统估计方法,如概率图法、最小二乘法、极大似然估计法、矩估计法等作一简单说明。

1. 概率图法

概率图是将样本数据在相应的概率纸上描点作图,利用所得图形估计分布参数。对于某些分布,已有专门设计的概率纸,如正态概率纸、对数正态概率纸、威布尔概率纸等。其好处是简单方便、便于掌握,但在实际应用中所连直线因人而异,判断往往不够精确。虽然目前可以应用计算机画图软件(图6-9为Matlab软件中的概率图绘制功能),但在进行高精度估计时,这种非解析方法仍是不适合的。

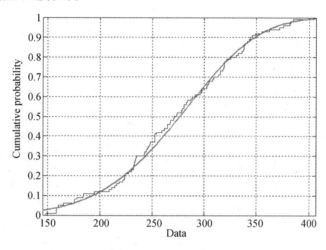

图6-9 威布尔分布概率图示例

2. 最小二乘法(Least Square Estimation,LSE)

来源于曲线拟合思想的最小二乘法则消除了人为因素的影响,遵循样本与拟合函数方差和最小的原则,求解未知参数。虽然其方法是基于存在线性关系的两组变量($y = a + bx$),但对于一般的非线性分布,通过必要的变量转换,进行线性化处理也可解决。目前,常用的变换有 $x_1 = x$、$x_2 = x^2$、$x_3 = x^3$、$x_4 = \sqrt{x}$、$x_5 = 1/x$、$x_6 = \ln x$、$x_7 = e^x$ 共7种,对 y 也同样可作这7种变换,组合起来就可以构成49种不同的变换方式,即有49种曲线类型。

3. 极大似然估计(Maximum Likelihood Estimate,MLE)

极大似然估计是目前应用最为广泛的一种参数估计方法。它的基本思想:由于样本来自于总体,因此在一定程度上能反映总体的特征。通过选取一个使样本观测值结果出现的概率最大的值作为待估参数的估计值,即为极大似然估计值。极大似然估计具有良好的统计性质,但对样本量有一定的要求,尤其对于截尾数据,在截尾时的故障数大于10时才能保持较好的精度。

4. 矩估计

矩估计是一种古老且简单易算的估计方法,其思想是用相应的样本矩去估计总体矩,由于许多刻画总体分布特性的参数都是总体矩的函数,因而可以利用矩方法来估计参数。但是,矩估计也有一些缺点。首先,矩估计只能适于未知参数可以表示为总体矩的情况,否则难以应用;其次,由于总体参数往往可以表示为总体矩的不同函数,因此矩估计可能不是唯一的。

表6-7是结合可靠性数据的实际应用背景,对以上介绍的各种参数估计方法的适用范围及优缺点进行了总结,以便作为数据分析时的参考。

表6-7 传统参数估计方法比较

方法 相关说明	概率图法	最小二乘法	极大似然估计	矩估计
基本思想	将样本数据在相应分布的概率纸上描点作图,利用所配直线估计分布参数	通过曲线拟合,使分布函数与所有样本数据的偏差最小	选取一个参数估计值,使样本数据出现的概率达到最大	用相应的样本矩来估计总体矩
适用场合	只需了解大概信息,对精度要求不高	存在线性关系或通过变量转换可以线性化的两组变量	应用范围最为广泛,只要分布函数已知即可	分布函数的参数可以表示为总体分布矩的函数
优点	简单方便,便于掌握	消除了人为因素影响,实现样本与拟合函数的方差和最小	估计精度较高	简单易算,且不要求知道寿命分布函数
局限	所作直线不够精确,不适于高精度求解	样本数据非独立时,估计结果不是最佳线性无偏估计	不适用于截尾时故障数较小的样本	只适用于完全样本且结果可能不唯一

6.3.3.3 新背景下参数估计方法

上一小节介绍的参数估计方法主要用于常规大样本数据的处理,在长期以来的可靠性数据分析工作中一直发挥着很好的作用。近年来,随着装备技术的发展,对可靠性分析的技术和方法也提出了新的要求,主要表现在以下方面:

(1)随着可靠性工程要求的提高,对于前期数据分析的精确性要求也更高,传统的数据分析方法已难以适应可靠性数据分析的要求。

(2)可靠性水平的提高,使得产品寿命变长,故障数据样本量很小,造成传统的基于大样本的方法难以解决问题。因此,必须建立能够适应可靠性分析需求的小样本数据分析方法。

(3)由于我军新时期装备研制方针,许多系列化装备的数据具有一定程度的相似性,如何将其进行融合以综合利用,对于提高数据利用的效果具有非常重要的意义。

"根据数据的内容和性质来选择方法,才是数据分析的正确思想。"基于以上几个方面,必须结合可靠性数据的特点,探索新的参数估计方法。本节主要介绍的参数估计方法有改进极大似然估计法、Bootstrap方法、Bayes Boofstrap(随机加权)法、Bayes方法等。

1. 改进极大似然估计(MMLE)

在对产品质量进行统计分析时,许多情况下都采用定时截尾试验,在实际情况中,许多收集数据的情形也属于定时截尾。然而,随着产品可靠性的提高,有时会出现失效样品个数很少,甚至零失效的情况。这时若仍沿用传统的极大似然估计(MLE)方法,会出现较大的估计误差,针对这种情况,MLE被予以修正成改进极大似然估计法。

下面结合指数分布产品的定时截尾试验来说明改进极大似然估计法(Modified Maximum Likelihood Estimation,MMLE)的基本原理。

1) MLE 的缺陷

设有 n 个产品进行无替换定时截尾试验,到时间 t_c 中止试验时,观察到 r 个产品失效,得到失效数据 $t_1, t_2, t_3, \cdots, t_r$,其中 $t_1 \leqslant t_2 \leqslant t_3 \leqslant \cdots \leqslant t_r (t_r \leqslant t_c)$。

由指数分布的性质可知,该产品累积失效概率为

$$F(t) = 1 - e^{-t/\theta}, \quad t \geqslant 0$$

参数 θ 的 MLE 为

$$\hat{\theta} = \frac{\sum_{i=1}^{r} t_i + (n-r)t_c}{r}$$

如选择的截尾时间 t_c 比 t_r 稍小,则得到的失效数据将是 $t_1, t_2, t_3, \cdots, t_{r-1}$。

此时 θ 的 MLE 为

$$\hat{\theta} = \frac{\sum_{i=1}^{r-1} t_i + (n-r+1)t_c}{r-1} \tag{6-16}$$

可以看出,上面两个式子中分子即总试验时间相差不大,但分母却相差 1。在样本容量 n 较大时,$\hat{\theta}$ 这个估计值精度较高,但在样本容量较小或截尾程度较高时极易影响估计的精度。

2) MLE 的改进

经过分析可知,产生上述结果的原因是 MLE 的估计式中缺少一个量反映最后一个失效时间 t_r 和 t_c 之间的长短。因此,对 MLE 进行了改进,引入"拟累积失效数"概念,以提高估计精度。

用 $L(L \leqslant 1)$ 表示在 $[t_r, t_c]$ 内的拟累积失效数,可用下列公式计算,即

$$L = \begin{cases} 0 & r = n \\ \min\left[1, \dfrac{\ln t_c - \ln t_r}{EZ_{n,r+1} - EZ_{n,r}}\right] & r < n \end{cases} \tag{6-17}$$

式中:$EZ_{n,k}$ 的值可用下列公式来计算,即

$$EZ_{n,k} = \ln\left[-\ln\left(1 - \frac{k-0.5}{n+0.25}\right)\right] \tag{6-18}$$

这样,MMLE 就可表示为

$$\hat{\theta} = \frac{\sum_{i=1}^{r} t_i + (n-r)t_c}{r+L} \tag{6-19}$$

研究结果及相关应用表明,修正后的 MLE 误差比原来的误差有了明显减小,且截尾程度越高,修正效果越明显。

2. Bootstrap 和随机加权方法

在对装备的相关指标进行评估时,由于所获取数据少或新型装备的使用时间较短等原因,容易造成其相关信息较少的现象。传统的经典统计分析都是在大样本或较大样本的前提下进行的,如果样本数较少,因为评估决策所依赖的信息较少,分析结果的置信度则容易出现较大偏差。上一小节中的 MMLE 主要用于解决对指数分布产品定时截尾试验数据的精确分析,应

用局限性较大,本小节介绍两种比较通用的小子样统计方法,即 Bootstrap 和 Bayes Bootstrap 方法。

Bootstrap 和 Bayes Bootstrap 方法都是直接利用样本数据,借助计算机技术进行统计推断的方法。它们通过对现有数据进行再抽样,得到大容量的样本数据,从而更容易地模拟或判断总体分布。这两种方法只依赖于给定的观测信息,通过对子样信息进行"提携"重抽样,可以"逼近"未知分布,得到相关信息。

1) Bootstrap 方法

Bootstrap 方法也称为自助法,是 Stanford 大学的 B. Efron 教授在总结归纳前人研究成果的基础上,于 1979 年提出的,这个方法的目的是用现有的数据去模仿未知的分布。其基本原理如下:

设 $X = (x_1, x_2, \cdots, x_n)$ 为来自于某未知分布 F 的样本,$\theta = \theta(F)$ 为总体分布的未知参数,是要确定的量,F_n 为抽样分布函数,$\hat{\theta} = \hat{\theta}(F_n)$ 为 θ 的估计,记估计误差为 $T_n = \hat{\theta}(F_n) - \theta(F)$。通过 F_n 重新抽样获得再生子样即自助样本 $X^* = (x_1, x_2, \cdots, x_m)$。$F_m$ 是由 X^* 获得的抽样分布,记误差 $R_m = \hat{\theta}^*(F_m) - \hat{\theta}(F_n)$,则 R_m 即为 T_n 的 Bootstrap 统计量。Bootstrap 的中心思想就是由 R_m 的分布去近似 T_n 的分布。

将 Bootstrap 方法引入到可靠性数据统计分析中,进行参数估计,其基本步骤如下:

(1) 基于样本 $X = (x_1, x_2, \cdots, x_n)$,求出未知参数 θ 的估计值 $\hat{\theta}$,得到分布函数 $F_n(\hat{\theta})$。

对可靠性数据进行参数估计,一般情况下样本分布函数已知。这时可采用极大似然估计法求出样本 X 的分布参数 $\hat{\theta}$,得到再抽样函数 $F_n(\hat{\theta})$。

(2) 由新的分布函数 $F_n(\hat{\theta})$,对其进行再抽样,得到 Bootstrap 样本。

通过计算机 Monte-Carlo 模拟抽样,得到再生子样 $X^* = (x_1, x_2, \cdots, x_m)$,新样本的容量 m 未必等于 n,但一般取 $m = n$。

(3) 基于 Bootstrap 样本 X^*,求出其参数 $\hat{\theta}$ 的估计值 $\hat{\theta}^*$。

同步骤(1),通过对样本 $X^* = (x_1, x_2, \cdots, x_m)$ 采用极大似然估计,求出参数 $\hat{\theta}$ 的 Bootstrap 估计值 $\hat{\theta}^*$。

(4) 重复步骤(2)、(3) N 次,得到 $\hat{\theta}$ 的 N 个 Bootstrap 估计值,即

$$\hat{\theta}^*_{(1)}, \hat{\theta}^*_{(2)}, \cdots, \hat{\theta}^*_{(N)}$$

注意,这里抽样次数应该适当大,一般 N 不应小于 1000。

(5) 对这些自助估计值进行分析处理,以得到未知参数的估计值。

因为

$$\theta_{(j)}(F) = \hat{\theta}(F_n) - T_n \cong \hat{\theta}(F_n) - R_m = 2\hat{\theta}(F_n) - \hat{\theta}^*_{(j)}(F_m^*), \quad j = 1, 2, \cdots, N$$

所以

$$\theta_{(j)}(F) \cong 2\hat{\theta}(F_n) - \hat{\theta}^*_{(j)}(F_{m(j)}^*)$$

对 $\hat{\theta}^*_{(j)}$ 进行统计分析即可得出参数 θ 的估计值,可得

$$\theta_c = 2\hat{\theta}(F_n) - \frac{1}{N}\sum_{j=1}^{N}\hat{\theta}^*_{(j)} \qquad (6-20)$$

2) Bayes Bootstrap 方法

北京大学的郑忠国教授在 Bootstrap 方法的基础上提出了一种新的统计方法——Bayes Bootstrap 方法(也称为随机加权法)。

Bayes Bootstrap 方法也是一种将子样信息"提携"的方法,其基本步骤与 Bootstrap 方法一样,只是将统计量 R_m 中的 $\hat{\theta}^*(F_m)$ 换作 $\hat{\theta}_v = \hat{\theta}(\sum_{i=1}^{n} V f_i(X))$,其中 $f_i(B)$ 是 X 的某个 Borel 函数,$(V_1, V_2, \cdots, V_n)$ 是通过计算机产生服从 Dirichlet 分布 $D(1,1,\cdots,1)$ 的随机变量。记为 $D_n = \hat{\theta}_v - \hat{\theta}(F_n)$,称它为随机加权统计量,以 D_n 的分布模仿 T_n 的分布。

服从 Dirichlet 分布的随机变量 $(V_1, V_2, \cdots, V_n)$ 的产生方法如下:

设 $v_1, v_2, \cdots, v_{n-1}$ 是 $[0,1]$ 上均匀分布的随机变数 v 的独立同分布子样,按由小到大的次序重新排序,记它们为 $v_{(1)} \leq v_{(2)} \leq \cdots v_{(n-1)}$,并记 $v_{(0)} = 0$、$v_{(n)} = 1$。令 $V_i = v_{(i)} - v_{(i-1)}$,$(i=1,2,\cdots,n)$。那么 $V_1, V_2, \cdots, V_n$ 的联合分布就是 $D_n(1,1,\cdots,1)$,它就是 Dirichlet 随机向量。

3. Bayes 方法

Bayes 思想来源于英国学者贝叶斯,在他的一篇论文中,提出了著名的 Bayes 公式。

假设某事件 A 与 n 个互不相容的事件 $H_1, \cdots, H_n$ 中之一,且只能与其中之一同时发生,验前概率 $P(H_i)$ 为已知。今做一次试验,结果事件 A 出现了,要确定 $P(H_i|A)(i=1,\cdots,n)$,即

$$P(H_i|A) = \frac{P(H_i)P(A/H_i)}{\sum_{i=1}^{n} P(H_i)P(A/H_i)} \tag{6-21}$$

Bayes 方法就是运用 Bayes 条件概率的公式来解决统计推断问题的方法。它解决统计问题的思路不同于经典方法,一个显著特点就是在保证决策风险尽可能小的情况下,尽量应用所有可能的信息。这不仅仅是当前收集的信息,还包括以前的信息,如武器系统在研制中的有用信息、仿真试验的信息、同类武器系统的相关信息等。而真正的现场数据可以是少量的。因此,在上述验前信息存在的情况下,作为一种数据融合方法,Bayes 方法可以用于小子样统计推断。

4. 参数估计方法综合应用示例

以上介绍的这些方法易于和其他技术相结合,因此通过对其进行综合应用,可以形成性能更优的问题求解方法。本节综合运用 Bayes Bootstrap 方法和 Bayes 方法,探讨小子样条件下可靠性数据分析的方法。

作为一种重采样技术,随机加权法非常有利于确定未知分布参数的分布,在样本数据较少的情况下,则可以将分布函数中的参数视为随机变量,通过随机加权重抽样获得其验前分布,然后再与当前样本结合进行统计推断。因此这里将其与 Bayes 方法结合,以 Bayes Bootstrap 获取验前分布,再用 Bayes 方法将其与现场数据融合,以使在估计分布函数的参数时有更高的精度。其基本流程如图 6-10 所示。

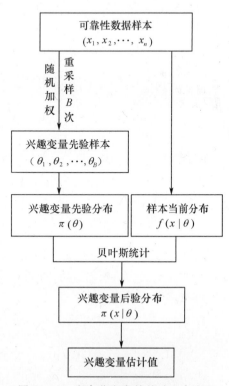

图 6-10 寿命分布参数估计基本流程

下面以产品寿命服从正态分布为例来说明该方法的具体应用。

在正态分布条件下,产品寿命概率密度函数为 $f(t) = \dfrac{1}{\sqrt{2\pi\sigma^2}}\exp\left(-\dfrac{(t-\mu)^2}{2\sigma^2}\right)$。

按照 Bayes 统计推断的思想,μ、σ^2 也为随机变量,需要确定其先验分布 $\pi(\mu)$ 和 $\pi(\sigma^2)$,然后综合已知样本数据得到其后验分布 $\pi(t|\mu,\sigma^2)$,以确定 μ、σ^2 的值。

1) 通过随机加权重采样确定先验分布

随机加权法实质上是一个再抽样过程,通过对目前小样本数据 Borel 函数的加权处理,得到其再生样本,以获得其分布信息。这里需根据小样本确定寿命分布函数中均值 μ 和方差 σ^2 的先验分布。

假设已知产品寿命数据的几个独立同分布样本为 $(t_1,t_2,\cdots,t_n)$,据此可估计出其均值 $\bar{t}$ 和方差 S_t^2。由于估计值和真实值之间存在偏差,记为

$$R_n^{(1)} = \bar{t} - \mu, \quad R_n^{(2)} = \frac{n}{n-1}S_t^2 - \sigma^2$$

对于 $R_n^{(1)}$、$R_n^{(2)}$ 分别构造随机加权统计量,即

$$D_n^{(1)} = \sum_{i=1}^n V_i t_i - \bar{t}, \quad D_n^{(2)} = \frac{n}{n-1}\sum_{i=1}^n V_i(t_i-\bar{t})^2 - \frac{n}{n-1}S_t^2$$

式中:$(V_1,V_2,\cdots,V_n)$ 是服从 $D(1,1,\cdots,1)$ 分布的 Dirichlet 随机变量。

由于可证

$$E[D_n^{(1)}] = E[R_n^{(1)}], \quad E[D_n^{(2)}] = E[R_n^{(2)}]$$

所以按照数学期望的观点,可以用 $D_n^{(1)}$、$D_n^{(2)}$ 的分布来模仿 $R_n^{(1)}$、$R_n^{(2)}$ 的分布。

因为

$$\mu = \bar{t} - R_n^{(1)}, \quad \sigma^2 = \frac{n}{n-1}S_t^2 - R_n^{(2)}$$

由此可得 μ 和 σ^2 的估计值为

$$\hat{\mu} = \bar{t} - D_n^{(1)}, \quad \hat{\sigma}^2 = \frac{n}{n-1}S_t^2 - D_n^{(2)} \tag{6-22}$$

取 B 组 DirichletD$(1,1,\cdots,1)$ 随机向量,相应地计算出 B 组随机加权子样 $D_n^{(1)}(i)$、$D_n^{(2)}(i)$ $(i=1,2,\cdots,B)$。由于当 B 取无穷大时,$\overline{D_n^{(i)}}$ 为 $E[D_n^i]$ $(i=1,2,)$ 的无偏一致估计,所以可以分别用

$$(\hat{\mu}(1),\hat{\mu}(2),\cdots,\hat{\mu}(B)),(\hat{\sigma}^2(1),\hat{\sigma}^2(2),\cdots,\hat{\sigma}^2(B))$$

通过直方图,得到 μ 和 σ^2 的先验分布 $\pi(\mu)$、$\pi(\sigma^2)$。重抽样的次数通常应取得较大,一般应在 1000 次以上,本书取 $B=1000$。

2) Bayes 方法确定后验分布

在 Bayes 框架下,结合当前样本分布,得出后验分布的表示形式,从而计算 μ 和 σ^2 的值。

$$\pi(\mu,\sigma^2|t) = \frac{f(t|\mu,\sigma^2)\pi(\mu)\pi(\sigma^2)}{\int_0^\infty\int_0^\infty f(t|\mu,\sigma^2)\pi(\mu)\pi(\sigma^2)\mathrm{d}\mu\mathrm{d}\sigma^2} \tag{6-23}$$

式中:样本的概率密度函数为

$$f(t\mid\mu,\sigma^2) = \frac{1}{\sqrt{2\pi\sigma^2}}\cdot\exp\left(-\frac{(t-\mu)^2}{2\sigma^2}\right) \quad (6-24)$$

3) 参数的计算

通过当前样本与先验分布的联合分布,利用极大似然方法进行参数估计。
首先构造似然函数为

$$L = \prod_{i=1}^{n}\pi(\mu,\sigma^2\mid t_i) = \prod_{i=1}^{n}\frac{f(t_i\mid\mu,\sigma^2)\pi(\mu)\pi(\sigma^2)}{\int_0^\infty\int_0^\infty f(t_i\mid\mu,\sigma^2)\pi(\mu)\pi(\sigma^2)\mathrm{d}\mu\mathrm{d}\sigma^2} \quad (6-25)$$

因为分母为常数,所以

$$L \propto \prod_{i=1}^{n} f(t_i\mid\mu,\sigma^2)\pi(\mu)\pi(\sigma^2)$$

取 $L' = \prod_{i=1}^{n} f(t_i\mid\mu,\sigma^2)\pi(\mu)\pi(\sigma^2)$,则由方程 $\frac{\partial\log L'}{\partial\mu}=0$, $\frac{\partial\log L'}{\partial\sigma^2}=0$,联立求解即可得到 μ、σ^2 的值。

4) 算法验证

根据以上算法,用 Matlab 编写了随机加权重采样和可靠性参数 Bayes 计算的程序对其有效性进行仿真验算。

首先利用计算机产生 5 个服从正态分布 $N(\mu,\sigma^2)$ 的一组随机数,通过随机加权重抽样得到兴趣变量的分布函数,然后与当前分布结合,即可得到参数的解。为了对比明显,总体均值均取 $\mu = 400$,而方差取不同的值。分别通过经典估计方法和基于随机加权的 Bayes 方法估计参数,对比其结果如表 6-8 所列。

表 6-8 经典、基于随机加权的 Bayes 方法参数估计对比表

$N(\mu,\sigma^2)$	经典法(μ,σ^2)估计值	基于随机加权的 Bayes 法		
		μ 的先验分布	σ^2 的先验分布	(μ,σ^2)估计值
$(400,1^2)$	$(401.81, 0.68)$	$N(399.37,1.23^2)$	$N(0.74,1.44^2)$	$(401.18, 0.89)$
$(400,2^2)$	$(399.12, 2.48)$	$W(2.70,3.45,394.70)$	$N(1.88,1.79^2)$	$(399.80, 5.09)$
$(400,3^2)$	$(401.20, 6.13)$	$N(400.15,0.74^2)$	$N(7.15,2.01^2)$	$(400.10, 7.35)$
$(400,4^2)$	$(397.73,11.08)$	$N(397.68,1.11^2)$	$W(4.88,15.40,2.30)$	$(398.32,16.29)$
$(400,5^2)$	$(400.48,20.56)$	$N(400.55,1.68^2)$	$N(30.77,8.52^2)$	$(400.37,27.09)$

注:符号 $N(\mu,\sigma^2)$ 表示正态分布,$W(\beta,\eta,\gamma)$ 表示三参数威布尔分布。

由表 6-8 可以看出,在估计样本总体均值时,虽然经典方法可以和本书提供的方法一样取得较令人满意的结果,但对于另一个参数方差,本书的方法由于融入了较为科学的样本先验信息,得到的计算结果则较经典方法更接近于真实值,精度更高。

6.3.4 分布拟合优度检验

拟合优度是观测值的分布与先验的或拟合观测值的理论分布之间符合程度的度量。在可靠性数据分析中,通过拟合优度检验来判断所推断的产品寿命分布是否合理。

1. 分布拟合优度检验的基本步骤

分布拟合优度检验的一般步骤如下:

(1) 提出关于分布函数 $F(t)$ 的假设 H_0。
(2) 从总体中容量为 n 的样本求出其经验分布函数 $F_n(t)$。
(3) 寻求一个合适的统计量 Φ，用以度量经验分布函数与假设分布之间的差异。
(4) 选定显著性水平 α，确定临界值，由此得到拒绝域 W。
(5) 根据样本计算统计量 Φ 的观测值 Φ_0，若 Φ_0 属于 W 则拒绝假设；否则就接受假设。

2. 皮尔逊 χ^2 检验

为验证统计得到的经验分布函数 $F_n(t)$ 和假设的理论分布 $F(t)$ 是否一致，皮尔逊（Pearson）将观测到的数据进行分组，选用统计量 χ_q^2 作为经验分布和假设的理论分布之间的差异度，用式（6-26）表示，即

$$\chi_q^2 = \sum_{i=1}^{m} \frac{(m_i - nX_i)^2}{nX_i} \qquad (6-26)$$

式中　m——数据所分的组数；
　　　m_i——落入第 i 组的频数；
　　　n——样本容量；
　　　X_i——按假设的理论分布计算得到的落入第 i 组的概率；
　　　nX_i——第 i 组的理论频数。

当 n 足够大时，所设经验分布和理论分布差异统计量 χ_q^2 的渐进分布服从自由度 $k = m - 1$ 的 χ^2 分布。当所假设的理论分布的参数是用统计得到的样本估计出来时，自由度 $k = m - r - 1$（r 为所估计的总体分布参数的个数）。

χ^2 检验的计算方法如下：
(1) 将数据分组，统计各组频数，根据分布情况，建立原假设 $H_0 : F_n(t) = F(t)$。
(2) 按公式 $X_i = F(t_i) - F(t_i - 1) = P(t_i - 1 \leq T \leq t_i)$，计算落入任一区间的理论概率。
(3) 按公式（6-26）计算统计量 χ_q^2。
(4) 根据自由度 k 及显著性水平 α，查 χ^2 分布表得到 $\chi_\alpha^2(k)$ 的值。
(5) 做出原假设接受与否的结论。

需要注意的是，由于 χ^2 检验是在极限意义下推导出来的，所以在利用此法进行总体分布检验时，所取的样本数必须足够大，同时落入每个区间的样本也不能太少。一般要求 $n \geq 50$，落入每组的频数 $m_i \geq 5$，如果各组 m_i 太小，可进行合并，减少组数。

3. 柯尔莫哥洛夫－斯米尔诺夫检验

上面介绍的皮尔逊 χ^2 检验由于是在极限意义下推导出来的，所以在利用此法进行总体分布检验时，所取的样本数必须足够大。这里介绍一种柯尔莫哥洛夫－斯米尔诺夫检验（K-S 检验）法，可用于小子样情况。

K-S 检验基本原理如下：

由于推断分布 $F_n(t)$ 和假设的理论分布 $F(t)$ 都是 t 的单调非减函数，所以偏差 $|F_n(t) - F(t)|$ 的上确界可在 n 个样本点处找，即它是在每个子样上求 $F_n(t)$ 和假设的理论分布 $F(t)$ 之间的偏差，用 $D_n = \sup\limits_{-\infty < t < \infty} |F_n(t) - F(t)|$ 来反映推断的分布函数 $F_n(t)$ 与假设的理论分布 $F(t)$ 之间的差异程度。

χ^2 检验的计算方法如下：

(1) 建立假设 $H_0 : F_n(t) = F(t)$，$H_1 : F_n(t) \neq F(t)$。

(2) 由样本推断出的分布 $F_n(t)$ 作统计量 $D_n = \sup\limits_{-\infty < t < \infty} |F_n(t) - F(t)|$。

(3) 根据容量样本容量 n 及显著性水平 α，可得到 $D_{n,\alpha}$ 的值，得到拒绝域 $W = \{D_n > D_{n,\alpha}\}$。

(4) 做出原假设接受与否的结论：若 $D_n > D_{n,\alpha}$，拒绝 H_0；否则，接受 H_0。

由于 K-S 检验是对推断分布和假设的理论分布考虑它们每一点的偏差，并取其最大者判断是否能通过检验，因此 K-S 检验要比 χ^2 检验精确。

例 6-1 在一批电子产品中随机抽取 10 只进行寿命试验，测得它们的寿命（单位：天）分别为

$$42, 50, 92, 138, 151, 165, 176, 210, 232, 235。$$

检验其寿命在显著性水平取 5% 时是否服从均值为 150 的指数分布。

若检验该样本是否来自于均值为 150 的指数分布，需要根据选定的显著性水平和样本容量判断统计量与偏差上确界的大小。

这里的 $F(t) = 1 - e^{-t/150}$，再根据样本得出其经验分布函数，即可得出 $D_n = 0.2087$。为了直观表示，通过 Matlab 绘制了经验分布函数与理论分布函数的叠加图，如图 6-11 所示。

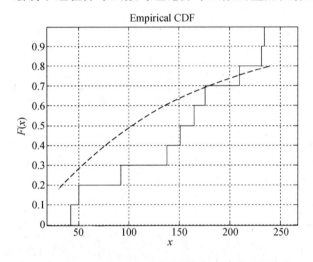

图 6-11 经验分布函数图叠加理论分布曲线

若显著性水平 α 取 5%，则 $D_n < D_{10,0.05} = 0.40925$，即认为该批电子产品的寿命服从均值为 150 天的指数分布。

习 题

1. 可靠性数据收集的基本要求有哪些？
2. 怎样做好可靠性数据的管理与利用？
3. 产品日历时间与使用时间的关系如何处理？
4. 评价寿命分布参数估计的标准有哪些？
5. 某次射程试验中，经筛选得到以下 10 个有效数据，已知总体服从威布尔分布 $F(x) = 1 - \exp(-(x/\eta)^\beta)$（真实值为 $\eta = 400 \text{km}, \beta = 5$），试运用 Bootstrap 方法对其进行参数估计。

$$347.3244 \quad 383.3320 \quad 292.1809 \quad 289.8384 \quad 285.8856$$
$$353.6826 \quad 475.2860 \quad 305.3627 \quad 477.6493 \quad 380.8267$$

第7章 维修性与维修分析

装备可靠性是装备在使用中不出、少出故障的一种质量特性,而装备维修则是预防、修复故障乃至消除故障后果的重要手段。故障的随机特性决定了单纯的可靠性工作无法满足装备的实际使用需求,必须考虑维修。装备自身是否便于维修的质量特性称为装备维修性,它与装备可靠性都是装备战斗力的重要组成部分。装备的维修历来受到军队的重视,并经济、有效地保障了军队作战、训练和战备工作,在国防建设中具有重要作用。随着高新技术的发展及其在武器装备中的应用,对维修提出了新要求、新课题,也提供了新手段,使得以规划维修为核心内容的维修理论与技术得以发展。因此,研究可靠性必须研究装备维修性和维修规律。本章将介绍维修与维修性的基本概念和维修分析的基本方法。

7.1 维修与维修性

7.1.1 维修的定义

传统的维修一般是指装备故障后的修理,是一种修修补补、敲敲打打的工作(修理损坏的零部件),仅需熟练的技艺,没有高深的理论,凭经验就能做好。这种认识对生产力水平低下的情况(尤其是冷兵器时代),也许不错,但近50年来,随着科学技术的发展,特别是系统工程、优化技术和电子计算机等的发展和应用,使维修逐渐发展成为一门既有理论又有方法的独立学科。

什么是现代维修呢?根据《可靠性维修性保障性术语》(GJB 451A—2005),维修是指为使产品保持或恢复到规定状态所进行的全部活动。

从定义可见,它强调以下3个方面:

(1)维修的性质分为两个方面:一是修,即将故障装备恢复到规定状态;二是维,即保持产品规定的状态,包含了维持、维护和预防故障等内容,因而面是很宽的。

(2)维修完成的标识是规定状态,包含完成功能的能力,且范围要宽得多。

(3)维修活动的内容既有技术性活动(如检测、隔离故障、拆卸、安装、更换或修复零部件、校正、调试等),又有管理性活动(如使用或储存条件的监测、使用或运转时间及频率的控制等);不仅有维修管理,而且有产品管理、环境条件控制管理等问题。

显然,这是一个内涵非常广泛的概念。它贯穿于装备的整个服役过程,包括使用与储存过程。而且近年来,维修的含义不再是仅包括保持或恢复到规定状态,而是扩展到对装备进行改进以局部改善装备的性能。

7.1.2 维修的分类

维修的分类方法有很多,但最常用的是按照维修的目的与时机分类,一般可以划分为以下几种。

1. 预防性维修

预防性维修(Preventive Maintenance)是指通过系统检查、检测和消除产品的故障征兆,使其保持在规定状态所进行的全部活动,包括预先维修、定时维修、视情维修和故障检查等。

从定义可知,预防性维修主要是针对故障征兆,即它是在发生故障之前,目的是保持装备规定状态。一般包括擦拭、润滑、调整、检查、定期拆修和定期更换。对于有冗余的装备而言,可以认为检查并排除那些未能造成显著后果的故障(通常是隐蔽性故障)所采取的措施,如故障检查,也将其归于预防性维修。

预防性维修通常适用于故障后果危及安全和任务完成或导致较大经济损失的情况。根据人们长期积累的经验,它一般可分为定期(时)维修、视情维修、预先维修和故障检查等方式。

(1)定期(时)维修(Hard Time Maintenance)是指产品使用到预先规定的间隔期时,即按事先安排的内容进行的维修。其优点是便于安排维修工作,组织维修人力和准备物资。定期维修适用于已知寿命分布规律且确有损耗期的装备。这种装备的故障与使用时间有明确的关系,大部分项目能工作到预期的时间以保证定期维修的有效性。

(2)视情维修(On-condition Maintenance)是指对产品进行定期或连续的监测,发现其有功能故障征兆时进行有针对性的维修,又称为预测性维修(Predictive Maintenance)。视情维修适用于耗损故障初期有明显劣化症候的装备,并需有适当的监测手段和标准。其优点是维修的针对性强,能够充分利用机件的工作寿命,又能有效地预防故障。

(3)预先维修(Proactive Maintenance)是指针对故障根源采取的识别、监测和排除活动。它主要适用于故障后果极其严重的机械类故障。这里的故障根源是指导致设备物理、化学性能发生变化的外围事件或条件。

(4)故障检查(Failure-finding)是指检查产品是否仍能工作的活动,也称为功能检查。它主要是针对那些后果不明显的故障,所以它适用于平时不使用的装备或产品的隐蔽功能故障。

此外,部队使用分队对装备所进行的例行擦拭、清洗、润滑、加油注气等活动,是为了保持装备以正常工作状态运转,也属于预防性维修的一种,通常叫作维护或保养(Servicing)。

2. 修复性维修

修复性维修(Corrective Maintenance)是指产品发生故障后,使其恢复到规定状态所进行的全部活动。它可以包括下述一个或多个步骤,即故障定位、故障隔离、分解、更换、组装、调校及检测等,也称为修理或排除故障维修。

3. 应急性维修

应急性维修(Emergency Maintenance)是指产品在战斗或使用过程中遭受损伤或发生故障后,在无法按照正常维修程序开展维修的条件下,采用快速诊断与应急修复技术恢复、部分恢复必要功能或自救能力所进行的现场修理。

装备应急性维修的最主要形式之一就是战场抢修,其全称为战场损伤评估与修复(Battlefield Damage Assessment and Repair,BDAR),它是指在战场上运用应急诊断与修复技术,迅速地对损伤或故障装备进行评估,并根据需要快速修复损伤部位,使装备能够完成某项预定任务或实施自救的活动。应急性维修虽然也是产品损伤或故障后采取的修理,但由于环境条件、时机、要求和所采取的技术措施不同于一般修复性维修,所以必须对其给予充分的重视和研究。

4. 改进性维修

改进性维修(Modification or Improvement)是指利用完成装备维修任务的时机,对装备进行经过批准的改进和改装,以提高装备的战术性能、可靠性、维修性或保障性,或使之适合某一特殊的用途。它是维修工作的扩展,实质是修改装备的设计,一般属于基地级维修的职责范围。

维修还有其他分类方法,如按维修对象是否撤离现场,可分为现场维修与后送维修;按维修对象是否拆离原来所在位置可分为原位维修和离位维修;按是否预先有计划安排,可分为计划维修和非计划维修。随着计算机和软件广泛应用,软件维修也日益引起人们的注意,这样根据产品的性质又可以分为软件维修和硬件维修。软件维修常称为软件维护,详见第10章内容。

7.1.3 维修级别

维修级别是指根据产品维修时所处的场所或实施维修的机构来划分的等级。一般分为基层级、中继级和基地级。各军兵种按其部署装备的数量和特性要求,在不同的维修机构配置不同的人力、物力,从而形成了维修能力的梯次结构。

维修级别的划分是装备维修方案必须明确的首要问题。划分维修级别的主要目的和作用:一是合理区分维修任务,科学组织维修;二是合理配置维修资源,提高其使用效益;三是合理设置维修机构,提高保障效益。

维修级别对不同国家及军兵种是有所不同的,而且也在变化。一般其基本的组织结构是划分为3级或4级。我军常采用3级维修,一般分为基层级(Base)、中继级(Intermediate)和基地级(Depot)3个维修级别,也有称1级、2级、3级的。对于一些技术较复杂的装备,也有采用两级维修,即取消中继级维修。

(1) 基层级维修(Orgnization Maintenance)。基层级维修(记为"O"级)也称为分队级维修,一般是由装备使用分队在使用现场或装备所在的基层维修单位实施维修。由于受维修资源及时间的限制,基层级维修通常只限于装备的定期保养、判断并确定故障、拆卸更换某些零部件。例如,某些电子装备,基层级维修仅限于对装备的日常测试及故障后模块的更换。在基层级,装备使用者的任务是满足装备使用的需求,因此,确定维修方案时必须考虑能够在较短时间内使装备正常工作的维修对策。通常,对基层级维修工作限制其平均修复时间(MTTR)不超过1h。

(2) 中继级维修(Intermediate Maintenance)。中继级维修(记为"I"级)一般是指基层级的上级维修单位及其派出的维修分队,它比基层级应有较高的维修能力,承担基层级所不能完成的维修工作。中继级的维修一般由军、师的维修机构以及军区流动修理机构等实施,主要负责装备中修或规定的维修项目,同时负责对基层级维修的支援。由于中继级维修任务的复杂性增大,因此,该级所配置、可利用的工具、设备品种更多,维修人员的技能水平应该更高。例如,对某些电子装备,中继级维修包括测试由"O"级拆卸下来的部件,决定是否修理、更换故障元器件等。

中继级维修可以由机动的、半机动的和固定的、专业化的维修机构和设施实施。机动的或半机动的维修分队用于给下属基层分队的作战装备提供靠前支援。这些维修分队通常拥有某些测试与保障设备以及工程车,在基层级维修人员的协助下提供现场维修,以便使装备迅速得以修复。

(3) 基地级维修(Depot Maintenance)。基地级维修(记为"D"级)拥有最强的维修能力,能够执行修理故障装备所必要的任何工作,包括对装备的改进性维修。一般由总部、军区的修理工厂或装备制造厂实施。基地级维修的内容通常有装备大修、翻新或改装以及中继级不能完成的项目。例如，对于某些电子装备，基地级可在模块上重新布置全部部件、制造损坏底板的更换件或重装整个装备。

一个基地级的维修机构可以支援多个中继级的维修机构。同样，一个中继级的维修机构可以支援多个基层级的机构。

7.1.4 修理策略

修理策略是指装备(产品)故障或损坏后如何修理，它规定了某种装备预定完成修理的深度和方法，它不仅影响装备的设计，而且也影响维修保障系统的规划和建立。在确定装备的维修方案时，必须确定装备的修理策略。装备或武器系统可采用的修理策略一般可分为不修复(损伤后即更换)、局部可修复和全部可修复。而对于一个具体产品的修理策略，则只是不修复(整体更换)和修复(原件修复，包括更换其中的部分)。

修理策略的实现要落实到具体产品上，要求按修理策略将装备(产品)设计成为不修复、局部可修复和全部可修复的装备(产品)。

(1) 不修复的产品。不修复的产品是指不能通过维修恢复其规定功能或不值得修复的产品，即故障后即予以报废的产品，其结构一般是模块化的，且更换费用较低。对于多数装备而言，若是在设计上选定某单元在基层级故障后即报废，则应建立有关机内自检的系统设计准则，以确保在使用中能够将故障隔离到单元。为了便于更换，在设计中应将单元设计得容易装拆(如插入式或采用快速紧固件等)。由于单元故障后即予以废弃，因此，不需要内部的可达性、测试点、插入式组件、模块化等，这样可以使得单元的重量较轻、费用较低。由于维修只限于拆卸和更换，所以不需要维修用的检测设备，人员技能水平要求也较低，维修方法也较简单，但是应将备件储备在规定的维修级别，而备件费用和储备费用可能较高。

(2) 局部可修复的产品。产品发生故障后，其中某些单元的故障可在某维修级别予以修复，而另外一些单元故障后则不修复需予以更换。局部可修复的产品可有多种形式。在装备设计的早期，修理策略从哪些产品是可修的、哪些产品是不可修的以及在哪一级修复等方面为装备的设计规定了目标。由于在某一维修级别上的决策会对其他级别产生影响，因此，修理策略必须全面考虑涉及的所有维修级别。

(3) 全部可修复的产品。即产品上所有故障模式和组成部分均可修复。在这种情况下，设计准则必须包括产品本身直到其内部的零(元)件层次。就检测与保障设备、备件、人员与训练、技术资料以及各种设施来说，这种策略需要大量的维修保障资源。

7.1.5 维修性定义

维修性(Maintainability)是指产品在规定的条件下和规定的时间内，按规定的程序和方法进行维修时，保持或恢复到规定状态的能力。维修性的概率度量也称为维修度。换言之，维修性是产品所具有的能在规定的约束条件下完成维修的能力。这些规定的约束是必要的和重要的，因为能否完成维修并使产品保持或恢复规定状态，均与这些因素有着密切的关系。规定的条件主要是指维修的级别和场所(工厂或修理基地、专门的机修车间或修理所和使用单位的现场等)以及相应水平的维修技术人员与设施、设备、工具、备件和技术资料等。规定的程序和方法主要包括实施维修过程中不同的方式和方法(如：定期、视情或状态监控方式；换件或原件修复方法等)。条件、程序、方法不一样，同样一种产品完成维修的可能性也不一样。完成维修的可能性还与维修时间的长短有着直接关系。因此,在确定维修性的要求或进行试验评定时,都应明确定义这几个"规定"。

显然,维修性是产品设计所赋予的使其维修简单、迅速和经济的一种固有特性。即在给定条件下,一种设备或装备损坏或出故障后是否容易修复,平时预防性维修是否方便、经济。初看起来,维修性似乎同产品设计中的传统提法"维修方便"相同,但实际上存在着质的差别,即维修性有明确的定义和要求,可以定量化为各种参数及指标,有系统的技术措施以及系统的分析与验证方法等。

维修性工程则是指为了达到产品的维修性要求所进行的一套设计、研制、生产和试验工作。它在产品开发中有着重要的作用。众所周知,设备或装备为完成一定的功能,必须具有尽可能良好的工作或战斗性能,如飞机和车辆的速度、行程及载运量等。由此又必须有相应的功能或性能设计、试验,从而产生和形成了各种产品的设计与试验的理论与技术。而维修性工程或技术,对于各种需要维修的产品,特别是各种复杂的设备或装备的研制,又是十分必要和普遍适用的。据国外有关资料介绍,在维修性上花 1 美元,在整个产品的全寿命过程中就可获得 50 美元的价值。因此,各发达国家都非常重视维修性工程的研究与应用,并把它贯穿于产品研制、生产和使用的全过程之中。维修性工程研究的重点是:在论证与研制阶段,根据设备或装备的类型、复杂及贵重的程度等因素,设置专门的维修性机构或人员,进行各项维修性活动;制定、颁布有关维修性的国家标准、军用标准或国际标准,为维修性工程活动立"法";在有关设备或装备发展与管理的院校或专业中,广泛开设维修性工程的课程等。实践证明,维修性工程在促进产品发展与维修中所发挥的作用是十分重要的。

7.2 维修性定量描述

维修性是以维修时间为基础定量的。但由于需维修产品的损坏程度和故障性质不同,每次维修时间也各不相同。因此,完成维修的时间并不是一个常量,而是按某种规律分布的随机变量。所以必须用概率论的方法,从维修性函数出发来研究维修时间的各种统计量。本节介绍几种维修性函数及其在 3 种常用分布下的表达式。

7.2.1 维修度

在规定的条件下和规定的时间 t 内,完成规定的维修任务的概率称为产品的维修度,记为 $M(t)$,即

$$M(t) = P\{T \leq t\} \tag{7-1}$$

式(7-1)表示维修度是在一定条件下完成维修的时间 T,小于或等于规定维修时间 t 的概率。显然 $M(t)$ 是概率分布函数。$M(t)$ 是规定维修时间 t 递增函数,即

$$\lim_{t \to 0} M(t) = 0 \tag{7-2}$$

$$\lim_{t \to \infty} M(t) = 1 \tag{7-3}$$

维修度可以根据理论分布求得,也可按照统计定义通过试验数据求得。根据维修度定义,即

$$M(t) = \lim_{N \to \infty} \frac{n(t)}{N} \tag{7-4}$$

式中 N——送修的产品总数；

$n(t)$——$[0,t]$时间内修复的产品数。

当 N 为有限值时，用估计量 $M^*(t)$ 来近似表示 $M(t)$，则

$$M^*(t) = \frac{n(t)}{N} \tag{7-5}$$

指数分布的维修度函数为

$$M(t) = 1 - e^{-\mu t}$$

正态分布的维修度函数为

$$M(t) = \frac{1}{\sigma\sqrt{2\pi}}\int_0^t \exp\left[-\frac{1}{2}\left(\frac{t-\mu}{\sigma}\right)^2\right]dt$$

对数正态分布的维修度函数为

$$M(t) = \frac{1}{\sigma\sqrt{2\pi}}\int_0^t \frac{1}{t}\exp\left[-\frac{1}{2}\left(\frac{\ln t-\theta}{\sigma}\right)^2\right]dt$$

7.2.2 维修时间密度函数

既然维修度 $M(t)$ 是概率分布函数，那么其概率密度函数，即维修时间密度函数为

$$m(t) = \frac{dM(t)}{dt} = \lim_{\Delta t \to 0}\frac{M(t+\Delta t)-M(t)}{\Delta t} \tag{7-6}$$

显然，有

$$M(t) = \int_0^t m(t)dt \tag{7-7}$$

维修时间密度函数的估计量 $m^*(t)$，由式(7-5)、式(7-6)可得

$$m^*(t) = \frac{M^*(t+\Delta t)-M^*(t)}{\Delta t} = \frac{n(t+\Delta t)-n(t)}{N\Delta t} = \frac{\Delta n(t)}{N\Delta t} \tag{7-8}$$

式中 $\Delta n(t)$——在$[t,t+\Delta t]$内完成维修的产品(次)数。

维修时间密度函数可由单位时间内修复数与送修总数之比表示，即单位时间内产品预期被修复的概率。

指数分布条件下，有

$$m(t) = \mu e^{-\mu t}$$

正态分布条件下，有

$$m(t) = \frac{1}{\sigma\sqrt{2\pi}}\exp\left[-\frac{1}{2}\left(\frac{t-\mu}{\sigma}\right)^2\right]$$

对数正态分布条件下，有

$$m(t) = \frac{1}{t\sigma\sqrt{2\pi}}\exp\left[-\frac{1}{2}\left(\frac{\ln t-\theta}{\sigma}\right)^2\right]$$

7.2.3 修复率

修复率 $\mu(t)$ 是产品在时刻 t 未修复的条件下，在时刻 t 后单位时间内被修复的概率为

$$\mu(t) = \frac{m(t)}{1-M(t)} \tag{7-9}$$

其估计量可由式(7-5)、式(7-8)、式(7-9)推得

$$\mu^*(t) = \frac{\Delta n(t)}{N_S(t)\Delta t} \tag{7-10}$$

式中　$N_S(t)$——时刻 t 尚未被修复的产品数(正在维修的产品数)。

修复率 $\mu(t)$ 与维修度 $M(t)$ 的关系,可由式(7-6)、式(7-9)推得

$$\mu(t) = \frac{m(t)}{1-M(t)} = \frac{dM(t)}{dt} \cdot \frac{1}{1-M(t)} \tag{7-11}$$

式(7-11)整理后两边积分,得

$$-\int_0^t \frac{d[1-M(t)]}{1-M(t)} = \int_0^t \mu(t)dt$$

即

$$\ln[1-M(t)] = -\int_0^t \mu(t)dt$$

取反对数得

$$M(t) = 1 - \exp\left[-\int_0^t \mu(t)dt\right] \tag{7-12}$$

维修时间服从指数分布的产品,其修复率函数为常量,即

$$\mu(t) = \mu$$

例 7-1　已知某产品的维修时间服从对数正态分布,其平均修复时间 $\overline{M}_{ct} = 30\text{min}$,$\sigma^2 = 0.6$,求:(1)修复时间中值 $\widetilde{M}$ 和众数 M_m;(2)求维修度 $M(t) = 95\%$ 的维修时间 t。

解　(1)对数正态分布是不对称的双参数分布,同所有不对称分布一样,对数正态分布具有 3 个特征点,即均值 $\overline{M}_{ct}$、中值 $\widetilde{M}$ 和众数 M_m(图 7-1)。

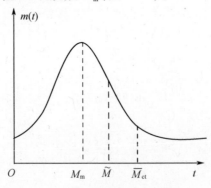

图 7-1　对数正态分布曲线

产品的平均修复时间 $\overline{M}_{ct}$,即维修时间 t 的均值,可由下式计算,即

$$\overline{M}_{ct} = E(T) = \int_0^t tm(t)dt = \int_0^t \frac{1}{\sigma\sqrt{2\pi}}\exp\left[-\frac{1}{2}\left(\frac{\ln t - \theta}{\sigma}\right)^2\right]dt$$

通过积分变换可得

$$\overline{M}_{ct} = e^{\theta + \frac{1}{2}\sigma^2}$$

显然,对数正态分布上的维修时间中值为

$$\tilde{M} = e^{\theta}$$

已知 $\overline{M}_{ct} = e^{\theta + \frac{1}{2}\sigma^2} = 30\min$,可求得

$$\tilde{M} = e^{\theta} = \frac{30}{e^{\frac{1}{2} \times 0.6}} = 22.2(\min)$$

众数 M_m,即 $m(t)$ 最大时的时间,可用求极值方法求解。

令 $m'(t) = 0$,求得 $t = e^{\theta - \sigma^2}$ 时有极值,即 $m(t)$ 最大处的时间,故

$$M_m = e^{\theta - \sigma^2} \tag{7-13}$$

$$M_m = e^{\theta - \sigma^2} = \frac{22.2}{e^{0.6}} = 12.2(\min)$$

(2) 求 $M(t) = 95\%$ 的 t。

由于 t 取对数后是正态分布,由正态分布知,$\ln t = \theta + 1.65\sigma$。即

$$t = e^{\theta + 1.65\sigma} = 22.2 e^{1.65\sqrt{0.6}} = 79.8(\min)$$

综上所述可知

$$M_m = e^{\theta - \sigma^2} = \frac{22.2}{e^{0.6}} = 12.2(\min) < \tilde{M} = e^{\theta} = 22.2(\min) < \overline{M}_{ct} = e^{\theta + \frac{1}{2}\sigma^2} = 30(\min)$$

对数正态分布是一种不对称分布,其特点是:修复时间特短的很少,大多数项目都能在平均修复时间内完成,只有少数项目维修时间拖得很长,各种较复杂的产品常见的维修时间分布服从对数正态分布。不少发达国家(如美国)和我国的国家标准、国家军用标准,都把对数正态分布作为一般产品的维修时间分布。产品的维修性定量要求、试验与评定一般都按对数正态分布处理。

7.2.4 其他常见的维修性参数

维修性的定量参数,是评价产品维修性好坏的标准。因此,它既要能反映产品的可用性、任务成功性和维修人力及其他资源的消耗等要求,又要便于测算、验证和评估。不同的产品,完成的功能不同,使用条件不同,其适用的维修性参数也应不尽相同。现将几种主要的维修性参数作一介绍。

7.2.4.1 维修延续时间参数

缩短维修延续时间,是产品维修性中最主要的目标,即维修迅速性的表征。由于产品的功能、使用条件不同,因此,可选用不同的延续时间参数。

1. 平均修复时间

平均修复时间(MTTR)即排除故障所需实际修复时间的平均值,记为 $\overline{M}_{ct}$。其数学表达式为

$$\overline{M}_{ct} = \int_0^{\infty} t m(t) \mathrm{d}t \tag{7-14}$$

平均修复时间的观测值等于在一给定时间内,修复时间的总和 t 与修复次数 n_r 之比,即

$$\overline{M}_{ct}^* = \frac{\sum_{i=1}^{n_r} t_i}{n_r} \quad (7-15)$$

当产品由 n 个可修复项目(分系统、组件或元器件等)组成时,平均修复时间为

$$\overline{M}_{ct} = \frac{\sum_{i=1}^{n} \lambda_i \overline{M}_{cti}}{\sum_{i=1}^{n} \lambda_i} \quad (7-16)$$

式中 λ_i ——第 i 个项目的故障率;

$\overline{M}_{cti}$ ——第 i 个项目的平均修复时间。

$\overline{M}_{ct}$ 所考虑的只是实际修理时间,包括准备时间、故障检测诊断时间、拆卸时间、修复(更换)失效部分的时间、重装时间、调校时间、检验时间、清理和启动时间等。但不计及供应和行政管理延误时间。

不同的维修级别(或不同的维修条件),同一产品也会有不同的平均修复时间。在提出此参数时,应指明其维修级别(或维修条件)。

平均修复时间是使用最广泛的维修性的基本量度参数。此外,从不同的目的着眼,还有以下两个相似的修复时间平均值。

(1) 平均系统恢复时间(Mean Time To Restore System, MTTRS)。

系统排除故障停机时间总数除以排除故障停机的总次数,但不包括非系统的维修时间。这个参数与系统的可用度及准备状态有关。

(2) 恢复功能的任务时间(Mission Time To Restore Function, MTTRF)。

在一个规定的任务历程中,致命性故障的修复时间总数与致命故障总次数之比。它是任务维修性的一种度量。

以上两个参数用于分析产品的综合效能,包括可用度或战备状态及任务成功的概率,比 MTTR 更为确切。但由于数据收集、积累等方面的原因,目前尚少使用。

2. 最大修复时间 M_{maxct}

最大修复时间是产品达到规定维修度所需的修复时间,也即预期完成全部修复工作的某个规定百分数(通常为 95% 或 90%)所需的时间。也可记为 $M_{maxct}(0.95)$,括号中数字即规定的百分数。这个参数表示修复规定部分产品所需的时间,但不计及供应和行政管理延误时间。在提出此参数时,应指明其维修级别。

3. 平均预防性维修时间 $\overline{M}_{pt}$

平均预防性维修时间是产品每次预防性维修所需时间的平均值。预防性维修是指定期检查、维护保养、有计划地换件、校正、检修等。平均预防性维修时间可用式(7-17)表示,即

$$\overline{M}_{pt} = \frac{\sum_{j=1}^{m} f_{pj} \overline{M}_{ptj}}{\sum_{j=1}^{m} f_{pj}} \quad (7-17)$$

式中 f_{pj} ——第 j 项预防性维修作业的频率,通常以产品每工作小时分担的 j 项维修作业数计;

$\overline{M}_{ptj}$——第 j 项预防性维修作业所需的平均时间；

m——预防性维修作业的项目数。

预防性维修时间不包括装备在工作的同时进行的维修作业时间，也不包含供应和行政管理延误时间。

4. 平均维修时间 $\overline{M}$

平均维修时间是产品每次维修所需时间的平均值。此处的维修是把两类维修结合在一起来考虑，即既包含修复性维修又包含预防性维修。平均维修时间 $\overline{M}$ 为

$$\overline{M} = \frac{\lambda \overline{M}_{ct} + f_p \overline{M}_{pt}}{\lambda + f_p} \quad (7-18)$$

式中 λ——产品的故障率；

f_p——产品预防性维修的频率（f_p 和 λ 应取相同的单位）。

5. 维修停机时间率 M_{DT}

维修停机时间率是产品每工作小时维修停机时间的平均值，包括排除故障维修和预防性维修，即

$$M_{DT} = \sum_{i=1}^{n} \lambda_i \overline{M}_{cti} + \sum_{j=1}^{m} f_{pj} \overline{M}_{ptj} \quad (7-19)$$

此外，还有其他维修延续时间参数，即修复时间中值 $\tilde{M}_{ct}$、预防性维修时间中值 $\tilde{M}_{pt}$、维修时间中值 $\tilde{M}$、预防性维修时间最大值 M_{maxpt} 等。维修时间中值是指产品维修度达到 50%，也即预期完成全部维修工作 50% 所需时间。选用维修时间中值的优点是试验样本量少，在对数正态分布假设下需 20 个；同样条件下，而选用维修时间均值则要求在 30 个以上。对某些产品，也可采用给定维修时间的维修度作为维修性参数。

7.2.4.2 维修工时参数

维修工时参数反映维修的人力、机时消耗，直接关系到维修力量配置和维修费用，因而也是重要的维修性参数之一。常用的维修工时参数项目有以下几种。

1. 维修性指数 M_I

维修性指数是每工作小时的平均维修工时，又称为维修工时率，可由式（7-20）计算，即

$$M_I = \frac{M_{MH}}{T_{OH}} \quad (7-20)$$

式中 M_{MH}——产品在规定的使用期间内的维修工时数；

T_{OH}——产品在规定的使用期间内的工作小时数。

因为维修分为修复性维修和预防性维修，所以维修性指数 M_I 也由这两个维修性指数组成，即

$$M_I = M_{IC} + M_{IP} \quad (7-21)$$

式中 M_{IC}——修复性维修的维修性指数；

M_{IP}——预防性维修的维修性指数。

减少维修工时、节省维修人力费用，是维修性工程要达到的目标之一。因此，维修性指数也是衡量维修性的重要参数。对于飞机，T_{OH} 为用于飞行的小时数。国外先进歼击机，维修性指数已由 20 世纪 60 年代的 35~50 减少到目前的每小时只需 10 个维修工时，这表明维修人

力、物力消耗已大为减少。需要注意的是，M_1不仅与维修性有关，而且与可靠性也有关。提高可靠性，减少维修次数也可使M_1减少。因此M_1是维修性、可靠性的综合参数。

2. 保养工时率

保养工时率是产品每次保养所需工时。不同级别、不同范围的保养其保养工时也不相同。在规定保养工时率时，应指明保养的级别和范围要求。例如，美军M1坦克每次日维护为3工时，由4名乘员来完成，需45min。

3. 维修活动的平均直接工时（Direct Maintance Man Hours per Maintenance Action，DMMHMA）

每一维修活动的平均工时，是在规定的时间内直接维修工时之和与总的（预防性的和修复性的）维修活动次数之比。这个参数更能够确切地反映维修人力消耗，而不包含可靠性的因素。但维修活动的划分和统计要比维修次数的统计复杂一些，需要花费更大的力气收集和积累数据。

7.2.4.3 维修周期参数

维修周期或维修频率参数，实际上取决于产品的可靠性。它直接关系到产品的维修工作量和费用。在研制产品时，应考虑这个参数。

1. 预防性维修间隔时间（MTBPM）

产品预防性维修之间规定的使用时间，即相邻两次预防性维修的平均间隔时间。不同种类的预防性维修有不同的周期。在提到预防性维修间隔时间时，应指明维修种类。它通常还可用$\overline{T}_{bmpt}$表示。

2. 平均维修间隔时间（MTBM）

各类（排除故障与预防）维修活动的平均间隔时间，即在给定时间内，产品已工作时间与维修总次数之比。它也可简记为$\overline{T}_{bm}$，即

$$\overline{T}_{bm} = \frac{1}{1/\overline{T}_{bmct} + 1/\overline{T}_{bmpt}} \tag{7-22}$$

式中　$\overline{T}_{bmct}$——排除故障维修的平均间隔时间（可用平均故障间隔时间$\overline{T}_{bf} = 1/\lambda$来近似）。

7.2.4.4 维修费用参数

常用年平均维修费用，即产品在规定使用时间内的维修费用与工作年数的比值。根据需要也可用每工作小时的平均维修费用。这种参数实际上是维修性、可靠性的综合参数。为单独反映维修性，可用每次维修拆除更换的零部件费用及其他费用，计算出每次维修的平均费用作为产品的维修费用参数。

7.3　以可靠性为中心的维修分析

对于现代复杂装备而言，单纯的可靠性和维修性都不能完全解决装备的实际使用问题，最终都将需要维修。采用什么样的维修？应在何时维修？由谁在何处来修？需要什么样的维修资源？这是维修分析需要解决的问题。确定装备的维修一般采用以下几种方法：确定预防性维修，需要采用以可靠性为中心的维修分析；确定修复性维修需要开展修理级别分析；确定应急维修则需要进行战场抢修分析。

7.3.1 以可靠性为中心的维修概念

1. 以可靠性为中心的维修定义

以可靠性为中心的维修(Reliability Centred Maintenance,RCM)是目前国际上通用的用以确定装备预防性维修需求、优化维修制度的一种系统工程过程。国家军用标准《装备以可靠性为中心的维修分析》(GJB 1378A—2007)对 RCM 定义为:按照以最少的资源消耗保持装备固有可靠性和安全性的原则,应用逻辑决断的方法确定装备预防性维修要求的过程或方法。它的基本思路:对系统进行功能与故障分析,明确系统内各故障的后果;用规范化的逻辑决断方法,确定出各故障后果的预防性对策;通过现场故障数据统计、专家评估、定量化建模等手段在保证安全性和完好性的前提下,以维修停机损失最小为目标优化系统的维修策略。

由此可见,RCM 是确定装备预防性维修需求的一种方法或手段,它有实实在在的分析过程与内容,它不是一种具体的维修方式,也不是笼统意义上的维修思想。严格地讲,它是一种系统的维修分析手段或方法,我们可以称其为 RCM 分析。

2. RCM 分析的输出

对于军用装备而言,RCM 分析的目的主要是分析确定装备的预防性维修需求,并将其汇总形成预防性维修大纲。所以说,装备预防性维修的大纲是规定装备预防性维修要求的汇总文件,是关于该装备预防性维修要求的总安排。其主要内容包括以下几项:

(1)需要进行预防性维修的产品或项目(WHAT)。
(2)实施的维修工作类型或"方式"(HOW)。
(3)维修工作的时机即维修期(WHEN)。
(4)实施维修工作的维修级别(WHERE)。

在此"项目"是指某些装备结构的各分析层次,因为最低分析层次有可能是一个结构零件上的某一部位,不能单独成为一个"产品",故称其为项目。

装备预防性维修大纲是一个维修管理术语,它是装备全系统、全寿命维修管理的产物。按照现代维修工程的要求,装备在研制过程中就要规划其维修保障系统,而维修大纲是规划维修保障系统的顶层文件,是纲目性的资料。因为只有搞清了装备的维修工作需求才能进一步有针对性地设计和优化维修保障系统。

3. RCM 的产生与发展

RCM 的产生与装备维修方式的多样化和人们对维修实践的不断认识有直接的关系。20世纪 50 年代末以前,在各国装备维修中普遍的做法是对装备实行定时翻修。这种做法来自早期的对机械事故的认识:机件工作就有磨损,磨损则会引起故障,而故障影响安全。所以,装备的安全性取决于其可靠性,而装备可靠性是随时间增长而下降的,必须经常检查并定时翻修才能恢复其可靠性。基于这种认识,人们认为:预防性维修工作做得越多、翻修周期越短、翻修深度越大,装备就越可靠。但是,对于复杂装备或产品来说,传统的做法常常会遇到两个重大问题,一是随着装备的复杂化,无论机件大小都进行定时翻修其维修费用不堪负担;二是有些产品或项目,不论其翻修期缩到多短、翻修深度增到多大,其故障率仍然不能有效控制。20 世纪60 年代初,美国联合航空公司通过收集大量数据并进行分析,发现航空机件的故障率曲线有 6种基本形式,见图 7-2。符合典型的"浴盆曲线"的仅占 4%,且具有明显耗损期的情况也并不普遍,没有耗损期的机件约占 89%。

通过分析它们得到以下两个重要结论:

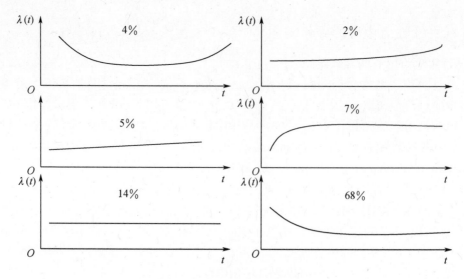

图 7-2 航空装备故障率曲线

(1) 对于复杂装备,除非具有某种支配性故障模式;否则定时翻修无助于提高其可靠性。

(2) 对许多项目,没有一种预防性维修方式是十分有效的。

在其后近 10 年的维修改革探索中,通过应用可靠性大纲、针对性维修、按需要检查和更换等一系列试验和总结,形成了一种普遍适用的新的维修理论——以可靠性为中心的维修。1968 年,美国空运协会颁发了体现这种理论的飞机维修大纲制订文件《手册:维修的鉴定与大纲的制订》(MSG-1)(RCM 的最初版本),该文件由领导制订波音 747 飞机初始维修大纲的维修指导小组(Maintenance Steering Group,MSG)起草的,在波音 747 飞机上运用后获得了成功。按照 RCM 理论制订的波音 747 飞机初始维修大纲,在达到 20 000h 以前的大的结构检查仅用 6.6 万工时;而按照传统维修思想,对于较小且不复杂的 DC-8 飞机,在同一周期内需用 400 万工时。对于任何用户这种大幅度的减少维修工时、费用,其意义是显而易见的,重要的是在不降低装备的可靠性前提下实现的。

1974 年,美国国防部明令在全军推广以可靠性为中心的维修。1978 年,美国国防部委托联合航空公司在 MSG-2 的基础上研究提出维修大纲制订的方法。诺兰(F. S. Nowlan)与希普(H. F. Heap)合著的《以可靠性为中心的维修》正是在这种情况下出版的。在此书中正式推出了一种新的逻辑决断法——RCM 法。它克服了 MSG-1/2 中的不足,且明确阐述了逻辑决断的基本原理。为了对维修工作明确区分,避免使用定时维修、视情维修、状态监控 3 种维修方式,而是代之以更具体的预防性维修工作类型。自此,RCM 理论在世界范围内得到进一步推广应用,并不断有所发展。美国国防部和三军制订了一系列指令、军用标准或手册,推行 RCM 取得成功。进入 20 世纪 90 年代后,RCM 已广泛应用于世界上许多工业部门或领域,其理论又有了新的发展。1991 年,英国的约翰·莫布雷(John Moubray)撰写了新的《以可靠性为中心的维修》(简称 RCM Ⅱ),并于 1997 年修订后再版。

自 20 世纪 80 年代初开始,我国空军等军兵种相继引进、消化和应用这一分析技术,并取得了较好的成效。如空军对某型飞机采用 RCM 后,改革了维修规程,取消了 50h 的定检规定,寿命由 350h 延长到 800h 以上。1987 年,在民用运七飞机上开展 RCM 也取得了成功。1992 年,我国颁布了国家军用标准《装备预防性维修大纲的制订要求与方法》(GJB 1378—1992),并在多种新研装备和现役装备中开始实施,促进了现役装备维修改革和新装备形成战斗能力。

进入21世纪后,随着人们对预防性维修的重视,RCM技术在我军全面推广,期间总结了大量实践经验,到2007年重新修订了GJB 1378—1992,修订版为《装备以可靠性为中心的维修分析》(GJB 1378A—2007),以标准形式规范了适合我军装备的RCM分析技术。

7.3.2 RCM分析基本原理

传统的确定维修需求的方法主要是基于相似装备的经验和现场数据统计,并没有从功能出发对可能发生的故障做出预计。这显然与现代装备维修理念不符,因此,现代装备的维修需求必须要从装备的功能需求出发,以装备可靠性规律为依据系统地确定其维修需求。而应用RCM可以系统地分析出装备的故障模式、原因与影响,然后对每一故障原因,有针对性地确定出预防性维修工作的类型,这样把所有的预防性维修工作组合在一起形成装备的预防性维修大纲,执行这样的RCM大纲就可以避免严重故障后果的产生,从而保证装备的可靠性。那么,在这种确定维修需求的方法中是如何体现以可靠性为中心的呢?这就需要对装备的可靠性特性与维修策略有一个深刻理解,并建立其间的内在联系。

7.3.2.1 RCM的基本观点

在RCM分析中,建立装备可靠性与维修对策是基于以下4个基本观点。

(1)装备的固有可靠性与安全性是由设计制造赋予的特性,有效的维修只能保持而不能提高它们。RCM特别注重装备可靠性、安全性的先天性。如果装备的固有可靠性与安全性水平不能满足使用要求,那么只有修改设计和提高制造水平。因此,想通过增加维修频数来提高这一固有水平的做法是不可取的。维修次数越多,不一定会使装备越可靠、越安全。

(2)构成装备的零部件(项目)故障后会引发不同的影响或后果。而对应不同的后果应采取不同的维修对策。故障后果的严重性是确定是否做预防性维修工作的出发点。在装备使用中故障是不可避免的,但后果不尽相同,重要的是预防有严重后果的故障。对于装备而言,只有当故障后果非常严重,如危及人员安全、重要任务失败或会有严重经济性后果,才做预防性维修工作。对于采用了余度技术的产品,其故障的安全性和任务性影响一般已明显降低,因此可以从经济性方面加以权衡,确定是否需要做预防性维修工作。

(3)项目的故障规律是不同的,应采取不同方式控制维修工作时机。有耗损性故障规律的产品适宜定时拆修或更换,以预防功能故障或引起多重故障;对于无耗损性故障规律的产品,定时拆修或更换常常是有害无益,更适宜于通过检查、监控,视情进行维修。

(4)对项目采用不同的预防性维修工作类型,其消耗资源、费用、难度与深度是不相同的,可加以排序。对不同项目,应根据需要选择适用而有效的工作类型,从而在保证可靠性与安全性的前提下,节省维修资源与费用。

7.3.2.2 故障的分类

如前所述,要确定装备维修需求,则必须首先分析其故障特点,并按照其形成规律和后果不同进行分类,为后续的维修对策的确定提供依据。由前面章节可知,故障是指产品不能执行规定功能的状态,通常指功能故障。因预防性维修或计划性活动或缺乏外部资源造成不能执行功能的情况除外。故障的分类方法很多,这里只从RCM分析需要来加以区分。

1. 按故障的后果区分——安全性影响故障、任务性影响故障和经济性影响故障

从RCM基本观点出发,对于具有严重后果的故障需要进行预防性维修,因此,在RCM中将故障按后果分为3大类。

1) 具有安全性影响的故障

具有安全性影响是指功能故障或由该功能故障引起的二次损伤本身或与其他功能故障,如相关系统或备用功能,综合后的后果会对装备的安全使用和/或环境产生直接的不利影响。

2) 具有任务性影响的故障

具有任务性影响是指某功能故障或由该功能故障引起的二次损伤本身或与其他功能故障(相关系统或备用功能)综合后的后果可能妨碍装备额定任务完成或造成的经济损失远大于维修费用。

3) 具有经济性影响的故障

具有经济性影响是指某功能故障不会妨碍装备正常工作,但会增加装备的使用或保障人力、物力或其他资源或维修费用而影响经济利益。

2. 按故障的发展过程区分——功能故障与潜在故障

根据 GJB 451A 的规定,对装备采取预防性维修措施,必须在故障出现之前或故障后果显现之前。因此,在 RCM 中又根据故障形成过程对故障进行了划分。一般地说,装备的故障总有一个产生、发展的过程,尤其是磨损、腐蚀、老化、断裂、失调、漂移等因素引起的故障更为明显。因此,按照故障的发展过程,可将故障区分为功能故障与潜在故障。

(1) 功能故障:是指产品不能完成预定功能的事件或状态。

要确定具体装备的功能故障,需首先弄清装备的全部功能。例如,飞机刹车系统,其功能是能使飞机停住、能调节停机的快慢、提供飞机在地面转弯时所需的差动刹车、提供轮胎防拖的能力等。可见,刹车系统可能会有多个不同的功能故障,因此,在进行装备的故障模式和影响分析时,必须针对具体装备考虑到所有的功能故障。

(2) 潜在故障:是指产品或其组成部分即将不能完成规定功能的可鉴别的状态。

在此,"潜在"两字有两层含义:一是这类故障是指功能故障临近前的产品状态,而不是功能故障前任何时间上的状态;二是产品的这种状态是经观察或检测可以鉴别的。反之,则该产品就不存在潜在故障。

零部件、元器件的磨损、疲劳、烧蚀、腐蚀、老化、失调等故障模式,大都存在由潜在故障发展到功能故障的过程。图 7-3 给出了潜在故障发展的一般过程,称为 $P-F$ 曲线,它反映了产品从开始劣化到故障可被探测到的点(潜在故障点"P"),如果未探测并予以纠正,则产品继续劣化直至到达功能故障点"F"。

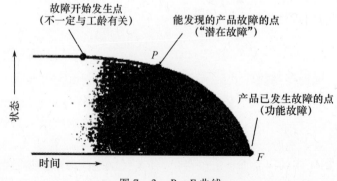

图 7-3 $P-F$ 曲线

3. 按故障的可见性区分——明显功能故障与隐蔽功能故障

可见性分类是针对功能故障的,可区分为明显功能故障与隐蔽功能故障。明显功能故障是指其发生后正在履行正常职责的操作人员能够发现的功能故障。这里"明显"的意思是指"操作人员能够发现",即操作人员在正常操作过程中通过机内仪表和监控设备的显示,或通过自己的感觉能够觉察出来的故障。隐蔽功能故障是指操作人员在履行正常职责时所察觉不到的功能故障。它们必须在装备停机后做检查或测试时才能发现。因此这里"隐蔽"是指"操作人员发现不了"的意思。

如果一个产品有若干种功能,在这些功能中有一种功能的丧失是"不明显的",这种功能则称为隐蔽功能,称该产品为隐蔽功能产品。例如,采用冗余设计技术设计的某故障报警装置,仅在两个或多个故障同时存在时才报警,那么该产品就属于隐蔽功能产品。因为第一个故障的出现是不明显的。

隐蔽功能包括两种情况。

(1) 正常情况下产品是工作的,其功能故障对履行正常职责的操作人员来说是不明显的。

(2) 正常情况下产品是不工作而处于备用状态的,其功能故障在使用这种功能前对履行正常职责的使用人员来说是不明显的。

例如,一些动力装置的火警探测系统属于第一种情况。这个系统只要发动机在使用,它就在工作,但是系统的功能对操作人员是不明显的,除非它探测到火灾发出告警操作者才知道,因此如果它出了某种故障则该故障就是隐蔽的。配合火警探测系统的灭火系统则属于第二种情况。除非探测到了火警,否则它是不工作的,只有当需要使用它时使用人员才能发现它能否工作。

4. 按故障的相互关系区分——单个故障与多重故障

1) 单个故障

单个故障有两种情况:独立故障,它是指不是由另一产品故障引起的故障,也称原发故障;从属故障,它是由另一产品故障引起的故障,也称诱发故障。

2) 多重故障

多重故障是指由两个或两个以上的独立故障所组成的故障组合,它可能造成其中任一故障不能单独引起的后果。例如,火炮后座指示器发生故障不能正确指示后座长度,其危害是有限的;但若又发生了后座过长的故障,则会危害人员和火炮的安全。对于飞机、导弹等装备更应避免多重故障的发生。

多重故障与隐蔽功能故障有着密切的联系。隐蔽功能故障如果没有被及时发现和排除,它与另一个有关的功能故障结合,就会造成多重故障,可能产生严重后果。例如,某些飞机的升降舵操纵系统设计有同心的内轴和外轴,使得其中一个轴的故障不会造成升降舵操纵的失灵。如果一个轴有了故障未被发现,以后第二个轴又发生了故障,两个独立故障连贯地发生,则会形成多重故障。这种多重故障的后果是危险的,危及到了飞行安全。

上面所说的火警探测系统和灭火系统如同时发生故障,同样会产生严重后果。

7.3.2.3 维修对策

按照上述 RCM 的基本原理,对于装备故障及其影响,其采取的维修对策不同,主要分为主动维修策略和非主动维修策略。

1. 主动维修策略

在早期的 RCM 中是采用常见的 3 种维修方式,即定时维修、视情维修、状态监控,对于无法采取这 3 种维修方式的采取事后修理策略,之后在 MSG-III 中用更加明确的预防性维修工作类型来代替维修方式。按照预防性维修工作内容及其时机控制原则将其划分为 7 种类型,统称为主动维修策略。

以下按所需资源和技术要求由低到高将其大致排序如下:

1) 保养(Servicing)

保养包括保持产品的固有设计性能而进行表面清洗、擦拭、通风、添加油液和润滑剂、充气等作业,但不包括定期检查、拆修工作。因此,RCM 的预防性维修工作类型中的保养要比一般所说的保养面窄。

2) 操作人员监控(Operator Monitoring)

操作人员在正常使用装备时,对装备所含产品的技术状况进行监控,其目的是发现产品的潜在故障。这类监控包括以下几种。

(1) 装备使用前的检查。

(2) 对装备仪表的监控。

(3) 通过感官发现异常或潜在故障,如通过气味、声音、振动、温度等感觉辨认异常现象或潜在故障。

显然,这类工作只适用于明显功能故障产品,而且应在操作人员职责范围内。

3) 使用检查(Operational Check)

对于操作人员监控不能发现的隐蔽功能故障产品,应进行专门的"使用检查"。使用检查是指按计划进行的定性检查,如采用观察、演示、操作手感等方法检查,以确定产品能否完成其规定的功能。其目的是及时发现隐蔽功能故障。

从概念上讲,使用检查并不是产品发生故障前的预防性工作,而是探测隐蔽功能故障以便加以排除,预防多重故障的严重后果。因此,这种维修工作类型也可称为探测性(detective)维修。在各种现代武器系统、飞机、航天器及高安全、高可靠性的系统中,冗余系统越来越普遍,这种维修工作类型越来越重要,应用越来越广泛。

4) 功能检测(Functional Check)

功能检测是指按计划进行的定量检查,以便确定产品的功能参数指标是否在规定的限度内。其目的是发现潜在故障,预防功能故障发生。由于是定量检查,因此,进行该类工作时需有明确的、定量的故障判据,以判断产品是否已接近或达到潜在故障状态。

5) 定时(期)拆修(Restoration)

定时拆修是指产品使用到规定的时间予以拆修,使其恢复到规定的状态。拆修的工作范围可以从分解后清洗直到翻修。这类工作对不同产品其工作量及技术难度可能会有很大差别,其技术、资源要求比前述工作明显增大。通过这类工作,可以有效地预防具有明显耗损期的产品故障发生及其故障后果。

6) 定时(期)报废(Discard)

定时报废是指产品使用到规定的时间予以报废。显然,该类工作资源消耗更大。

7) 综合工作(Combination Task)

实施上述两种或多种类型的预防性维修工作。

采用上述方法,若不能找到一种合适的主动预防性维修工作,那么应根据产品的故障后果决定采取何种非主动维修策略。

2. 非主动维修策略

在 RCM 中除了上述主动维修策略之外,还有几种常见的非主动维修策略。

1) 无预定维修

无预定维修即事后修理。

2) 重新设计

这里的"重新设计"是一个广义的术语。它不仅指的是对产品的技术规格进行更改,即包括改变产品的规格、增加新产品、用不同型号和规格的产品更换整个设备或改变安装位置,而且包括影响装备质量的工艺或规程的改变。对具体故障模式处理方法的训练也可看作为重新设计(重新设计使用和维修人员的能力)。

7.3.2.4 RCM 分析的一般步骤

在确定了装备上重要部件的故障类型和常见的可供选择的维修对策之后,如何合理地在维修对策与重要项目之间依据 RCM 基本观点建立科学、可行的联系呢?这就是 RCM 分析的一般程序,主要包括以下步骤。

(1) 确定以可靠性为中心的维修分析项目(以下简称分析项目)。

(2) 对分析项目进行故障模式和影响分析(在 RCM 分析中只考虑项目的功能、功能故障、故障原因和故障影响,不全面分析)。

(3) 应用逻辑决断图确定预防性维修工作类型,对于没有找到适用的和有效的维修工作类型的项目应根据其故障后果的严重程度确定是否更改设计。

(4) 确定预防性维修工作间隔期。

(5) 提出预防性维修级别的建议。

(6) 开展预防性维修间隔期探索。

在 RCM 分析中,除了对重要功能项目进行分析外,还要对非重要功能产品进行分析。对于部队经验或生产商建议进行预防性维修工作的非重要功能项目,也可以通过分析确定其所需预防性维修工作类型和间隔期,提出维修级别的建议。

然而,对于不同维修对象,其 RCM 分析的具体流程也不同,而同一装备可能也同时包含各类部件。目前,国际上主要将装备的 RCM 分析分为下列 4 个部分或 4 个基本过程。

① 系统和设备以可靠性为中心的维修分析。

② 结构以可靠性为中心的维修分析。

③ 区域检查分析。

④ 以可靠性为中心的维修分析结果的组合。

其中,系统和设备的 RCM 分析适用于各类装备的预防性维修大纲的制订,具有通用性。结构项目的 RCM 分析适用于大型复杂装备的结构部分,如飞机的结构等。在此所说的结构包括各承受载荷的结构项目(即承受载荷的结构元件、组件或结构细部)。由于结构件一般是按损伤容限与耐久性设计而成的,对其进行专门的检查是非常重要的。区域检查分析适用于需要划区进行检查的大型飞机、舰船等装备。对于地面上使用的一些常规装备,其结构件大都是按静强度理论设计而成的,有足够的安全系数,一般不需要进行结构项目和区域检查分析,只进行系统和设备的 RCM 分析。本书仅介绍通用的第一部分系统和设备的 RCM 分析,其他两部分可参考《装备以可靠性为中心的维修分析》(GJB 1378A—2007)。

7.3.2.5 RCM 分析中的 7 个基本问题

在国外,1994 年,美军采办政策改革后,美国三军的 RCM 标准被废止或不再具有强制性,而民用企业领域存在多种 RCM 版本,其分析流程也千差万别,承包商使用哪些标准才能代表真正意义上的 RCM 过程?为了确保承包商得出的装备预防性维修大纲科学规范,1999 年,国际汽车工程师协会(SAE)颁布的 RCM 标准《以可靠性为中心的维修过程的评审准则》(SAE JA1011)给出了正确的 RCM 过程应遵循的准则,如果某个大纲制定过程满足这些准则,那么这个过程就可以称为"RCM 过程";反之,则不能称为"RCM 过程"。JA1011 并没有给出一个标准的 RCM 过程而只是提供了判据准则,用于判断哪些过程是真正的 RCM 过程。按照《以可靠性为中心的准修过程的评审准则》(SAE JA1011)第五章的规定,只有保证按顺序回答了标准中所规定的 7 个问题的过程,才能称为 RCM 过程。

① 在现行的使用背景下,装备的功能及相关的性能标准是什么?(功能)
② 什么情况下装备无法实现其功能?(功能故障模式)
③ 引起各功能故障的原因是什么?(故障模式原因)
④ 各故障发生时会出现什么情况?(故障影响)
⑤ 各故障在什么情况下至关重要?(故障后果)
⑥ 做什么工作才能预计或预防各故障?(主动性工作类型与工作间隔期)
⑦ 找不到适当的主动性维修工作应怎么办?(非主动性工作)

7.3.3 系统和设备的 RCM 分析过程

7.3.3.1 RCM 分析所需的信息

进行 RCM 分析,根据分析进程要求,应尽可能收集下述有关信息,以确保分析工作能顺利进行。

(1) 产品概况,如产品的构成、功能(包含隐蔽功能)和余度等。
(2) 产品的故障信息,如产品的故障模式、故障原因和影响、故障率、故障判据、潜在故障发展到功能故障的时间、功能故障和潜在故障的检测方法等。
(3) 产品的维修保障信息,如维修设备、工具、备件、人力等。
(4) 费用信息,如预计的研制费用、维修费用等。
(5) 相似产品的上述信息。

7.3.3.2 分析项目的确定

现代复杂装备是由大量的零部件组成的。若对其进行全面的 RCM 分析,工作量很大,而且也无此必要。事实上,许多产品的故障对装备整体并不会产生严重的影响,这些故障发生后能够及时地加以排除即可,其故障后果往往只影响事后修理的费用,且该费用往往并不比预防性维修的费用高。因此,进行 RCM 分析时没有必要对所有的产品逐一进行分析,而是选择那些会产生严重故障后果且适于分析的零部件进行分析,即分析项目。在 GJB 1378A—2007 中将会产生严重故障后果的产品称为重要功能产品(项目)(Functionally Significant Item,FSI)。

1. FSI 定义

FSI 是指其故障会有下列后果之一的产品(项目)。

(1) 该产品(项目)的故障可能影响安全。
(2) 该产品(项目)的故障可能影响任务完成。
(3) 该产品(项目)的故障可能导致重大的经济损失。
(4) 该产品(项目)的隐蔽功能故障与另一有关的或备用产品的故障的综合可能导致上述一项或多项影响。
(5) 该产品(项目)的故障可能引起的从属故障将导致上述一项或多项影响。

2. 确定 FSI 的过程与方法

确定重要功能产品是一个自上而下、粗略的过程,如果没有准确的信息表明某一产品是否为重要功能产品,应将该产品暂时划分为重要功能产品。在确定过程中,对产品故障后果一般应采用工程判断方法进行决断。

一般步骤如下:

(1) 从系统级开始至可在装备上直接更换或修复的最低层次上的单元为止,逐层列出各个产品,形成装备的结构框图,见图 7-4。

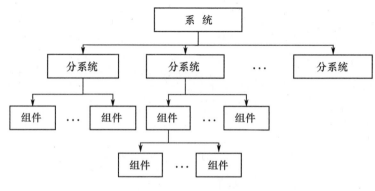

图 7-4 系统分解框图

(2) 从系统级开始自上而下地对各个层次上的产品进行重要功能产品判定。如果某一产品被确定为重要功能产品,则应继续判定其下一层次的产品是否为重要功能产品,此过程反复进行,直至非重要功能产品或可在装备上直接更换或修复的最低层次上的单元为止。

3. 确定分析项目

以可靠性为中心的维修分析项目是重要功能产品的一种,它纯粹是为了便于分析而提出的一个概念。一般情况下,将最低层次重要功能产品的上一层产品确定为以可靠性为中心的维修分析项目。后续的 RCM 分析则是针对这些确定的分析项目,而不是所有的 FSI。

7.3.3.3 预防性维修工作类型的确定

在确定了装备上的重要部件项目和相应的可供选择的维修对策之后,如何合理地将维修对策与重要项目之间建立科学、可行的联系呢?在 RCM 中采用的是逻辑决断法。

重要功能产品的 RCM 逻辑决断分析是系统的 RCM 分析的核心。通过对重要功能产品的每一个故障原因进行 RCM 决断,以便寻找出有效的预防措施。RCM 逻辑决断分析是依据 RCM 逻辑决断图进行的。

1. 逻辑决断图

逻辑决断图由一系列的方框和矢线组成,如图 7-5 所示。分析流程始于决断图的顶部,通过对问题回答"是"或"否"确定分析流程的方向。

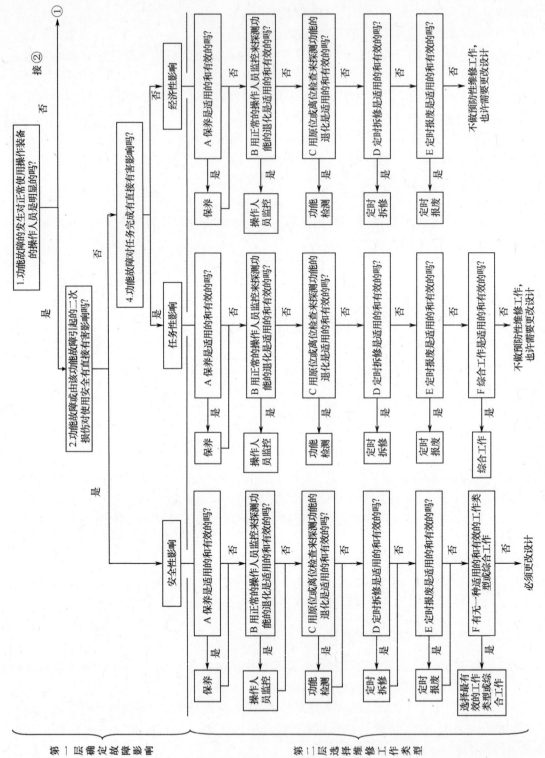

图7-5 系统和设备以可靠性为中心的维修分析逻辑决断框图

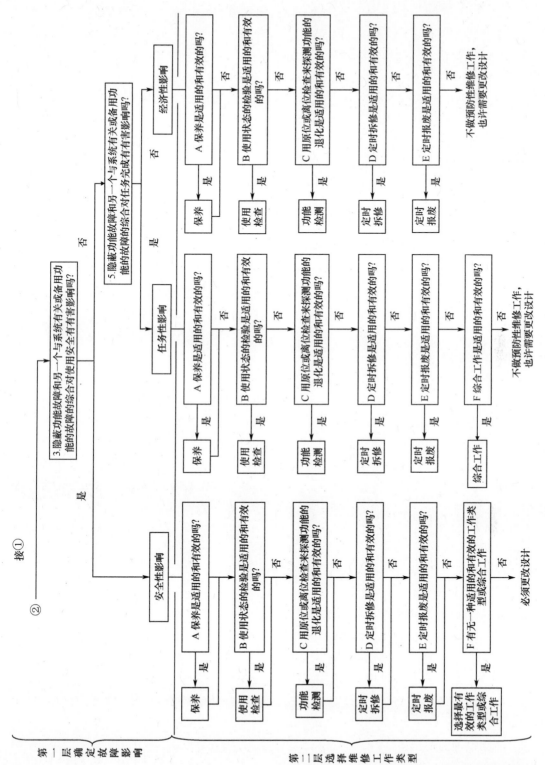

图7-5 系统和设备以可靠性为中心的维修分析逻辑决断框图(续)

逻辑决断图分为两层。

(1) 第一层(问题1~5)。确定各功能故障的影响类型。根据FMEA结果,对每个重要功能产品的每一个故障原因进行逻辑决断,确定其故障影响类型。功能故障的影响分为两类共6种,即明显的安全性、任务性、经济性影响和隐蔽的安全性、任务性和经济性影响。通过回答问题1~5划分出故障影响类型,然后按不同的影响分支作进一步分析。

(2) 第二层(问题A~F或A~E)。选择维修工作类型。根据FMEA中各功能故障的原因,对明显和隐蔽的两类故障影响,按所需资源和技术要求由低到高选择适用而有效的维修工作类型。对于明显的或隐蔽的功能故障产品,可供选择的维修工作类型分别为保养、操作人员监控(或使用检查)、功能检测、定时拆修、定时报废和综合工作。"操作人员监控"仅适用于明显功能故障产品,"使用检查"仅适用于隐蔽功能故障产品。

对于安全性影响(含对环境的危害,尤其平时)分支,由于产品故障对使用安全有直接影响,后果最为严重,必须加以预防,因此,只要所做的预防性维修工作是有效的,则予以选择。即必须回答完全部问题,选择出其中最有效的维修工作。

对于任务性影响和经济性影响分支,如果在某一问题中所问的工作类型对预防该功能故障是适用又有效的话,则不必再问以下的问题。不过该原则不用于保养工作,因为即使在理想的情况下,保养也只能延缓而不能防止故障的发生,即无论保养工作是否适用和有效均进入下一个问题。

2. RCM决断准则

某类预防性维修工作是否可用于预防所分析的功能故障,这不仅取决于工作的适用性,而且取决于其有效性,即RCM逻辑决断是按照适用性和有效性为决断准则。

适用性是指该类工作与产品的固有可靠性特征相适应,能够预防其功能故障。例如,对于故障率随工作时间增加而上升的产品,定时拆修、定时报废工作才是适用的。

有效性是对维修工作效果的衡量。对于有安全性和任务性影响的故障来说,是指该类工作能把故障的发生概率降低到可接受的水平;对于有经济性影响的故障来说,是指该类工作的费用少于故障的损失。

各类工作的适用性和有效性准则具体如下(对于有多款条件的必须同时满足,才能称之为有效或适用):

(1) 保养的适用条件:应能降低项目功能的退化速度。

(2) 操作人员监控的适用条件:

① 项目功能退化必须是可探测的。

② 项目应存在一个可定义的潜在故障状态。

③ 项目从潜在故障发展到功能故障之间应存在一个合理的和稳定的间隔期。

④ 必须是操作人员正常工作的组成部分。

(3) 使用检查的适用条件:项目功能故障应是隐蔽功能故障,且其故障状态应是可鉴别的。

(4) 功能检测的适用条件:

① 项目功能退化应是可测的。

② 项目应存在一个可定义的潜在故障状态。

③ 项目从潜在故障发展到功能故障应存在一个合理的和稳定的间隔期。

(5) 定时拆修的适用条件：
① 项目应有可确定的耗损期。
② 大部分项目均能正常工作到该可鉴别的使用时间。
③ 应有可能将项目修复到规定状态。
(6) 定时报废的适用条件：
① 项目应有可确定的耗损期。
② 大部分项目均能正常工作到该可鉴别的使用时间。
(7) 综合工作的适用条件：所综合的预防性维修工作类型应都是适用的。

各种预防性维修工作类型的有效性则是根据各种预防性维修工作类型对项目故障后果的消除程度进行判定的。

(1) 对于有安全性和任务性影响的功能故障，若该类型预防性维修工作能将故障或多重故障发生的概率降低到规定的可接受水平，则认为是有效的。

(2) 对于有经济性影响的功能故障，若该类型预防性维修工作的费用低于项目故障引起的损失费用，则认为是有效的。

(3) 保养工作只要适用就是有效的。

3. 对无预防性维修工作决断的处理

若分析后，没有找到适用的和有效的预防性维修工作类型预防故障发生，则应做以下方法处理：

(1) 对有安全性影响的项目必须更改设计。

(2) 对有任务性影响的项目必要时应更改设计。若项目有多种功能，一个故障即使不影响其全部功能或影响的程度不同，也应当按项目的全部功能和任务要求考虑更改设计问题。

(3) 对只有经济性影响的项目，应从经济角度权衡是否需要更改设计。

若不更改项目设计，则对该项目采取故障后修复策略；更改设计后，应重新分析确定是否需要进行预防性维修。

7.3.3.4 预防性维修工作间隔期的确定

显然，对于预防性维修工作，其维修的时机和周期十分重要，时机选择不当，非但起不到预防故障的效果，反而可能造成更严重的后果。因此确定预防性维修间隔期是 RCM 中另一个重点。本书以定性介绍 RCM 分析方法为主，对于预防性间隔期的确定不再赘述。

1. 确定预防性维修工作间隔期所需的信息

预防性维修工作间隔期应根据下列信息确定：
(1) 项目的使用条件。
(2) 项目的故障模式及故障规律等方面的信息。
(3) 承制方的测试与技术分析数据。
(4) 承制方对维修的建议。
(5) 订购方对维修的要求。
(6) 同型或类似项目的使用或维修经验。

2. 预防性维修工作间隔期的确定原则

预防性维修工作间隔期应根据项目功能故障的后果(包括引起多重故障的后果)及其故障规律确定。不同的预防性维修工作类型，其间隔期的确定原则不同，具体如下：

(1) 使用检查间隔期的确定原则:按确定的使用检查间隔期维修,应将多重故障发生概率降低到可接受水平。

(2) 功能检测间隔期的确定原则:

① 功能检测的间隔期一般应小于从潜在故障发生的初始点到功能故障发生时的间隔时间,即 $P-F$ 间隔期。

② 对于从新品到潜在故障发生的初始时间点的间隔时间远大于 $P-F$ 间隔期的项目,功能检测的间隔期应分为首检期和重复间隔期,首检期一般应小于从新品到潜在故障开始出现时的间隔时间。

③ 确定的功能检测间隔期必须具有可操作性。

(3) 定时拆修或定时报废间隔期的确定原则:定时拆修或定时报废工作间隔期应满足有效性要求,一般不应大于项目耗损期。

(4) 对于只有经济性故障后果的项目,其维修工作间隔期的确定应满足经济有效性要求。

7.3.3.5 修理级别的确定

经 RCM 分析确定出各重要功能产品预防性维修工作类型及其间隔期后,还应提出各项维修工作在哪级进行的建议。除有特殊需要外,一般应将维修工作确定在耗费最低的维修级别。确定维修级别的分析方法可参考 7.4 节的内容。

7.3.3.6 维修间隔期探索

新装备投入使用后,应进行维修间隔期探索(Age Exploration,或称"工龄探索"),即通过分析使用与维修数据、研制试验与技术手册提供的信息,确定产品的可靠性与使用时间的关系,必要时应调整产品的预防性维修工作类型及其间隔期,使得装备的预防性维修大纲不断完善、合理。

可以通过抽样对一定数量的产品进行维修间隔期探索。在进行该项工作时,应注重综合考虑以下信息:

(1) 所分析项目的设计、研制试验结果和以前的使用经验。

(2) 类似项目以前抽样的结果。

(3) 项目抽样的结果。

7.3.3.7 两点说明

1. 非重要功能产品的预防性维修工作

上述 RCM 分析工作是针对各重要的功能产品进行的,对于某些非重要功能产品也可能需要做某些简单的预防性维修工作。对于这些产品一般不需进行深入分析,通常是根据以往类似项目的经验,确定适宜的预防性维修工作要求。但应注意进行这些工作不应显著地增加总的维修费用,工作的形式通常为机会维修和一般目视检查。机会维修是指在邻近产品或所在区域进行计划和非计划维修时趁机所做的间隔期相近的预防性维修工作。

2. 预防性维修工作的组合

通过 RCM 决断确定出了产品的单项维修工作及其间隔期。但是,单项工作间隔期最优并不能保证总体的工作效果最优。为了提高维修工作的效率或适应现行维修制度,可能需要把间隔期相近的一些维修工作组合在一起。组合维修工作可采用下述基本步骤:

(1) 考虑现行的维修制度和费用较高的预防性维修工作,确定预定的维修工作间隔期。

(2) 将分析确定的各项预防性维修工作,按间隔时间并入相邻的预定间隔期。但应注意,对于有安全性影响和任务性影响故障的预防性维修工作,所并入的预定间隔期不应长于分析得到的间隔期。组合工作及其间隔期应填入相应的维修大纲汇总表中。

(3) 列出每个间隔期上的各项预防性维修工作,以便进一步落实成各种维修文件。

7.3.4 RCM 应用示例

下面就地面火炮的反后坐装置中的复进机给出其 RCM 分析示例。

7.3.4.1 重要功能产品的确定

复进机的主要功能是在炮身后坐时消耗部分后坐能量,后坐到位后将炮身推送到原位,以及保持炮身在任何仰角不会滑下。显然,复进机是火炮上一个重要的功能部分。从功能上分析,将复进机分成图 7-6 所示的层次。由于构造上的特点,从功能上考虑图中最底层所有产品都是重要功能产品,但多年的使用实践表明,复进机外筒和中筒一般不会出现故障,故不对其做 RCM 分析,只对其他的部件进行分析。

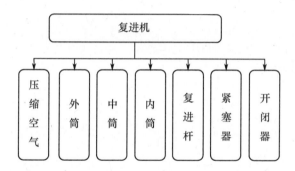

图 7-6 某型火炮反后坐装置的复进机功能层次框图

7.3.4.2 故障模式与影响分析

对划分为重要功能产品的部件进行 FMEA。其结果见表 7-1。

表 7-1 故障模式与影响分析记录表

故障模式与影响分析记录表													
修订号	装备型号 66-152		系统或分系统名称:复进机			制订单位人员签名				日期			
工作单元编码			参考图号:0708			审查单位人员签名				日期			
产品(项目)层次			系统或分系统件号			批准单位人员签名				日期			
产品(项目)编码	产品(项目)名称	功能及编码	故障模式及编码	故障原因及编码	任务阶段	故障影响			故障检测方法	严酷度分类	是否在最少设备清单上	备注
						局部影响	上一层影响	最终影响				
0321	复进机紧塞器	1. 与复进杆配合密闭驻退液	A 不能密闭驻退液	1. 螺帽松动	射击	漏液	后坐过长	影响射击				
				2. 皮碗老化	射击	漏液	后坐过长	影响射击				

(续)

产品(项目)编码	产品(项目)名称	功能及编码	故障模式及编码	故障原因及编码	任务阶段	故障影响 局部影响	故障影响 上一层影响	故障影响 最终影响	故障检测方法	严酷度分类	是否在最少设备清单上	备注
		2.使驻退液流过活瓣上的流液孔提供阻力或节制速度	A 不能提供适当阻力	活瓣与复进杆磨损	射击	阻力失常	后坐过长	影响射击				
		3.控制复进时流液孔的大小以保证射击稳定	A 不能保证射击稳定	人为差错造成转换位置不对	射击	转换位置不对	射击不稳定	影响射击				
0322	开闭器	作为复进机内液体与气体的开关	A 开闭杆不能旋松	开闭杆与紧固螺帽锈蚀	所有阶段	不能打开开闭杆	不能进行检查	无				
			B 不能密闭液体	1.开闭杆锥部与开闭杆室贴合不良	所有阶段	漏气漏液	液气不足	影响射击				
				2.紧塞绳老化	所有阶段	漏气漏液	液气不足	影响射击				
0323	复进机内筒	与复进杆活塞密闭液体	A 不能密闭液体	1.内筒锈蚀	所有阶段	锈蚀	影响复进动作	影响射击				
				2.内筒划伤	射击	划伤	影响复进动作	影响射击				
0324	复进杆	与紧塞器配合密闭液体	A 不能密闭液体	接触部发生电化学腐蚀	所有阶段	腐蚀	漏液	影响射击				
0325	压缩空气	后坐时储存能量使后坐部分平稳复进	A 气压失常	温度变化或自然泄漏	所有阶段	气压失常	复进能量不足或过大	复进不足或过猛				

7.3.4.3 逻辑决断分析

采用图7-5所示的RCM分析逻辑决断图,对每个重要功能产品的每一故障原因进行分析决断,确定相应的预防性维修工作类型及其间隔期,提出维修级别的建议。分析结果见表7-2。

表 7-2 装备及其设备 RCM 分析记录表

系统和设备分析			第 页 共 页	
修订号	装备型号:66-152	系统或分系统名称:复进机	制订单位、人员签名	日期
工作单元编码	参考图号:07.08		审查单位、人员签名	日期
产品层次		系统或分系统件号	批准单位、人员签名	日期

产品编码	产品名称	故障原因代码	逻辑决断回答(Y/N)				维修工作			
			故障影响	安全性影响	任务性影响	经济性影响	编号	说明	维修间隔期	维修级别
			1 2 3 4 5	A B C D E F	A B C D E F	A B C D E				
0321	复进机紧塞器	1A1	Y N N			N Y N N N	1	使用人员监控	射击时	
		1A2	Y N Y		N N N Y N		1	定期换紧塞绳	T=8年或 T=400发	基地级
		2A1	Y N Y				1	检查复进杆的磨损	T=8年	基地级
		3A1						人为差错		
0322	开闭器	1A1	Y N N			N N N N	1	不做预防性工作		
		1B1	Y N N			N N N N	1	不做预防性工作		
		1B2	Y N N			N N N N	1	不做预防性工作		
0323	复进机内筒	1A1	Y N Y		N N Y N N		1	检查内筒锈蚀	T=13年	基地级
		1A2	Y N Y		N N Y N N		1		T=8年	基地级
0324	复进杆	1A1	Y Y	Y N N N N			1	保养接触部	T=1个月	基层级
0325	压缩空气	1A1	Y N	N N Y N N			1	检查气压	射击前	基层级

7.3.4.4 维修工作的组合

从分析记录表 7-2 中可以看出,预防反后坐装置各种故障原因的工作周期,其中最短的为每月一次的"保养接触部"工作,周期最长的是使用时间长达 13 年的"检查内筒锈蚀"(0323,属于功能检测),再考虑到现有维修制度,制订出预防性维修大纲,见表 7-3。在此基础上再稍做调整和分析,形成该火炮反后坐装置中复进机的预防性维修计划,见表 7-4。

表 7-3 火炮反后坐装置中的复进机预防性维修大纲

产品编码	产品名称	工作区域	工作通道	维修工作说明	间隔期	维修级别	维修工时
0321	复进机紧塞器			1. 监控紧塞器的漏液 2. 更换紧塞筒 3. 监测活塞复进杆磨损	射击时 8年或射弹400发 8年或射弹400发	操作人员 基地级 基地级	

(续)

产品编码	产品名称	工作区域	工作通道	维修工作说明	间隔期	维修级别	维修工时
0323	复进机内筒			1. 监测内筒的锈蚀 2. 监测内筒的划伤	8年 8年	基地级 基地级	
0324	复进杆			擦拭复进杆与紧塞器的接触部	1个月	基层级	
0325	压缩空气			监测气压	射击前	基层级	

表 7-4 火炮反后坐装置中的复进机预防性维修计划

周期	维修工作	工作说明	维修级别
每月	对复进杆与其紧塞器接触部的检查保养	人工后坐20cm左右,检查接触部的锈蚀情况,并用干布擦掉杆上的锈蚀和脏物,然后使后坐部分恢复原位	基层级
8年或累计射弹400发	对复进机进行拆修	在基地级对复进机进行分解,检查和恢复下列部位:①复进机内筒的划伤锈蚀;②活塞与复进杆的磨损。报废下列部位:①复进机紧塞器皮碗;②复进机开闭器内的紧塞绳	基地级
射击前	对易松动部位实施监控	射击时,操作手应随时注意复进机紧塞器的漏液情况,一旦发现上述部位漏液超过5滴/min,应及时排除	使用人员

7.4 修理级别分析

RCM 分析是关于预防性维修的决策分析。然而,产品一旦出了故障是否进行修理、如何修、在哪里修则要进行"修理级别分析"(Level Of Repair Analysis,LORA)。国外也称为"修理分析"(Repair Analysis,RA)。因此,LORA 同 RCM 分析一样,也是维修工程分析的一项重要内容,是装备维修规划的重要分析工具之一。

7.4.1 LORA 的目的、作用及准则

修理级别分析是在装备的研制、生产和使用阶段,对预计有故障的产品,进行非经济性或经济性分析以确定最佳的修理级别的过程。显然,修理级别分析是针对故障的项目,按照一定的准则为其确定经济、合理的维修级别以及在该级别的修理方法的过程。

1. LORA 的时机、目的和作用

在装备寿命周期中,首先是在研制过程中进行 LORA,即当装备的初始设计一经确定就要提出新装备的 LORA 建议,在装备的整个寿命周期中应根据需要对 LORA 建议进行合理地调整。因此,LORA 是一个反复进行的过程。

LORA 的目的是确定产品是否修理,以及在哪一级维修机构进行最适宜或最经济,并影响装备设计。即在装备设计时,应回答以下两个基本问题:

(1) 应将组成装备的设备、组件、部件设计成可修理的还是不修理的(故障后报废)?

(2) 如将其设计成可修理的,应在哪一个级别上进行修理?

在这里,"修理"是相对于故障后报废(不修理),并同确定的维修级别相联系。比如,经分析确定装备的某个组件在 7.1 节中区分的某个级别进行修理,就是说该组件在此级别上采取

分解更换其中的部件或原件修复方法进行修理,而不是将组件整体更换。

LORA 不仅直接确定了装备各组成部分的修理或报废的维修级别,而且还为确认装备维修所需要的保障设备、备件储存和各维修级别的人员与技术水平、训练要求等提供信息。LORA 是所建立的维修方案的细化。在装备研制的早期阶段,LORA 主要用于制订各种有效的、最经济的备选维修方案。在使用阶段,则主要用于完善和修正现有的维修保障制度,提出改进建议,以降低装备的使用保障费用。因此,LORA 决策直接影响装备的寿命周期费用和硬件系统的战备完好性。

2. LORA 的准则

LORA 的准则可分为非经济性分析和经济性分析两类准则。

非经济性分析是在限定的约束条件下,对影响修理决策主要的非经济性因素优先进行评估的方法。非经济性因素是指那些无法用经济指标定量化或超出经济性因素的约束因素。主要考虑安全性、可行性、任务成功性、保密要求及其他战术因素等。如以修复时间为约束进行 LORA 就是一种非经济性修理级别分析。

经济性分析是一种收集、计算、选择与维修有关的费用,对不同修理决策的费用进行比较,以总费用最低作为决策依据的方法。进行经济性分析时需广泛收集数据,根据需要选择或建立合适的费用模型,对所有可行的修理决策进行费用估算,通过比较选择出总费用最低的决策作为 LORA 决策。

进行 LORA 时,经济性因素和非经济性因素一般都要考虑,无论是否进行非经济性分析,都应进行以总费用最低为目标的经济性分析。

7.4.2 LORA 的一般步骤与方法

7.4.2.1 LORA 的一般步骤

实施 LORA 的流程图如图 7-7 所示。

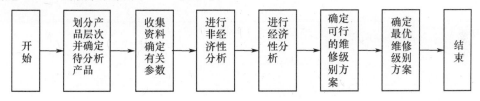

图 7-7 LORA 的流程

(1) 划分产品层次并确定待分析产品。为了便于分析和计算,需要根据装备的结构及复杂程度对所分析的装备划分产品层次,进而确定出待分析项目。较复杂的装备层次可多些,简单的装备层次可少些,如可将装备(坦克、火炮)划分为 3 个约定层次,即装备、设备或装置、零部件或元器件。

(2) 收集资料确定有关参数。进行 LORA 通常需要大量的输入数据,按照所选分析模型所需的数据元清单收集数据,并确定有关的参数。进行经济性分析常用的参数如费用现值系数、年故障产品数、修复率等。

(3) 进行非经济性分析。对每一待分析产品首先应进行非经济性分析,确定合理的维修级别(基层级、中继级、基地级分别以 O、I、D 表示);如不能确定,则需进行经济性分析,选择合理可行的维修级别或报废(以 X 表示)。在实际分析中,为了减少分析工作量,可以采用 LORA

决策树对明显可确定维修级别的产品进行筛选。

（4）进行经济性分析。利用经济性分析模型和收集的资料,定量计算产品在所有可行的维修级别上修理的有关费用,以便选择确定最佳的维修级别。

（5）确定可行的维修级别方案。根据分析结果,对所分析产品确定出可行的维修级别方案编码。如某装备上3个修理产品可行的维修级别方案如下：

产品 1：(I, D, D_X)。

产品 2：(D, D_X)。

产品 3：(O, I, I_X)。

这里,在不同级别报废分别用 O_X、I_X 和 D_X 表示。应当注意,在确定可行的维修级别方案时,不能把子部件分配到比它所在部件的维修级别还低的维修机构去维修；一个项目报废,其子项目也必须随之报废。

（6）确定最优的维修级别方案。根据上述确定出的各可行方案,通过权衡比较,选择满足要求的最佳方案。

7.4.2.2 LORA 的常用方法

1. 非经济性分析方法

进行 LORA 首先应进行非经济性分析,以确定合理的维修级别。通过对影响或限制装备修理的非经济性因素进行分析,可直接确定待分析产品在哪级维修或报废。

非经济性分析常采用表 7-5 所列方式对每一待分析的产品提出问题。当回答完所有问题后,分析人员将"是"的回答及原因组合起来,然后根据"是"的回答确定初步的分配方案。不是所有问题都完全适用于被分析的产品,可通过剪裁来满足被分析产品的需要。

必须指出的是,故障件或同一件上某些故障部件做出修理或报废决策时,不能仅凭非经济性分析为根据,还需分析评价其报废或修理的费用,以便使决策更为合理。

表 7-5 非经济性分析

非经济性因素	是	否	影响或限制的维修级别				限制维修级别的原因
			O	I	D	X	
安全性： 产品在特定的维修级别上修理存在危险因素（如高电压、辐射、温度、化学或有毒气体、爆炸等）吗？							
保密： 产品在特定的级别修理存在保密问题吗？							
现行的维修方案： 存在影响产品在该级别修理的规范或规定吗？							
任务成功性： 如果产品在特定的维修级别修理或报废,对任务成功性会产生不利影响吗？							
装卸、运输和运输性： 将装备从用户送往维修机构进行修理时存在任何可能有影响的装卸与运输因素（如质量、尺寸、体积、特殊装卸要求、易损性）吗？							

（续）

非经济性因素	是	否	影响或限制的维修级别				限制维修级别的原因
			O	I	D	X	
保障设备： ① 所需的特殊工具或测试测量设备限制在某一特定的维修级别进行修理吗？ ② 所需保障设备的有效性、机动性、尺寸或质量限制了维修级别吗？							
人力与人员： ① 在某一特定的维修级别有足够数量的维修技术人员吗？ ② 在某一级别修理或报废对现有的工作负荷会造成影响吗？							
设施： ① 对产品修理的特殊的设施要求限制了其维修级别吗？ ② 对产品修理的特殊程序（如磁微粒检查、X 射线检查等）限制了其维修级别吗？							
包装和储存： ① 产品的尺寸、质量或体积对储存有限制性要求吗？ ② 存在特殊的计算机硬件、软件包装要求吗？							
其他因素：如对环境的危害							

2. 经济性分析方法

对待分析产品通常需进行经济性分析。进行经济性分析时要考虑在装备使用期内与维修级别决策有关的费用，一般应考虑以下费用：

（1）备件费用。它指对待分析产品进行修理时所需的初始备件费用、备件周转费用和备件管理费用之和。备件管理费用一般用备件管理费用占备件采购费用的百分比计算。

（2）维修人力费用。其包括与维修活动有关人员的人力费用。它等于修理待分析产品所消耗的工时（人/h）与维修人员的小时工资的乘积。

（3）材料费用。修理待分析产品所消耗的材料费用，通常用材料费用占待分析产品的采购费用的百分比计算。

（4）保障设备费用。保障设备费用包括通用和专用保障设备的采购费用和保障设备本身的保障费用两部分。保障设备本身的保障费用可以采用保障费用因子来计算。保障费用因子是指保障设备的保障费用占保障设备采购费用的百分比。对于通用保障设备采用保障设备占用率来计算。

（5）运输与包装费用。这是指待分析产品在不同修理场所和供应场所之间进行包装与运送等所需的费用。

（6）训练费用。它指训练修理人员所消耗的费用。

（7）设施费用。它指对产品维修时所用设施的相关费用，通常用设施占用率来计算。

（8）资料费用。它指对产品修理时所需文件的费用。

LORA 需要大量的数据资料，如每一规定的维修工作类型所需的人力和器材量、待分析产品的故障数据和寿命期望值、装备上同类产品的数目、预计的修理费用（保障设备、技术文件、训练、备件等费用）、新产品价格、运输和储存费用、修理所需日历时间等。因此，从新装备论证阶段和方案阶段初期开始就应注意收集有关的数据资料。

7.4.3 LORA 模型

LORA 模型与装备的复杂程度、装备的类型、费用要素的划分、分析的时机等多种因素有关。在 LORA 中采用的各类分析模型有其特定的应用范围,现对以下几种常用模型进行介绍。

7.4.3.1 LORA 决策树

对于待分析产品,可采用图 7-8 给出的 LORA 决策树,初步确定待分析产品的维修级别,通过决策树不能明显确定的产品则采用其他模型。图 7-8 所示的 LORA 决策树是按照 3 级维修假定给出的。分析决策树有 4 个决策点,首先从基层级分析开始。

(1) 在装备上进行修理不需将故障件从装备上拆卸下来,是指一些简单的维修工作,利用随机(车、炮)工具由使用人员(或辅以修理工)进行。这类工作所需时间短,技术水平要求不高,多属于较小的故障排除工作,其工作范围和深度取决于作战使用要求赋予基层级的维修任务和条件。

将装备设计成尽量适合基层级维修是最为理想的。但是基层级维修受部队编制和作战要求(修复时间、机动性、安全等)诸多方面的约束,不可能将工作量大的维修工作都设置在基层级进行。这就必须移到中继级修理机构和基地级修理机构进行。

(2) 报废更换是指在故障发生地点将故障件报废更换新件。它取决于报废更新与修理费用权衡。这种更换性的修理工作一般是在基层级进行,但要考虑基层级备件储存的负担。

(3) 必须在基地级修理是指故障件复杂程度较高,或需要较高的修理技术水平并需要较复杂的机具设备。如果在装备设计时存在着上述修理要求,就可采用基地级修理决策,同时也应建立设计准则,尽可能地减少基地级修理的要求。

(4) 如果故障件修理所需人员的技术水平要求和保障设备都是通用的,或即使是专用的但不十分复杂,那么该件的维修工作应设在中继级进行。

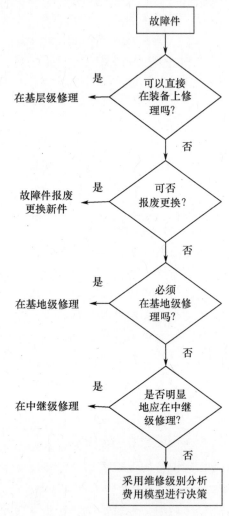

图 7-8 LORA 决策树

如果某待分析产品在中继级或基地级修理很难辨识出何者优先时,则可采用经济性分析模型做出决策。应该指出,同类产品,由于故障部位和性质不同,可能有不同的维修级别决策。例如,根据统计分析,坦克减震器的修理约有 5% 在基层级、20% 在中继级、45% 在基地级,还有 30% 报废。

7.4.3.2 报废与修理的对比模型

在装备研制过程的早期,供 LORA 用的数据较少,因此,只能进行一定的非经济性分析和简单的费用计算。早期分析的目的是把待分析产品按照报废设计还是修理设计加以区分,以确定设计准则。

当一个产品发生故障时,将其报废可能比修复更经济,这种决策要根据修理一个产品的费用与购置一件新产品所需的相关费用的比较结果做出。式(7-23)给出了这种决策的基本原理。若式(7-23)成立,则采用报废决策。

$$(T_{bf2}/T_{bf1}) \cdot N < (L+M)/P \tag{7-23}$$

式中 T_{bf1}——新件的平均故障间隔时间;
T_{bf2}——修复件的平均故障间隔时间;
L——修复件修理所需的人力费用;
M——修复件修理所需的材料费用;
P——新件单价;
N——预先确定的可接受因子。

这里 N 是一个百分数(通常取 50% ~ 80%),它说明了产品的修复费用所占新件费用的百分比临界值,超过这一比值则决定对其做报废处理。

7.4.3.3 经济性分析模型

如果完成某项维修任务,对维修级别没有任何需要优先考虑的因素时,则修理的经济性就是主要的决策因素,这时要分析各种与修理有关的费用,建立各级修理费用分解结构,并制定评价准则。有很多经济性分析模型,现举一例进行说明。

对飞机的控制组件进行 LORA,已知参数如下:

产品名称:飞机控制组件。
单价(D):5000 元。
每架飞机控制组件的数量(N_{qpei}):2。
飞机总数(N):500 架。
飞行团数(N_z):20 个(每个飞行团 25 架飞机)。
预期寿命(T):10 年。
预计每月飞行小时数(T_t):20h/月。
平均故障间隔时间($\overline{T}_{bf}$):10h。
中继级修理模型和基地级修理模型信息见表 7-6。

表 7-6 中继级修理模型和基地级修理模型输入信息

中继级修理			基地级修理		
费用参数	符号	数值	费用参数	符号	数值
每个团保障设备费用	C_z	10000 元/团	保障设备费用	C_{se}	50000 元
每年保障设备维修费用占其保障设备费用的百分比	R	1%	保障设备维修费用	C_{sem}	0
每个团训练费用	C_t	30000 元/团	训练费用	C_{tng}	5000 元

（续）

中继级修理			基地级修理		
资料费用	C_{td}	100000 元	资料费用	C_{td}	0
修理循环时间	T_x	8 天	修理循环时间	T_x	2 月（60 天）
人力费用率	R_g	5 元/h	人力费用率	R_{gd}	12 元/h
每次储存备件费用	R_b	120 元/次	安全库存期	T_{an}	0.5 月（15 天）
每次修理的平均修理时间	$\overline{M}_{ct}$	2.5h	每次修理的平均修复时间	$\overline{M}_{ct}$	2.5h
			故障件的包装、装卸、储存和运输费用	C_p	150 元

当确定对某产品进行修理时，首先选用 LORA 决策树，考虑非经济性因素，进行维修级别决策，然后进行经济性分析。

1. LORA 决策树

利用图 7-8 中 LORA 决策树，决策结果如下：
（1）60% 的故障件在基层级修理。
（2）5% 的故障件报废。
（3）10% 的故障件必须在基地级修理。
（4）10% 的故障件显然在中继级修理。
（5）15% 的故障件需用 LORA 费用模型进一步决策。

2. 经济性分析

15% 的故障件需用修理级别分析费用模型进行决策。先计算飞机控制组件中的月修理次数为

$$N_r = (N \times T_r / \overline{T}_{bf}) \times N_{qpei} \times 15\%$$
$$= (500 \times 20 \div 10) \times 2 \times 0.15 = 300 (次/月)$$

下面用修理级别分析费用模型进行计算。假设费用模型中仅考虑中继级修理（I）和基地级修理（D）。下面给出修理级别分析采用的费用模型，即

$$C_I = C_{se} + C_{sem} + C_{td} + C_{tng} + C_s + C_R \tag{7-24}$$

$$C_D = C_{se} + C_{sem} + C_{td} + C_{tng} + C_{ss} + C_{ps} + C_{rp} + C_R \tag{7-25}$$

式中 C_I——中继级总费用；
C_D——基地级总费用；
C_{se}——保障设备费用；
C_{sem}——保障设备维修费用；
C_{td}——资料费用；
C_{tng}——训练费用；
C_{ss}——库存费用；
C_{ps}——故障件的包装、装卸、储存和运输费用；
C_s——备件的发运和储存费用；
C_{rp}——修理件供应费用；
C_R——修理故障件的人力费用。

将表 7-6 中的数据代入式(7-24)和式(7-25),计算如下:

(1) 中继级修理费用计算:

$$C_{se} = C_z N_z = 100000 \times 20 = 2000000(元)$$

$$C_{sem} = C_{se}RT = 2000000 \times 0.01 \times 10 = 200000(元)$$

$$C_{td} = 100000(元)$$

$$C_{tng} = C_t N_z = 30000 \times 20 = 600000(元)$$

$$C_s = R_b T \times 12 \times N_r = 120 \times 10 \times 12 \times 300 = 4320000(元)$$

$$C_R = N_r T \times 12 R_g \overline{M}_{ct} = 300 \times 10 \times 12 \times 5 \times 2.5 = 450000(元)$$

(2) 基地级修理费用计算:

$$C_{se} = 50000(元)$$

$$C_{sem} = 0(元)$$

$$C_{td} = 0(元)$$

$$C_{tng} = 5000(元)$$

$$C_{ss} = N_r T_{an} D = 300 \times 0.5 \times 5000 = 750000(元)$$

$$C_{ps} = N_r T \times 12 C_p = 300 \times 10 \times 12 \times 150 = 5400000(元)$$

$$C_{rp} = N_r TD = 300 \times 2 \times 5000 = 3000000(元)$$

$$C_R = N_r T \times 12 R_g \overline{M}_{ct} = 300 \times 10 \times 12 \times 12 \times 2.5 = 1080000(元)$$

(3) 计算两种方案的总费用:

$$C_I = C_{se} + C_{sem} + C_{td} + C_{tng} + C_s + C_R$$
$$= 2000000 + 200000 + 100000 + 600000 + 4320000 + 450000$$
$$= 7670000(元)$$

$$C_D = C_{se} + C_{sem} + C_{td} + C_{tng} + C_{ss} + C_{ps} + C_{rp} + C_R$$
$$= 50000 + 0 + 0 + 5000 + 750000 + 5400000 + 3000000 + 1080000$$
$$= 10285000(元)$$

因为 $C_D > C_I$,所以这些故障件应在中继级完成修理。

7.5 装备战场抢修分析

装备战场抢修是战时技术保障工作中十分重要的内容。我军在长期的实践中积累了丰富的装备战场抢修方面的经验,但是,许多战场抢修问题有待于运用系统、科学的理论与方法进行研究与探索。战场抢修分析技术是目前确定应急维修的主要方法。本节将主要介绍装备战场抢修的基本概念、特点、战场损伤分析及战场损伤评估与修复分析的基本知识。

7.5.1 战场抢修的基本概念

7.5.1.1 战场抢修定义

由前可知,战场抢修又称为战场损伤评估与修复(BDAR),它是指在战场上运用应急诊断和修复等技术,迅速恢复装备战斗能力的一系列活动,它包含对装备战场损伤的评估和对损伤的修复两部分。其根本目的是使部队能在战场上持续战斗并争取胜利。

战场损伤(Battlefield Damage)是指装备在战场上发生的妨碍完成预定任务的战斗损伤、随机故障、耗损性故障、人为差错和偶然事故等事件。

战场损伤涉及众多因素。在各种损伤因素中,战斗损伤是人们最熟悉的因素,它是指因敌方武器装备作用而造成的装备损伤。过去装备损伤主要是枪弹、炮弹、炸弹、导弹造成的硬损伤。除常规武器损伤外,还要考虑核、生物、化学武器的破坏。现在,战斗损伤应具有广义性,不仅包括装备的硬损伤,而且包括如电磁、激光、计算机病毒等造成的软损伤。战斗损伤是作战时所特有的一种损伤。据美军资料统计,战斗损伤占全部战场损伤的25%～40%,然而,我军在抗美援朝战争中却高达80%,显然,这与当时敌我双方武器装备的对比有关。

随机故障、耗损性故障和人为差错不仅在平时可以造成装备不能使用,在战时也同样可以发生,妨碍装备完成规定的任务。在现代高技术条件下,这些因素所造成的损坏在战时可能会加剧(如使用强度的增大、心理紧张造成的人为差错增多等),还可能产生一些平时难以见到的新的故障模式或损伤模式。

除上述几种因素外,在战场上得不到供应品(包括油、液、备件、材料等)也是时常发生的。这一问题在战场上要比平时突出得多,这是因为战场上供应线常常被破坏,抢修、处理又有时间限制,往往等不及后方供应。从表面上看,它并不是装备损伤,但它也会使装备不能正常工作,就其后果来说与前面几种损伤是相似的,所以有人也把它列为战场损伤的一个因素,作为武器装备战场抢修应当加以考虑的内容。

美军在海湾战争后将"装备不适于作战环境"也作为战场上需要排除、处理的一个问题,列为战场损伤的一个因素。众所周知,美国从其全球战略的需要出发,历来重视武器装备的环境适应性,对装备的耐环境设计提出了非常苛刻的要求。尽管这样,在海湾战争中装备不适应于海湾地区环境的问题仍很严重。为此,他们在海湾战场对装备进行了大量的应急维修和处理,保证了部队作战的需要。战后,他们提出要把装备不适应于作战环境也作为战场损伤的一个因素。显然这也是很有必要的。

战场损伤评估(Battlefield Damage Assessment,BDA)是指装备战场损伤后,迅速判定损伤部位与程度、现场可否修复、修复时间和修复后的作战能力,确定修理场所、方法、步骤及所需保障资源的过程。

战场损伤修复(Battlefield Damage Repair, BDR)是指在战场环境中将损伤的装备迅速恢复到能执行全部或部分任务的工作状态或自救的一系列活动。

7.5.1.2 战场抢修的特点

装备战场抢修具有以下主要特点:

(1)抢修时间的紧迫性。一般来说,损伤的装备如果不能在24h内被修复,它就不能够被投入本次战斗。美国陆军研究报告指出,在防御战中,允许的抢修时间为:连,2h;营,6h;团,24h;师,36h;军,48～96h。

(2)损伤模式的随机性。在战场上,装备的损伤既可能是战斗损伤又可能是非战斗损伤。由于战斗损伤和非战斗损伤模式都具有随机性,加之战斗损伤在平时的训练与使用中难以出现,使得战场抢修的预计分析与处理、维修保障资源的准备等较平时维修更加困难。

(3)修理方法的灵活性。战场抢修大多采用临时性的应急修理方法。由于战场环境复杂多变、时间紧迫,难以采用平时的技术标准和方法恢复损伤装备的所有功能。因此,许多抢修是采用应急性的临时措施。但在时间允许、条件具备时,则应按照规定的技术标准使装备恢复到规定状态。

(4) 恢复状态的多样性。对于损伤装备,由于条件限制,进行战场抢修不一定能使损伤装备恢复到原有的规定状态,有时采用某些临时性的应急措施,虽然可恢复部分所需功能,却可能缩短部件及装备的寿命。在紧急情况下,可能使损伤装备恢复到下列状态之一。

① 能够担负全部作战任务,即达到或接近平时维修后的规定状态。
② 能进行战斗。虽然性能水平有所降低,但仍能满足大多数任务的要求。
③ 能作战应急。能执行某一项当前急需的战斗任务。
④ 能够自救。使装备能够恢复适当的机动性,撤离战场。

平时维修与战场抢修的目的和工作重点各不相同。两者的主要区别表现在以下几个方面:

(1) 目标不同。平时维修的目标是使装备保持和恢复到规定状态,以最低的费用满足战备要求。战场抢修的目标是使战损装备恢复其基本功能,以最短的时间满足当前作战要求。

(2) 引起修理的原因不同。平时装备修理主要是由装备系统的自然故障或耗损引起的。故障原因、故障机理、故障模式通常是可以预见的,其他一些因素往往也有其规律性。战场抢修主要是由于战场上的战斗损伤(如射弹损伤、炸弹碎片穿透、能量冲击、核生化学污染等)、人员操作差错引起的。另外,战时武器系统使用强度高也会引起一些平时不会产生或很少产生的故障。

(3) 修理的标准和要求不同。平时维修是根据其技术标准和修理手册,由规定的人员进行的一种标准修理,是为了恢复装备的固有特性而进行的活动。维修所需的设施、工具、设备、器材、人力等都有规定要求。战场抢修则不同,并不要求恢复装备的本来面目,而是要求它能在尽可能短的时间内恢复一定程度的作战能力,甚至只要能自救就可以了。

其恢复后的技术标准随战术要求而异,使用的修理方法也不确定。但是,这并不是说在战时可以随便对武器进行任何形式的修理,一般应在指挥员授权后才进行。

(4) 维修条件不同。平时维修是按规定在基层级、中继级或基地级实施,通常有确定的设施和设备,有规定技能的维修人员以及器材等。战场抢修则是在战地装备损伤现场或靠近现场的地域实施,一般没有大型复杂的维修设备和设施,环境条件恶劣。由于损伤、供应、储存方面的原因,战场抢修可用的器材品种规格与平时有较大差别。此外,战场抢修人员的水平和数量与平时也有显著区别。战场抢修人员可能是操作人员或损伤现场的任何维修人员。

7.5.1.3 研究战场抢修的重要性和紧迫性

装备战场抢修并不是个新问题,但是,在新的历史条件下,开展装备战场抢修研究却是十分重要而紧迫的,具有重要的地位和作用。

1. 现代 BDAR 与传统战场抢修研究的不同

传统的战场抢修与当今的 BDAR 研究与实践已经不可同日而语,主要表现在以下几个方面。

(1) 当今的战场损伤评估与修复是从武器系统的全系统考虑,强调统一规划,系统地研究和准备。

(2) 当今的 BDAR 是从武器装备全寿命角度着眼,从装备研制、生产时就考虑未来的抢修,进行抢修性设计,准备抢修资源,而不是等到装备使用后再从头研究和准备。

(3) 抢修对象的变化,由过去主要是甚至唯一是机械装备,改变为机械、电子、光学、控制等多种装备及其组合,各种金属、非金属、复合材料,包含电子线路的各种高新技术装备的抢修。

(4) 抢修技术的变化,由过去以各种机械或手工加工、换件等传统修理方法,发展到采用各种新技术、新工艺、新材料,以实现"三快",即快速检测、快速拆卸、快速修复。如在信息技术发展和应用基础上的各种快速检测诊断技术和损伤评估技术,以化工技术为主的黏结、修补、捆绑、充填、堵塞等。

(5) 研究与准备条件的变化,由过去以实战、实兵演练及其经验总结为主,发展到各种分析技术、模拟技术的大量使用,特别是对一些新武器,没有经验可以借鉴,进行试验又需要很大投入。因此,分析、模拟技术显得更为重要。

由上可见,在新的条件下,开展武器装备战场抢修的研究和准备是非常必要的。

2. 战场抢修在现代战争中的地位与作用

战场抢修是保持与恢复部队战斗力的重要因素。图 7-9 示出了 BDAR 对作战坦克可用度的影响,其结果与 1973 年中东战争以色列军队的实践非常吻合。在战争开始的头几个小时内作战坦克损伤严重,如果不进行 BDAR,在两天内实际上部队即会失去战斗力。由于进行了 BDAR 和部分替换,在战场上可以保持最初战斗力的 70%。

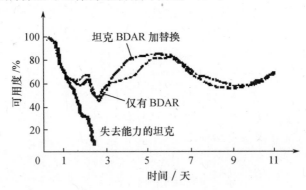

图 7-9 BDAR 对作战坦克可用度的影响

在现代条件特别是高技术条件下的局部战争中,装备战场抢修具有更加突出的地位和重要作用。这是因为以下几点:

(1) 武器装备战损的比例趋于增大。在现代高技术条件下的局部战争中,面对敌人陆、海、空、天多方面众多高效能武器的打击,特别是精确打击武器的威胁下,武器装备损伤的比例明显增大,抢修任务将会更加繁重和严峻。

(2) 武器装备以质量优势代替数量优势,一旦战损,对战斗力影响巨大。随着现代武器装备效能的提高,在完成某一规定任务时,其数量较传统武器装备明显减少,然而,以质量优势代替数量优势的情况下,一旦装备战损对部队的战斗力影响将更大,通过装备战场抢修恢复其战斗力不但必不可少,而且更为重要。

(3) 在有限的战争空间和时间内对战损装备的抢修要求趋于增大。由于现代武器装备复杂程度的明显提高,在有限的被压缩了的作战空间和时间内,武器装备的战损趋于严重,抢修环境更加恶劣,抢修时间更加紧迫,抢修难度趋于增大。在平时开展战场抢修研究和训练对战时装备抢修的反应时间的影响趋于增大。能否对战损装备作出快速反应,通过战场抢修实现

"战斗力再生"尤为重要。

近20年一系列的局部战争和救援行动已深刻表明,战场抢修是战斗力的"倍增器"。1973年,以色列军队依靠战场抢修实现以少胜多。20世纪80年代,西方国家研究认为BDAR是"北约"战胜"华约"优势兵力兵器的重要手段。这些结论对我们尤其具有借鉴意义。

7.5.2 战场损伤评估与修复分析过程

战场损伤评估与修复(BDAR)分析,是制订装备战场损伤评估与修复大纲进而准备抢修手册及资源的一种重要手段,其目标是在战时以有限的时间和资源使装备保持或恢复当前任务所需的基本功能。分析的主要工具是逻辑决断图。其主要的输出是战场损伤评估与修复大纲。

战场损伤评估与修复大纲是关于装备战场损伤评估与修复要求的纲领性文件,它规定了BDAR的项目、损伤评估方法、抢修工作类型和修复对策。BDAR大纲是BDAR分析的输出信息,是编写BDAR手册、教材,训练人员和准备战场抢修所需资源的重要依据。

7.5.2.1 BDAR分析的基本观点

(1)产品(项目)的损伤或故障有不同的影响或后果,应采取不同的对策。损伤或故障后果的严重性是确定是否修复、应进行哪些抢修工作的出发点。战场损伤或故障难以避免,后果也不尽相同,关键是应从作战需求、装备应执行的当前任务和抢修可用的时间及资源角度综合权衡,确定是否需要在战场上进行抢修。

(2)产品损坏或故障的规律和所处条件是不同的,应采取不同的抢修方法。在战时,开展战场抢修的前提条件往往是以下几个:

① 作战任务要求迅速恢复最低限度的功能。
② 没有时间迅速恢复全部功能。
③ 常规修理需要的资源完全没有或数量不足。

此时将采取应急抢修措施进行抢修;否则,应采取常规的维修程序和方法。由于损坏或故障规律不同,抢修所需时间也大不相同,应避免费时而效果不大的抢修,也即对于不同的产品损坏或故障,应视情况采取不同的抢修方法(工作类型)。

(3)抢修方法不同,其所需资源、时间、难度和装备的可恢复程度是不相同的,应加以排序。在战时,可用资源和时间是有限的,利用有限的资源在有限的时间内使装备能够迅速投入使用是战场抢修的宗旨。因此,开展抢修应优先修复战斗急需的重要装备;优先修复那些容易被修复的损伤装备;优先修复影响武器系统当前所需功能及人员安全的损伤或故障。必须将抢修工作加以排序,以保证战场抢修目标的顺利实现。

7.5.2.2 抢修对策

按照BDAR分析的基本观点,应采取以下抢修对策。

1. 划分基本项目和非基本项目

基本项目(BI)是指那些受到损伤将对作战任务、安全产生直接的致命性影响的项目。对于非基本项目,因其影响较小,可不做重点考虑。

2. 按照损伤或故障后果及原因确定抢修工作或提出更改设计要求

对于基本项目,通过对其进行DMEA,确定是否需要考虑开展战场抢修工作。其准则如下：

（1）若其损伤或故障具有安全性或任务性后果，须确定是否能够通过有效的战场抢修予以修复。

（2）应按照抢修工作可行性准则，确定有无可行的抢修工作可做，若无有效的抢修工作可做，应视情况提出更改设计的要求。

3. 根据损伤规律和故障规律及影响选择抢修工作类型

在 BDAR 分析中，以下 7 种抢修方法是最常见的抢修工作类型（不包括在平时使用的常规修理方法）：

（1）切换。通过电（液、气）路转换（或改接管道）脱开损伤部分，接通备用部分，或者将原来担负非基本功能的完好部分改换到损伤的基本功能电（液、气）路中。

（2）切除。或称"剪除""旁路"，即把损伤部分甩掉（或切断油、气、电路），以使其不影响安全使用和中断基本功能项目的运行。

（3）重构。它是指系统损伤后，通过重新构成使其能够完成其当前需要的基本功能。

（4）拆换。此处的拆换区别于用备件更换损伤件的常规修理方法，而特指拆卸同型装备或不同型装备上的单元替换损坏的单元，即同型拆换与异型拆换，也称"拆拼"修理。包含利用其他部队、军兵种及外军装备中性能相同的单元。

（5）替代。用性能上有差别的单元或原、材、油料，仪器仪表、工具，代用损伤或缺少的物件，以恢复装备基本功能或自救。替代品的性能可能是"以高代低"，也可能是"以低代高"（只要不会带来直接的安全威胁即可）。

（6）原件修复。利用在现场上实用的手段恢复损伤单元的功能或部分功能，以保证装备完成当前作战任务或自救。除传统的清洗、清理、调校、冷热矫正、焊补加垫等技术外，还要应用各种新材料、新技术、新工艺，如刷镀、喷涂、黏结、涂敷、堵漏技术等。

（7）制配。临时自制元器件、零部件，以替换损伤件，恢复装备的基本功能或自救。战场上制配可能有按图制配、按样（品）制配、无样（品）制配等。

上述 7 种抢修工作类型，大体上是按以下原则排序的。

（1）恢复功能的程度由好到差。

（2）抢修的时间由短到长。

（3）抢修的人员技术及资源要求由低到高。

（4）抢修后的负面影响由小到大。负面影响包括对人员及装备安全的潜在威胁、增加装备耗损或供应品消耗、战后按标准恢复规定状态的难度等。

当然，除上述 7 种类型外，还可能有多种针对具体损伤项目的抢修措施。

7.5.3 BDAR 分析的一般步骤与方法

7.5.3.1 BDAR 分析所需信息

进行 BDAR 分析，根据分析进程要求，应尽可能收集以下信息：

（1）装备概况。

（2）装备的作战任务及环境的详细信息。

（3）敌方威胁情况。

（4）产品故障和战斗损伤的信息。

(5) 装备维修保障信息。
(6) 战时可能的保障资源信息。
(7) 类似装备的上述信息等。

7.5.3.2 BDAR 分析的一般步骤

(1) 确定基本项目(BI)。
(2) 进行 FMEA/DMEA 及危害等级评定。
(3) 应用 BDAR 逻辑决断图确定抢修工作类型。
(4) 确定抢修工作的实施条件和时机。
(5) 提出维修级别建议。

7.5.3.3 确定基本项目

确定基本项目(BI)的目的是找出那些一旦受到损伤将对作战任务和安全产生直接致命性影响的项目,基本项目是战场抢修的重要对象,也即基本项目是 BDAR 分析决策的研究对象。

基本项目具有以下特征:
(1) 在装备中起着重要的必不可少的作用。
(2) 在当前作战任务中担任主要的任务,实现其工作目的。
(3) 该项目作用发生改变,将影响装备整体的变化。
满足上述 3 个条件之一的项目均属基本项目。

由前所知,在 RCMA 中首先要确定重要项目 SI,它包括重要功能产品 FSI 和重要结构项目 SSI。显然,BDAR 分析中的基本项目 BI 是 RCMA 中的重要项目 SI 中的一部分。确定它们的主要区别在于:基本项目 BI 中不再考虑经济性影响,对于任务性和安全性影响强调的是致命性的、直接的、当前作战任务中必不可少的,而重要项目 SI 的范围则要宽得多。在实际分析中,如果已经确定了重要项目 SI,那么,只需对各个重要项目 SI 作出判断,便可确定其是否属于基本项目 BI。对于基本项目 BI,应列出清单。

7.5.3.4 FMEA/DMEA 及危害等级评定

战场损伤包括战场上装备发生的自然故障、战斗(敌方武器破坏造成的)损伤和人为故障等。所以,对战场损伤进行分析(BDA),包括作战条件下的故障模式与影响分析(FMEA)和损坏模式与影响分析(DMEA),并对损伤危害程度(等级)加以估计。其危害等级可依据损伤的影响程度和损伤出现的频率定性地确定。损伤危害等级是确定是否需要采取 BDAR 或更改设计措施的依据。

7.5.3.5 应用 BDAR 分析逻辑决断图确定抢修工作类型

1. BDAR 分析逻辑决断图

进行 BDAR 分析也可采用逻辑决断框图,如图 7-10 所示。在 BDAR 分析逻辑决断图中,通过回答一系列具体问题,确定所需进行的抢修工作或做出 BDAR 决策。矩形框表示是执行框或决策框。由于该图与 RCM 分析中的逻辑决断图相似,故在此不再详述。

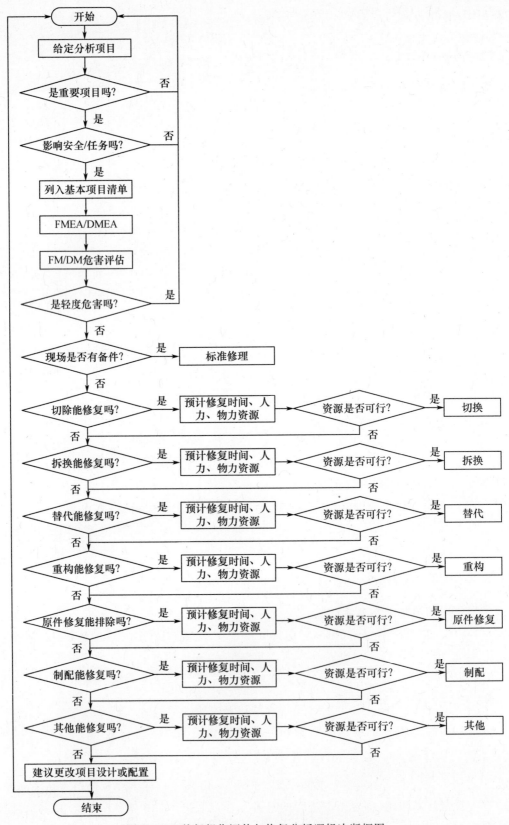

图 7-10 战场损伤评估与修复分析逻辑决断框图

2. BDAR 工作可行性准则

对抢修工作类型的选择,不但要考察其修复可能性(即 BDAR 分析逻辑决断图中的问题框),而且要评估其资源(时间、人力、物力)要求的可行性。为此,针对具体项目的抢修工作,应预计所需的时间、人力、物资器材,并对抢修工作的可行性做出决策。判断抢修工作可行性的准则如下:

(1)抢修时间在允许范围内。应根据装备的配备、使用特点和作战任务等情况确定战场抢修允许时间。例如,陆军装备一般可按级分为:连,2h;营,6h;团,24h;师,36h(防御时)。

(2)所需的人力及技术要求应是战场条件下所能达到的。例如,陆军地面装备、船艇通常应当是使用分队和修理维修组所能提供的人力及技术水平。

(3)所需的物资器材应是装备使用现场所能获得的,或者至少是在抢修时间允许范围内可获得的。如果不能找到可行的抢修工作类型,则应提出更改装备设计的建议。对于危害等级高的项目更应如此。这类建议可能是:增加冗余或备件;调整 BI 的位置,以减少其被破坏的概率或使之可达;实现该项目的机内检测等。

7.5.3.6 确定抢修工作的实施条件和时机

通过 BDAR 分析逻辑决断确定了抢修工作类型后,对于具体装备,还应指明该类型工作实施的条件和时机,因为上述应急抢修工作是战时对损伤装备抢修的权宜之计,在和平时期是不允许的。此外,还应指明实施上述抢修工作之前,可否延缓抢修继续使用及其可能造成的后果;实施上述抢修工作后,在装备使用中有无限制或约束及可能带来的影响与后果。

7.5.3.7 提出维修级别的建议

对于每一个基本项目确定了抢修工作类型及其实施条件、时机后,还应根据部队编制体制及装备战术使用、预计的敌对环境情况等,提出维修级别的建议。例如,哪些基本项目受到损伤后应当回收或后送装备,应在什么级别上进行抢修、测试等。当然,战场抢修与平时维修不同,其抢修实施有时并无严格的限制。

习 题

1. 什么是维修性?试分析其与可靠性的关系?
2. 什么是维修度?它与修复率有何关系?
3. 维修性的定量参数有哪些?
4. 什么是 RCM 分析?什么是预防性维修大纲(PMP)? PMP 有何用途?
5. RCM 逻辑决断图有什么特点?
6. 什么是预防性维修工作类型的适用性准则和有效性准则?试举例说明。
7. LORA 的目的是什么?其分析的基本步骤是什么?
8. 何谓战场抢修?它与平时维修有何区别?它具有什么特点?
9. 何谓战场损伤?研究战场损伤有何意义?
10. 常见的抢修工作类型有哪些?

第 8 章　保障性与维修保障资源分析

装备的使用离不开装备保障。一种装备是否设计得便于保障,在使用期间是否能够获得及时、经济和高效地保障,这不仅取决于装备自身的保障性,而且与装备保障系统特别是其中的维修保障资源分析规划密切相关。本章首先介绍装备保障性与维修保障系统有关概念,进而讨论描述装备保障性的典型参数、用于装备维修的典型保障资源及其分析流程,以及维修备件分析与优化的主要方法。

8.1　保障性与维修保障系统

8.1.1　保障性基本概念

1. 保障性定义

保障性是指装备的设计特性和计划的保障资源满足平时战备完好性和战时利用率要求的能力。

保障性定义中的第一个要点就是与装备保障有关的设计特性,如可靠性、维修性、测试性、抢修性、运输性、自保障特性等,这些设计特性是设计赋予装备的固有属性,是影响装备保障性好坏的主要因素。良好的保障设计特性是使装备具有可保障、易保障能力的重要保证。保障性定义中计划的保障资源是指为保证装备实现平时战备完好性和战时利用率要求所规划的人力、物质、信息等资源,它包括人力和人员,备件及消耗品,保障设备与工具,保障设施,技术资料,训练和训练保障,计算机资源保障,包装、装卸、储存和运输保障等。计划合理并与装备相匹配的保障资源对装备使用与维修有着重要影响。

2. 保障性参数与要求

保障性参数与要求常常用以反映装备保障性目标,它可以定性和定量地描述装备的保障性要求。由于不同装备作战任务及保障需求等不同,因此装备的保障性目标也呈现多样性,即使是同一种装备,由于不同时期装备及其作战样式的发展变化,其保障性目标和内容也可能发生变化。装备的保障性目标一般需从多个方面予以描述,一些保障资源方面的参数或要求常常采用对比的方式进行表述。

保障性参数与要求可分为 3 类,根据装备及其特点不同可以选用。

(1) 保障性综合参数。这是描述保障性目标的顶层参数。通常从战备完好性、任务可靠性、机动部署性、经济可承受性等方面进行描述。如反映战备完好性的参数常用能执行任务率、使用可用度、出动率等描述。

(2) 有关保障性的设计参数。这是与保障相关的装备设计参数,它也可以供确定保障资源时参考,如平均故障间隔时间、平均修复时间、维修工时率、测试性参数以及运输性要求等。随着装备及其相关技术的发展,一些新的或特殊的保障性要求也应给予高度重视,如美军在 F-22 战斗机研制中就首次对航空电子软件提出了"航空电子系统平均故障间隔时间"这样的可靠性定量要求,欧洲军用运输机 A400M 在研制时提出了"无维修工作期"这样的可靠性定量要求。

(3) 保障资源要求。保障资源要求的内容比较多,因装备实际保障要求而定,通常包括:人员数量与技术水平,保障设备和工具的类型、数量,备件品种和数量,订货和装运时间,补给时间和补给率,设施利用率等。

保障资源要求常与现有装备或基准比较系统对比加以描述。表 8-1 所列为美国陆军 M1 坦克保障性部分定性与定量要求,其中一些参数和保障资源要求就是与前一代坦克 M60A1 对比来表述的。

表 8-1 M1 坦克保障性参数和要求示例

要素	序号	保障性参数和要求	M1	M60A1
维修规划和维修性	1	计划维修间隔时间	半年 1 次	半年 1 次
	2	分队级(修理班或排)每 2400km 或半年计划维修时间(工时)	16h 64 工时	62h 96 工时
	3	分队级(修理班或排)每 2400km 或半年非计划维修时间(工时)(90%)	4h 8 工时	— 32 工时
	4	直接保障非计划维修时间(工时)(90%)	12h 48 工时	0.9h 3.4 工时
	5	乘员每日检查和保养时间(工时)	0.8h 3 工时	—
	6	由操作手或修理班或排检测和排除的一般故障的百分数	90%	—
	7	维修时从坦克上拆下动力装置部件的要求	90% 的发动机部件与动力装置可一同被取出	不能达到
设备工具	8	降低专用工具数量要求	133 种,其中 84 种为新设计的	214 种
	9	研制模拟训练器	用于射击、驾驶和维修	无
	10	野战维修自动测试设备(ATE)	3 种	无
	11	机内测试设备(BITE)	大量采用	无
	⋮	⋮		

3. 保障性目标与战备完好性

1) 保障性目标

研制任何一种新的武器系统,其总目标无不在于以可承受的费用提供所需的军事能力,而达到平时和战时战备完好性目标乃是实现此种军事能力的关键所在。由保障性定义可以看出,装备的保障性实际上反映了装备执行任务的能力,是一种能执行任务能力的度量。装备保障性目标是关于装备执行任务能力的总要求,也是装备各设计特性和保障系统所形成的平时和战时保障能力的总要求,它涵盖了作战准备、实施和结束全过程中装备的战备、出动、战斗实施、结束、归建、修整和再次出动的各方面保障要求,并能在装备建制人力约束和可承受的费用约束下,达到预期的装备作战能力和保障能力。在装备论证时,作战部门应首先提出装备执行任务能力要求,在此基础上将这种能力用保障性目标予以描述,进而将保障性目标转化为装备

(系统)保障性设计特性和保障资源参数要求,根据保障性目标规定的要求制定装备保障性技术规范,保障性技术规范应按照研制阶段分别写入《装备立项综合论证报告》和《装备研制总要求综合论证报告》及其相应的型号文件中,以指导开展装备保障有关特性设计,规划装备的保障资源。保障性目标必须与装备的任务需求和使用方案相协调。随着作战需求和战争形式的发展变化,装备保障性目标的内容也在发生变化。目前,装备保障性目标主要包括战备完好性、任务可靠性、任务维修性、持续作战性、保障机动部署性、经济可承受性和保障共用性等方面的能力要求。表8-2给出了任务能力要求、保障性目标及使用要求之间的关系。

表8-2 任务能力要求、保障性目标及使用要求之间的关系

任务能力要求	保障性目标	保障性使用要求示例
任务下达装备立即出动的能力	战备完好性	能执行任务率、使用可用度、出动率、装备完好率等
装备圆满完成任务的能力	任务可靠性	系统可靠度、任务中断率、平均任务故障间隔时间、任务成功率等
装备能在规定时间修复到能执行任务继续投入战斗的能力	任务维修性、抢修性	战损修复率、平均停机时间(MDT)、平均修复时间、保障响应时间等
装备需要持续执行任务的能力	作战持续性	利用率、无预防性维修持续工作时间、持续完成任务时间(天数)等
保障系统转场部署能力	保障机动部署性	转场保障规模(人员、保障设备、备件、油料等)、保障资源转场运输量或运输工具数及约束条件等
保障费用概算	经济可承受性	每使用小时的使用与保障费用、维修费用、备件费用等
与其他装备的保障资源互用能力	保障资源互用性	保障资源的互用程度、与其他装备能互用的保障资源数、保障资源约束条件等

2)战备完好性

战备完好性既可用于反映部队接到作战命令时实施其作战行动的能力,也能够反映装备或系统在要求投入作战或使用时能够执行预定任务的能力。无论是用于描述哪个方面,它都与装备的可靠性、维修性、保障性等内在设计特性以及装备保障系统的状况密切相关。在本书中若不加说明,指的是装备或系统的战备完好性。

战备完好性是指装备在平时和战时使用条件下,能随时开始执行预定任务的能力。

战备完好性的概率度量称为战备完好率。战备完好性是研制和评估装备在规定的平时和战时利用率下,完成并保持既定任务能力的重要依据。由于装备类型、使用条件等不同,用于反映装备战备完好性的形式或度量参数也不相同。常用的战备完好性度量参数有能执行任务率、使用可用度、出动率等。表8-3给出了各军种装备常采用的战备完好性度量示例。

表8-3 战备完好性度量示例

装备种类	典型战备完好性度量
飞机	能执行任务率、使用可用度、出动率
舰船	使用可用度
作战车辆	能执行任务率、使用可用度
陆基导弹	能执行任务率、使用可用度

8.1.2 维修保障系统

1. 维修保障系统基本概念

装备使用与维修需要人、财、物方面的支持,特别是受过训练的各类人员、备件与消耗品供

应、设备设施、技术资料等要素。这就是说,完成装备维修保障任务需要一个与之相匹配的有效的维修保障系统。维修保障系统是指由经过综合和优化的维修保障要素构成的有机整体。维修保障要素除上述的人与物质因素外,还应包括组织机构、规章制度等管理因素,以及包含程序和数据等软件与硬件构成的计算机资源或系统。所以,装备维修保障系统也可以说是由装备维修所需的物质资源、人力资源、信息资源以及管理手段等要素组成的系统。装备维修保障系统的功能是完成装备维修任务,将待维修装备转变为符合规定技术要求或需要的装备。维修保障系统完成其功能的能力就是保障力,因此,必须重视装备维修保障系统各组成要素及其相互关系。

维修保障系统可以是针对某种具体装备(如某型飞机、某型火炮等)来说的,它是具体装备系统的一个分系统,也可以是按照军队编制体制来说的,它是在部队首长统一领导、装备保障部门管理下的,是部队的一个分系统。构建并不断完善装备维修保障系统是贯穿于装备研制和使用各阶段的重要任务。

2. 维修保障资源要素

无论是构建新装备维修保障系统还是完善和优化装备维修保障系统,都需要特别重视装备维修保障资源的规划和配置问题,以使装备能够得到及时、经济和高效的维修保障。

1) 人力与人员

人是装备维修保障工作中的最重要因素,是形成和保持装备保障能力的关键所在。减少装备保障所需的人力与人员是装备保障要求和发展的大势所趋。装备维修所需人力不仅有数量方面的问题,还有专业要求及其不同等级的各类人员技术培训方面的问题。装备维修所需人力与人员不仅与装备保障设计特性有直接的关系,而且与保障设备等资源、维修级别、维修方案以及维修管理有着密切的关系。在规划或优化装备维修人力与人员时,应注意人员数量与技术等级限制、各类技术人员维修工时要求、现有在编人员可利用的数量、特殊技能人员数量和培训等。

2) 供应保障

供应保障泛指各类备件、消耗品以及装备维修过程中需要的其他一些物品。可将供应保障工作分为初始供应保障和后续供应保障,初始供应保障工作的重点是确定初始备件和消耗品的品种和数量,规划装备初始部署时期供应保障各项工作。后续供应保障工作的重点是优化备件和消耗品品种与数量,合理控制库存量,确保在装备使用阶段(包括装备停产后)能够得到恰当的保障。供应保障需要考虑的主要因素包括维修级别、维修工作、维修策略、备件和消耗品存放地点位置、备件需求率和存货标准、采购提前期、仓库与供应点之间的距离及保障方式等。

3) 保障设备

实施装备维修保障离不开保障设备和工具。保障设备和工具种类繁多,包括监控设备、诊断与检查设备、维修设备、度量和校准设备、搬运设备、拆装设备等。既包括计划维修活动所需的各种保障设备,也包括非计划维修活动所需的各种保障设备;既包括通用保障设备也包括特殊的专用保障设备。要高度重视保障设备的模块化、系列化、通用性及其自身的可靠性、维修性和保障性。将巨额费用花费到实际上并不太需要的保障设备上的例子无论是在美军还是我军都出现过。这一事实也让人们清醒地认识到进行装备保障性分析工作的重要性,通过开展保障性分析以确保能够合理地规划和优化装备维修所需的各种保障设备。

4) 技术文件

用于装备使用与维修的各种技术资料是装备保障资源中的一类重要要素,是实施装备使用与维修所需的重要规范和依据,缺少适用的装备技术资料对于装备保障能力的形成与保持都会产生重要的影响。值得说明的是,技术资料的内容不仅涵盖武器装备系统使用与维修所需的内容,还包括保障设备、保障设施、训练与训练保障、计算机资源保障等方面的内容。规划并编制好装备维修技术资料并不是一件容易的事情,它不仅涉及装备维修保障技术与管理方面的许多问题,而且还涉及装备维修分析与决策方面的许多问题。无论是传统介质的技术资料还是目前流行的交互式电子技术手册,都要求在装备列装部队的同时能够及时提供装备使用与维修所需的各种技术资料,并确保技术资料的科学性、准确性和易读性。

5) 训练和训练保障

训练和训练保障主要指训练装备使用与维修人员的活动以及所需的程序、方法、技术、器材、设施、资料、师资等。装备训练可分为初始训练和后续训练,新装备初始训练一般由承制单位实施,装备使用部门配合,主要目的是使部队受训人员尽快掌握装备的使用与维修。后续训练是在装备使用阶段对装备使用和维修人员进行的训练,一般由军方组织,由部队、训练基地和院校组成的训练体系完成,主要目的是为部队培训出符合装备使用与维修要求的合格人才。由于装备训练和训练保障涉及因素多、持续时间长,因此,不仅应在装备研制阶段要及早规划好装备的初始训练和保障资源,军方也必须及早规划好后续训练及训练保障所需的各种资源并高效地组织实施,以确保部队装备保障能力的快速形成与保持。

6) 计算机资源

计算机资源主要是指使用与维修装备中的计算机及其系统所需的设备、设施、硬件、软件、文档、人员和人力等。随着计算机技术的快速发展及其在武器装备系统的广泛应用,计算机硬件更新换代更加快速,计算机软件功能作用越来越强大,计算机软硬件维护问题也更加突出,因此,不仅要规划武器装备中计算机系统软硬件使用、升级、集成、接口、测试、更新和维护,还应像规划装备的保障资源一样来全面规划计算机及其系统所需的各类保障资源。近年来,世界军事强国十分注重装备健康管理技术研究及其在装备上的应用,在考虑和规划计算机资源时也应包括装备状态监控与健康管理所涉及的硬件与软件所需的各种保障资源。

7) 保障设施

保障设施是指用于装备使用与维修所需的所有设施及其配套设备。保障设施可分为永久性设施、半永久性设施、机动性设施。永久性设施如维修车间、供应仓库、试验场站及其配套的设备、试验台架等;半永久性设施如临时性的供应仓库、修理帐篷等;机动性设施如修理工程车、抢修工程车、抢修车、抢修船、器材补给车和各种方舱等。由于装备保障设施建设周期比较长,因此应及早地根据装备各维修级别承担的维修任务科学地规划和构建保障设施。保障设施与被保障装备之间一般不是一对一关系,通常要用于保障多种类型的装备。因此,应充分考虑不同装备对保障设施的使用要求以及保障设施的利用率等。

8) 包装、装卸、储存和运输

装备及其使用与维修所需的保障设备、器材离不开包装、装卸、储存和运输这些环节,为保证其能够安全、方便、快速地实施这些工作,需要考虑和规划所需相关的保障资源等问题。由于对象的差异性很大,如整装、关重件、备件、对某些因素敏感有特殊要求的产品等,其对包装、装卸、储存、运输要求和所需的保障资源也会有很大的不同。因此,需要全面分析装备及其所需保障设备、器材等的包装、装卸、储存和运输问题,及早规划用于包装、装卸、储存和运输所需的程序、方式方法和所需的保障资源。除特殊产品(如危险品、易损伤产品等)可能需要专门的保障资源外,应尽可能采用通用的方案和标准化的设备等资源,以提高工作的效率并降低保障的负担。

8.2 系统可用度

由 8.1 节可知,战备完好性是反映装备保障性目标的最常用参数,本节对其典型参数系统可用度及其模型进行讨论,包括瞬时可用度、平均可用度、固有可用度、可达可用度和使用可用度。

8.2.1 可用度基本概念

可用度(availability)是指产品在任一时刻需要和开始执行任务时,处于可工作或可使用状态的概率。它是可用性的概率度量。

无论是装备使用人员还是其他产品操作者,都希望知道所用的装备或产品在需要时是否处于可工作状态。对于一般产品,如果它不能满足用户使用这方面的要求,其产品必然不受欢迎进而失去市场。可用度是产品可靠性、维修性和保障性对产品使用的综合影响,它反映了当产品按照规定的方式运行并进行维修保障时,在任一时刻(点)或时期(区间)处于可工作状态的能力。

8.2.2 瞬时可用度

瞬时可用度也称为点可用度,它是指产品在任一随机时刻 t 处于可工作状态的概率。对任一随机时刻 t,若令

$$X(t) = \begin{cases} 0, & 时刻\ t\ 产品处于可工作状态 \\ 1, & 时刻\ t\ 产品处于不能工作状态 \end{cases}$$

那么,根据瞬时可用度定义,产品在时刻 t 的可用度为

$$A(t) = P\{X(t) = 0\} \tag{8-1}$$

可用度表达式可以根据产品寿命分布和修复时间分布,利用马尔可夫过程、更新过程、非马尔可夫过程等理论得出其表达式。例如,考虑故障率为 λ、修复率为 μ 的产品,在任一随机时刻产品可能处于能工作状态(状态 0)或者处于故障状态(状态 1),当故障率和修复率均不变时(即均服从指数分布),利用马尔可夫过程就能导出瞬时可用度表达式。

令 $P_{ij}(\Delta t)$ 表示在区间"Δt"(i、$j = 0,1$)期间从状态 i 到状态 j 的转移概率,$P_i(t + \Delta t)$ 表示在 $t + \Delta t$ 时刻系统处于 i 状态的概率,$i = 0、1$。系统状态转移图如图 8-1 所示。

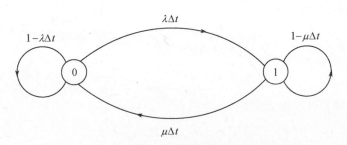

图 8-1 系统状态转移图

那么,可得状态转移概率为

$$P_{00}(\Delta t) = P\{X(t+\Delta t) = 0 \mid X(t) = 0\} = e^{-\lambda \Delta t} = 1 - \lambda \Delta t + o(\Delta t)$$

$$P_{01}(\Delta t) = P\{X(t+\Delta t) = 1 \mid X(t) = 0\} = 1 - e^{-\lambda \Delta t} = \lambda \Delta t + o(\Delta t)$$

$$P_{10}(\Delta t) = P\{X(t+\Delta t) = 0 \mid X(t) = 1\} = 1 - e^{-\mu \Delta t} = \mu \Delta t + o(\Delta t)$$

$$P_{11}(\Delta t) = P\{X(t+\Delta t) = 1 \mid X(t) = 1\} = e^{-\mu \Delta t} = 1 - \mu \Delta t + o(\Delta t)$$

另外,由概率论知识知

$$P_0(t+\Delta t) = P_0(t) P_{00}(\Delta t) + P_1(t) P_{10}(\Delta t)$$

$$P_1(t+\Delta t) = P_0(t) P_{01}(\Delta t) + P_1(t) P_{11}(\Delta t)$$

所以可得

$$P_0(t+\Delta t) = (1 - \lambda \Delta t) P_0(t) + \mu \Delta t P_1(t) \tag{8-2}$$

$$P_1(t+\Delta t) = \lambda \Delta t P_0(t) + (1 - \mu \Delta t) P_1(t) \tag{8-3}$$

将式(8-2)和式(8-3)移项,并将两边都除以 Δt,令 $\Delta t \to 0$ 可得

$$P'_0(t) = -\lambda P_0(t) + \mu P_1(t) \tag{8-4}$$

$$P'_1(t) = \lambda P_0(t) - \mu P_1(t) \tag{8-5}$$

若时刻 $t = 0$,系统处于可工作状态,即初始条件为

$$P_0(0) = 1, P_1(0) = 0$$

那么,对式(8-4)和式(8-5)进行拉普拉斯变换可得

$$s P_0(s) - P_0(0) = -\lambda P_0(s) + \mu P_1(s)$$

$$s P_1(s) - P_1(0) = \lambda P_0(s) - \mu P_1(s)$$

利用初始条件,可得

$$P_0(s) = \frac{s+\mu}{s(s+\lambda+\mu)} = \frac{\mu}{s(\lambda+\mu)} + \frac{\lambda}{(\lambda+\mu)(s+\lambda+\mu)} \tag{8-6}$$

对式(8-6)进行拉普拉斯反变换得

$$P_0(t) = \frac{\mu}{\lambda+\mu} + \frac{\lambda}{\lambda+\mu} e^{-(\lambda+\mu)t} \tag{8-7}$$

$$P_1(t) = 1 - P_0(t) = \frac{\lambda}{\lambda+\mu} - \frac{\lambda}{\lambda+\mu} e^{-(\lambda+\mu)t} \tag{8-8}$$

所以,系统的瞬时可用度为

$$A(t) = P_0(t) = \frac{\mu}{\lambda+\mu} + \frac{\lambda}{\lambda+\mu} e^{-(\lambda+\mu)t} \tag{8-9}$$

若时刻 $t=0$ 系统处于不能工作状态,即初始条件为

$$P_0(0) = 0, P_1(0) = 1$$

那么,类似可推得

$$P_0(t) = \frac{\mu}{\lambda+\mu} - \frac{\mu}{\lambda+\mu} e^{-(\lambda+\mu)t} \tag{8-10}$$

$$P_1(t) = 1 - P_0(t) = \frac{\lambda}{\lambda+\mu} + \frac{\mu}{\lambda+\mu} e^{-(\lambda+\mu)t} \tag{8-11}$$

此时,系统的瞬时可用度为

$$A(t) = \frac{\mu}{\lambda+\mu} - \frac{\mu}{\lambda+\mu} e^{-(\lambda+\mu)t} \tag{8-12}$$

系统的稳态可用度为

$$A = P_0(\infty) = \frac{\mu}{\lambda + \mu} \tag{8-13}$$

或

$$A = \frac{\text{MTBF}}{\text{MTBF} + \text{MTTR}} \tag{8-14}$$

式中　MTBF——平均故障间隔时间；

MTTR——平均修复时间。

当故障率和修复率不是指数分布时，可以利用更新过程推导出瞬时可用度表达式。如果 $f(t)$ 和 $m(t)$ 分别表示寿命分布和修复时间分布，那么瞬时可用度为

$$A(t) = 1 - F(t) + \int_0^t \sum_{n=1}^{\infty} [f(x) * m(x)]^n [1 - F(t-x)] dx \tag{8-15}$$

式中：$[f(x) * m(x)]^n$ 是 $f(x) * m(x)$ 的 n 次方。

$\sum_{n=1}^{\infty} [f(x) * m(x)]^n$ 表示在 $[x, x+dx]$ 中 $f(x) * m(x)$、$f(x) * m(x) * f(x) * m(x)$，…各项之和。

$1 - F(t-x)$ 是在区间 $[x,t]$ 不发生故障的概率。

8.2.3　平均可用度

平均可用度也可称为区间可用度，它是系统在给定区间 $(0,t)$ 内处于可工作状态的概率，即

$$\overline{A}(t) = \frac{1}{t} \int_0^t A(x) dx \tag{8-16}$$

式中　$A(x)$——系统的瞬时可用度。

当寿命分布和修复时间均服从指数分布时可得

$$\overline{A} = \frac{\mu}{\lambda + \mu} + \frac{\lambda}{(\lambda + \mu)^2 t}(1 - e^{-(\lambda + \mu)t}) \tag{8-17}$$

8.2.4　固有可用度

固有可用度(Inherent Availability)是系统处于可工作状态的一种稳态概率，它是仅考虑工作时间和修复性维修时间下的系统的可用度，它忽略了与预防性维修、行政及保障有关的等待和延误时间，它假定所需的任何保障资源可以无限制地得到。固有可用度由式(8-18)给出，即

$$A_i = \frac{\mu}{\lambda + \mu} \quad \text{或} \quad A_i = \frac{\text{MTBF}}{\text{MTBF} + \text{MTTR}} \quad \text{或} \quad A_i = \frac{\overline{T}_{bf}}{\overline{T}_{bf} + \overline{M}_{ct}} \tag{8-18}$$

式中　A_i——固有可用度；

$\overline{T}_{bf}$——平均故障间隔时间(MTBF)；

$\overline{M}_{ct}$——平均修复时间(MTTR)。

以上结果对于任何寿命分布和修复时间分布都是有效的。

8.2.5　可达可用度

可达可用度(Achieved Availability)是考虑了系统的工作时间、修复性维修时间和预防性维修时间下的系统的可用度，但没有行政和保障有关的等待和延误时间，即它假定所需的保障

资源随时可以得到。可达可用度也是系统处于能工作状态的一种稳态可用度,它用于描述按规定考虑计划维修和非计划维修下系统将处于能工作状态的概率。可达可用度按式(8-19)计算,即

$$A_a = \frac{\overline{T}_{bm}}{\overline{T}_{bm} + \overline{M}} \quad \text{或} \quad A_a = \frac{MTBM}{MTBM + \overline{M}} \tag{8-19}$$

式中 A_a——可达可用度;
$\overline{T}_{bm}$——平均维修间隔时间(MTBM);
$\overline{M}$——平均维修时间(或称为有效维修时间 AMT)。

假设系统在整个运行寿命 T 期间内每次修复性维修和预防性维修后都能使技术状态恢复如新,那么,平均维修间隔时间(MTBM)可按式(8-20)计算,即

$$\overline{T}_{bm} = \frac{T}{M(T) + T/T_{pm}} \tag{8-20}$$

式中 $M(T)$——更新函数,即整个寿命 T 期间的故障期望数。
T_{pm}——预防性维修间隔时间(或计划维修间隔时间)。

在规定时间 $(0, t]$ 内更新次数的期望可表示为

$$M(t) = \sum_{n=1}^{\infty} F^{(n)}(t) \tag{8-21}$$

式中 $F^{(n)}(t)$——分布函数 $F(t)$ 的 n 重卷积,并有

$$F^{(0)}(t) = \begin{cases} 1, & t \geq 0 \\ 0, & t < 0 \end{cases} \tag{8-22}$$

对于大多数时间分布计算 $M(T)$ 都是比较困难的,但是,对于正态分布计算可以简化,假设 $\sigma < < \theta$,可得

$$M(t) = \sum_{n=1}^{\infty} \Phi\left(\frac{t - n\theta}{\sigma\sqrt{n}}\right) \tag{8-23}$$

若已知在规定时间 $(0, t]$ 内故障率为 λ,预防性维修频率为 f_p,那么由式(8-20)可得

$$\overline{T}_{bm} = \frac{\lambda}{\lambda + f_p} \tag{8-24}$$

平均维修时间 $\overline{M}$ 按式(8-22)计算,即

$$\overline{M} = \frac{M(T) \cdot \overline{M}_{ct} + (T/T_{pm}) \cdot \overline{M}_{pt}}{M(T) + T/T_{pm}} \tag{8-25}$$

式中 $\overline{M}_{pt}$——平均预防性维修时间(MPMT)。

若已知在规定时间 $(0, t]$ 内故障率为 λ,预防性维修频率为 f_p,式(8-25)可表示为

$$\overline{M} = \frac{\lambda \overline{M}_{ct} + f_p \cdot \overline{M}_{pt}}{\lambda + f_p} \tag{8-26}$$

例 8-1 装备中某系统的故障时间服从正态分布,均值为 4 200h,标准差为 420h。期望其至少工作 20000h,每隔 2000h 进行一次预防性维修,完成维修任务约需 72h,修复时间服从对数正态分布,均值为 120h。求该系统的可达可用度。

解 由题意知,$T = 20000h, T_{pm} = 2000h, \theta = 4200h, \sigma = 420h, \overline{M}_{ct} = 120h, \overline{M}_{pt} = 72h$。

那么,该系统故障分布函数为

$$F(t) = \Phi\left(\frac{t - \theta}{\sigma}\right) = \Phi\left(\frac{t - 4200}{420}\right)$$

在寿命20000h内,更新次数的期望可表示为

$$M(20000) = \sum_{n=1}^{\infty} F^{(n)}(20000) = \sum_{n=1}^{\infty} \Phi\left(\frac{20000 - 4200n}{420\sqrt{n}}\right) = 4.1434$$

$$\overline{T}_{bm} = \frac{T}{M(T) + T/T_{pm}} = \frac{20000}{4.1434 + 20000/2000} \approx 1414(h)$$

$$\overline{M} = \frac{M(T) \cdot \overline{M}_{ct} + (T/T_{pm}) \cdot \overline{M}_{pt}}{M(T) + T/T_{pm}} = \frac{4.1434 \times 120 + (20000/2000) \times 72}{4.1434 + 20000/2000} \approx 86.06(h)$$

$$A_a = \frac{\overline{T}_{bm}}{\overline{T}_{bm} + \overline{M}} = \frac{1414}{1414 + 86.06} = 0.9426$$

8.2.6 使用可用度

使用可用度(Operational Availability)是系统将处于能工作状态的一种稳态概率,它是考虑了工作时间、修复性维修时间以及预防性维修、行政及保障有关的等待和延误时间下的系统的可用度。可见,使用可用度可以反映系统在实际使用环境下所具有的可用性。

使用可用度按式(8-27)计算,即

$$A_o = \frac{\overline{T}_{bm}}{\overline{T}_{bm} + \overline{D}} \tag{8-27}$$

式中 $\overline{D}$——平均不能工作时间。可用式(8-25)计算,即

$$\overline{D} = \frac{M(T)(\overline{M}_{ct} + \text{MLDT}) + (T/T_{pm}) \cdot \overline{M}_{pt}}{M(T) + T/T_{pm}} \tag{8-28}$$

式中 MLDT——平均保障延误时间。

以上几种可用度表达式,都是已知可靠性、维修性和保障性等参数情况下的可用度表达式。若在实际中能够统计出系统的工作时间、维修时间等具体数据,那么也可以用统计数据计算固有可用度、可达可用度和使用可用度。

8.3 维修保障资源分析与确定

维修保障资源是装备维修所需的人力、物质、费用、技术、信息和时间等的统称。维修保障资源在装备研制期间规划得如何、在装备使用期间运用得如何对于装备保障性和战备完好性水平有着重要影响。在此,仅就维修保障资源分析与确定的必要性、主要依据、基本流程进行讨论,维修备件的分析与确定方法见8.4节。有关维修人员人力、维修设备、维修设施等维修保障资源分析与确定的基本方法可参见其他文献。

8.3.1 维修保障资源分析与确定的必要性

维修保障资源是实施装备维修的物质基础和重要保证,无论是平时训练还是战时装备抢修,维修保障资源合理与否都具有举足轻重的影响,不仅直接影响着装备战备完好性水平和部队战斗力,而且也直接影响着装备的保障费用和保障工作负担。

维修保障资源是维修保障系统中的重要组成部分,缺少维修保障资源(或设置不合理),无论是平时还是战时都将会付出代价。我军多年的维修保障实践很能说明这一点。例如,某侦察雷达装备部队5年,无维修技术资料,部队不会用、不会修,引起许多故障,使80%~90%

的雷达返回工厂修理。各种装备维修技术资料"滞后"若干年,严重地影响了装备应有性能的发挥。再如,在某部队演习中,动用了4种新装备,为排除故障,应急筹措器材204种、几千个备件才基本满足演习的需要。某型号飞机列装10多年后才基本配备了必需的设备,迟迟未能形成战斗力。无论是新研装备还是外购或仿制装备,缺少维修保障资源或保障不力,都将严重影响部队训练和任务完成。同样,维修保障资源确定得不合理往往会造成部分资源严重短缺与部分资源严重积压共存的现象,直接影响着部队装备的战备完好性和机动能力。要提高其军事经济效益,必须对装备的维修保障资源进行分析规划,并在使用期间不断得以优化。

新的军事战略和作战原则对装备维修保障工作提出了新的挑战。高技术在装备上的应用和军费的限制,部署的机动性要求和作战速度、作战强度的提高,各种资源消耗和供应保障的时效性等,要求装备具有高效运行的维修保障系统,具有合理的与部队装备体系相匹配的维修保障资源。要实现这些要求,最有效的办法就是在装备研制期间及早开始分析规划各项维修保障资源,并随着研制过程的进展和装备的部署使用不断使其完善和优化。

8.3.2 维修保障资源确定的主要依据

进行装备维修保障资源确定的主要依据如下:

1. 装备的作战使用要求

装备的编配方案、作战使用要求、寿命剖面、工作环境等约束条件,不仅是装备论证研制的依据,而且也是维修保障资源确定与优化的基础。例如,对于编配到机动作战部队的装备,要求其维修保障资源便于机动保障;在使用要求中,首要的是作战要求与敌方的威胁,这对备件、保障设备及人力要求都有很大的影响。再如,导弹系统需要长期储存,应确定适应其包装、储存和监控所需的维修保障资源。至于维修保障资源的分级保障方式及其储备量等也需根据装备的编配方案、使用要求、工作环境以及费用等约束条件加以确定和优化。

2. 装备维修方案

装备维修方案是关于装备维修保障的总体规划,是从总体上对装备维修保障工作的概要性说明,其内容包括维修类型、维修原则、维修级别划分及其任务、修理策略、各维修级别主要维修保障资源和维修活动约束条件等。显然,装备维修方案不仅为确定装备保障性要求提供基础,也为装备设计和装备维修保障资源确定与设计提供重要依据。例如,如果装备维修方案不允许在使用现场使用外部测试与保障设备,那么,在主装备内应设计某种机内自动检测设备。

3. 维修工作分析

维修工作分析所确定的各个维修级别上的维修工作和工作频度,是维修保障资源确定的主要依据。维修资源分析主要根据完成维修工作的需要来确定维修保障资源的项目、数量和质量要求,从而保证在预定的维修级别上,维修人员的数量和技术水平与其承担的工作相匹配;储备的备件同预定的换件工作和"修复—更新"决策相匹配;机工具以及检测诊断和保障设备同该级别预定的维修工作相匹配等。

8.3.3 维修保障资源确定的约束条件

1. 约束条件

在确定装备维修保障资源时,应考虑以下约束条件。

（1）环境条件。装备的维修保障资源应与装备的战备要求和工作环境相适应。

（2）资源条件。尽可能满足部队现行的维修保障体制,利用部队现有的维修保障机构、人员、物资确定新装备的维修保障资源。尽量避免使用贵重资源,如贵重的保障设备和备件以及高级维修人员等。

（3）费用条件。应在可以承受的寿命周期费用下,确定装备所需的维修保障资源。

2. 维修保障资源确定的一般原则

（1）维修保障资源的确定与配置,要遵循我军新时期的战略方针,以确保装备战备完好性为主要目标,适应战时靠前抢修和换件修理的要求,实行专项保障和划区协同保障相结合的原则。

（2）维修保障资源规划要与装备设计进行综合权衡,应尽量采用"自保障"、无维修等设计措施以简化对维修保障资源的要求。

（3）应着眼部队保障系统全局,合理确定维修保障资源,以减少维修保障资源的品种和数量,提高资源的利用率,降低维修保障资源开发的费用和难度,简化维修保障资源的采办过程。

（4）尽量选用标准化、系列化、通用化的保障设备、器材。

（5）选用国内有丰富来源的物资;除须专项研制者外,尽可能利用市场采购产品。

8.3.4 维修保障资源确定的层次和范围

维修保障资源的分析、确定与优化是个决策问题,因此决策的层次性和装备系统本身的层次性决定了维修保障资源分析、确定与优化将具有不同的层次和范围。权衡所针对的层次由低到高,主要如下:

（1）针对单台(件)装备。研究确定其携行的维修保障资源,如工具、备件、检测设备或仪表、使用维护手册等,以完成规定的由操作手(含部分基层维修人员的帮助)能够承担的日常使用维护工作。

（2）针对某个型号装备群体。研究在某个维修级别上(首先应考虑基层级)应配置的维修保障资源,包括一些较大的备件、专用工具、设备以及修理技术规程和维修人力要求等。

（3）针对武器系统。如高炮武器系统,包括高炮、弹药、雷达、指挥仪和电站等不同类型装备的组合。应尽可能采用几种装备通用的维修保障资源,如工具、设备、备件等。维修保障资源在这一层次的确定与优化,应当在装备系统的编成构想中,对装备系统各组成部分(具体型号装备),分别提出维修保障资源的要求,作为装备初始维修方案的依据,然后统一加以规划。

（4）针对部队保障系统。如旅(团)、师、军乃至更高层次部队维修保障系统。它的保障对象是多种类型装备或武器系统。例如,对陆军部队包含枪、炮、导弹、无人机、装甲、车辆、通信、工程、防化装备乃至直升机等各种装备,应着眼整个部队装备保障系统的优化,考虑各种维修保障资源配置。

（5）针对军兵种及全军性装备保障系统。其保障对象包括军兵种或全军的各种类型装备或武器系统,而保障的级别不仅包括部队基层级、中继级,而且包括基地级。对专用装备,实行军兵种保障,对通用装备实行划区统筹统供维修。其保障资源要从军兵种及全军角度进行权衡和优化。

显然,维修保障资源的分析、确定与优化是武器系统发展总规划的一部分,首先应在高层次上作出规划决策,并将目标任务细化分解,对较低层次维修保障资源提出明确的要求和目标,以保证维修保障资源的整体优化。

维修保障资源的分析、确定和优化从时间上说,应当贯穿于装备的整个寿命周期,包括论证研制、初始部署和正常使用阶段。不但要考虑平时,也要考虑战时的维修保障资源问题。此外,还必须考虑装备停产后的维修保障问题。

8.3.5 维修保障资源分析与确定的基本流程

维修保障资源分析、确定与优化贯穿于装备寿命周期各个阶段,是一个渐进的过程。无论是在装备研制阶段规划装备保障资源,还是在使用阶段优化装备保障资源,都应结合装备作战使用任务需求,运用相关的装备保障分析理论和方法,分析、确定装备使用与维修所需的各种保障资源。在此,结合有关资料,给出一装备维修保障资源分析与确定的基本流程,如图8-2所示。

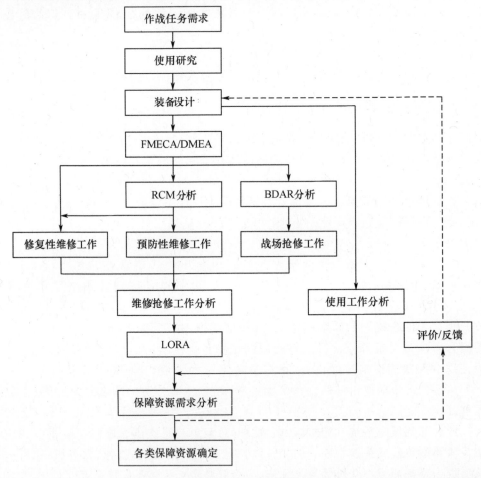

图8-2 保障资源分析与确定基本流程

由图8-2可以看出,维修保障资源分析、确定数据的输入,不仅与装备作战任务需求和设计有关,更重要的是来自于故障模式影响与危害性分析(FMECA)或故障模式与影响分析(FMEA)/损坏模式与影响分析(DMEA)、以可靠性为中心的维修分析(RCM)、战场损伤评估与修复分析(BDAR)、修理级别分析(LORA)等保障性分析的结果。

8.4　维修备件分析与确定

维修备件的分析、确定与优化问题一直是维修理论最活跃的研究领域之一,也是部队装备维修保障工作中最具挑战性的重要问题之一。一方面,在装备使用过程中需要备件时,人们期望能有维修备件以更换装备的零部件;另一方面,对于不需要或需求少的维修备件,从备件费用以及保障工作负担等方面来讲又期望不存或少存这些维修备件。在维修备件上多储存一个备件,意味着当需要时就少一些停机损失,而多储存一个备件又意味着在堆放、装卸、运输等方面的费用会随时间增长而不断上升,同时,由于维修备件有限的储存寿命又会使其逐渐陈旧过期报废。对于部队众多型号武器装备,在系统寿命周期内花在维修备件上的费用可能远远超过装备本身的费用。所花费的费用既取决于装备自身的可靠性、维修性和保障性,又取决于部队装备维修作业和维修保障情况。对部队装备大量的维修备件,即使是在预测备件需求时有一个小的差错,也可能在备件费用和装备保障效果上造成巨大的差异。本节仅对备件需求的主要影响因素以及消耗性备件确定的基本方法进行讨论。

8.4.1　基本概念

(1) 备件,是指产品损坏后用于维修更换的零部件或组件。可进一步将备件分为消耗性备件和可修件。

① 消耗性备件,也称为耗损类备件,它是指那些一旦损坏将不进行修理的零部件。将一个产品归为消耗性备件并不意味着该产品一定没有修复的可能性。

② 可修件,是指出现故障时可以被修复的零部件或组件。

(2) 备件需求率,是指单位时间内备件的需求量。它反映了装备(设备、系统)对备件需要的程度。

(3) 备件满足率,也称为不缺货的概率或备件充足度、备件保障度,是指在规定的时间期间内,现存量可以满足需求的程度或概率。

8.4.2　备件需求主要影响因素

备件需求不仅取决于零部件自身的质量与可靠性水平,还与装备使用、维修策略以及装备管理等因素有着直接的关系。其主要影响因素如下:

1. 零部件内在质量

(1) 零部件的故障率。零部件的故障率是装备(产品)的一种固有质量特性,它反映了零部件本身的设计与制造水平,其大小直接影响着备件的需求率。所以,提高零部件的设计与制造质量是减少备件需求的根本措施。

(2) 零部件对损坏的敏感性。这是指在搬运、装配、维修和使用过程中,零部件因非正常因素而受到损坏(含战场损伤)的程度。该非正常因素主要包括人为差错、操作不当和战斗损伤。例如,在运输、装配或储存过程中,零部件可能在搬运过程中被损坏,或在维修过程中被安装工具所损坏。此外,有些零部件在使用过程中需要定期进行调整,这类零部件有可能因调整不当而被损坏,或因未能及时调整而损坏。

2. 外部使用条件

(1) 工作应力。同一零部件在不同的装备上使用,或虽在同一装备上,但由于安装位置不同,其受到的工作应力以及周围环境状况的影响也不同,发生故障的可能性对备件的需求也将不同,所以,零部件的工作应力对于其故障率有着重要影响。

(2) 使用强度。装备系统的工作状况、工作模式(如连续使用或间断使用)、年使用时间(小时、里程、次数等),特别是超出正常使用要求范围的使用,一些零部件的故障率也会有显著的不同。超出正常范围的使用,一方面可能表现为使用的连续时间过长或应力应变状况超出了设计条件,另一方面使用过少或长期不使用,也可能造成某些零部件变质或性能下降。

3. 装备维修

(1) 拆修。通常,在装备计划维修(如小修、中修、大修)期间,许多零部件将被拆卸,进行维修时大多会用一些新的零部件替换故障件或一些旧件。对于具有安全性后果的关键零部件,只要其达到规定的寿命(工龄),则要求对其进行更换,因而需要相应的备件。对于接近寿命晚期或已超过寿命中期的零部件,为了减少系统拆卸的次数也会用新的零部件加以更换。此外,在进行故障后修理时,往往利用机会对一些零部件进行检查并进行更换,这些工作都对备件的需求产生影响。

(2) 报告故障但并没发现故障。在装备使用期间,常会出现对报告的故障进行装备拆卸并加以检验确认。有时经过检查却并未发现故障,对于电子装备这种情况可能更为常见。例如,因为潮湿可能会引起暂时的短路,不稳定的供电电源可能引起某些元器件的暂时异常等。同样,机内测试设备有时也会因为软件错误等原因引起错误的报警。在出现这些非真实的备件需求信息时,尽管可能没有产生备件需求,但它会对系统的可用度产生影响,并产生相应的维修费用,那么在考虑与备件相关的费用时,也应考虑"虚假"故障的影响。

4. 装备管理

装备的使用管理也对备件需求有重要影响。比如不按规定进行装备使用或维修操作必定会造成过多的故障、人为损坏与丢失等,从而增大零部件的需求率。

此外,无论是硬件还是软件,由于技术更新因素或装备停产因素等也会对备件需求有着直接的影响。例如,软件升级或者软件故障的排除,通常对硬件的需求会发生改变,从而影响到对相关备件的需求。技术更新或装备停产对备件储存策略和备件需求也会产生重要影响。这些因素会使维修备件分析和建模问题更加复杂。

8.4.3 备件需求预计模型

用于备件预计的常用数学模型有两种,即基于齐次泊松过程和基于更新过程的备件需求预计模型。当备件需求率为常数(即指数分布)时,可用齐次泊松过程预计模型,当需求率不是常数时,可用更新过程预计模型,对后者本书暂不进行讨论,可参见参考文献[10]等。

1. 齐次泊松过程(HPP)

设 $N(t)$ 表示在时间段 $[0,t]$ 内某事件发生的次数(如备件需求发生的次数),那么 $\{N(t), t \geq 0\}$ 是随机过程,$\{N(t), t \geq 0\}$ 称为计数过程。齐次泊松过程是一个满足下列条件的计数过程。

(1) $N(0) = 0$。

(2) 增量平稳性。即在任意区间内发生的需求数的分布仅取决于区间的长度。

(3) 增量独立性。即发生在任意两个不连贯的区间的需求数是独立的。

(4) 在长度 t 的任意区间内,需求数是以 αt 为平均需求的泊松分布。即对于所有 $t_0, t \geq 0$,有

$$P[N(t_0+t)-N(t_0)=n] = \frac{(\alpha t)^n}{n!}e^{-\alpha t}, \quad n=0,1,2,\cdots \quad (8-29)$$

在持续时间 t 期间,期望的需求数为

$$E[N(t)] = \lambda t \quad (8-30)$$

2. 备件满足率模型

假设某零部件的初始库存为 N,故障后该零部件不修理(不返回库存,或将该件视为消耗性备件),任务期间库存不加以补充。X 为在规定时间 t 内所需某类备件的数量,其为随机变量。那么,在规定的使用周期,当需求数超过初始库存水平 N 时,库存备件才会用完。利用 HPP 模型,对于使用(或作战任务)持续时间为 t 的库存满足率 $P(X \leq N)$ 可表示为

$$P(X \leq N) = \sum_{x=0}^{N} \frac{(\lambda t)^x}{x!} e^{-\lambda t}, \quad x=0,1,2,\cdots,N \quad (8-31)$$

如果每次拆卸则消耗该备件,那么在规定使用周期内,备件的需求数即为拆卸数,此时,$\alpha = 1/\text{MTBR}$,式(8-28)可写为

$$P(X \leq N) = \sum_{x=0}^{N} \frac{(t/\text{MTBR})^x}{x!} e^{-\frac{t}{\text{MTBR}}} \quad (8-32)$$

式中 MTBR——平均拆卸间隔时间。

在大多数情况下,MTBR 可用平均故障间隔时间(MTBF)替换。式(8-32)之所以用 MTBR 是因为备件需求有可能是由于故障以外的其他因素所引起的。

例 8-2 已知某零件的平均拆卸间隔时间为 200h,任务持续时间为 900h。试求库存满足率为 90% 下需要储存的备件数。

解 由式(8-31)得

$$P(X \leq N) = \sum_{x=0}^{N} \frac{\left(\frac{t}{\text{MTBR}}\right)^x}{x!} e^{-\frac{t}{\text{MTBR}}} = \sum_{x=0}^{N} \frac{(900/200)^x}{x!} e^{-\frac{900}{200}} = \sum_{x=0}^{N} \frac{4.5^x}{x!} e^{-4.5} = 0.9$$

计算或查泊松分布表,结果如表 8-4 所列。

表 8-4 不同备件数时的库存满足率

备件数 k	$\dfrac{(\alpha t)^x}{x!}e^{-\alpha t}$	$P(X \leq N) = \sum_{x=0}^{N} \dfrac{(\alpha t)^x}{x!}e^{-\alpha t}$
0	0.011109	0.011109
1	0.049990	0.061099
2	0.112479	0.173578
3	0.168718	0.342296
4	0.189808	0.531376
5	0.170827	0.702203
6	0.128120	0.830323
7	0.082363	0.912686

所以,储存该件 7 个即可达到要求的库存满足率。

3. 齐次泊松过程应用限制

泊松过程模型一般只在需求间隔时间服从指数分布情况下应用,即需求率为常数。这也

意味着具有工龄(年龄)相关故障机制的产品不适宜利用泊松过程模型。严格地说,只有当需求是由非工龄相关原因(如偶然因素导致损坏)才可以应用泊松过程模型。

在一个具有大量零件的现场可更换单元/外场可更换单元(Line Replaceable Unit,LRU)中,如果每个零件均可利用独立的更新过程进行建模,Palm 与 Drenick 理论认为,在稳态情况下,LRU 层的需求(拆卸)间隔时间服从指数分布。由该理论可以推得,泊松过程可以用于较高约定维修层次的备件建模。可以证明,对于包含少数几个消耗性零件的系统,在有限的时间区间内其需求是不服从恒定需求率的。

习　题

1. 什么是保障性？请查找装备或产品使用说明书中提到的有关保障性参数与要求,并对其进行说明。

2. 什么是维修保障系统？试用自己熟悉的装备或产品说明维修保障资源的主要要素和作用。

3. 什么是可用度？在工程实际中,为什么将可用度又分为多种可用度？

4. 已知某装备的寿命与修复时间均服从指数分布,其中位寿命为 168h,维修度为 95% 时的最大修复时间为 30h,试求该装备的固有可用度。

5. 试说明在进行装备维修保障资源确定时主要的输入信息有哪些。

6. 结合自己熟悉的装备或产品,试说明影响备件需求的主要因素。

7. 已知装备上某零件的平均故障间隔时间为 250h,若每次故障即产生备件需求,装备任务持续时间为 1000h,试确定库存满足率为 95% 时需储存该备件的数量。

第 9 章 寿命周期费用与保修分析

产品的可靠性、维修性和保障性不仅对装备作战和训练使用有着重要影响,对于装备的寿命周期费用也有着重大影响。进入新世纪,人们更加重视武器系统的经济可承受性问题,其核心是提高装备的系统效能、降低寿命周期费用。本章首先介绍寿命周期费用概念和分析方法,进而探讨装备可靠性与保修策略问题。

9.1 寿命周期费用分析

9.1.1 寿命周期费用组成

寿命周期(Life Cycle)是指装备从立项论证到退役报废所经历的整个时间。它通常包括论证、方案、工程研制与定型、生产、使用与保障以及退役等阶段。

寿命周期费用(Life Cycle Cost,LCC)是 20 世纪 60 年代出现的概念,它是指在装备的寿命周期内,用于论证、研制、生产、使用与保障以及退役等的一切费用的总和。

可以将装备寿命周期费用分为 5 类,即论证阶段费用、研制阶段费用、生产阶段费用、使用阶段费用、退役阶段费用。由装备论证、研制和生产制造所形成的采购费用也称为获取费用。由于它是一次性投资,所以也称为非再现费用。在使用过程中的使用、维修保障费用称为使用保障费用。由于它是重复性费用,所以又称为再现费用或继生费用。各类费用还可以进一步细分。例如,研制阶段费用包括研究、开发、工程设计、设计文档以及相关的管理费用等;生产阶段费用包括制造费用、试运行费用、管理费用和其他间接费用等;使用阶段费用包括运转费用、维修保障费用等;退役阶段费用包括分解费用、循环利用单元处理费用、废物处理费用等。

对于武器系统来说,寿命周期费用 C_{LC} 可用式(9 – 1)表示,即

$$C_{LC} = \sum_{i=1}^{5} C_i = C_1 + C_2 + C_3 + \underbrace{\left(\sum_{i=1}^{n}\sum_{j=1}^{m} O_j + \sum_{i=1}^{n}\sum_{j=1}^{m} M_j\right)}_{C_4} + C_5 \qquad (9-1)$$

式中 C_1——论证阶段费用;
C_2——研制阶段费用;
C_3——生产阶段费用;
C_4——使用阶段费用;
C_5——退役阶段费用;
O_j——使用费用($j = 1, 2, \cdots, m$);
M_j——维修保障费用($j = 1, 2, \cdots, m$);
n——系统寿命年数;
m——费用类别数。

寿命周期费用概念无论对研制生产部门还是使用部门都具有重要意义,因为它提供了正

确衡量费用消耗的评价标准。它使研制生产部门和使用部门认识到只有降低寿命周期费用,才可真正实现装备的经济性。这就需要全面考虑设计和使用中的费用分配问题,强调提高装备的可靠性、维修性和保障性,减少资源消耗,降低使用和维修保障费用。使用部门一旦决定购买某装备,就意味着要负担该装备的寿命周期费用。由于新装备的研制和生产成本不断提高,维修保障费用开支日趋庞大,迫使军方在做出购买装备决策时,不仅要考虑武器装备的先进性和当前是否"买得起",还要考虑整个使用期间(10年或20年甚至更长时间)是否"用得起""修得起"。而衡量是否既买得起又用得起、修得起的总尺度就是寿命周期费用。

长期以来,传统的观点只重视装备的性能和采购费用,轻视使用和维修保障费用,这种观点的产生与以往装备比较简单、保障费用微不足道有关系。现代装备日益复杂,其保障费用明显增大,这些费用虽然是零星支付的(一般以年为单位),但在其寿命周期内费用总额却非常可观。人们常将费用的可见性和不可见性比作"冰山效应",研制和生产费用只是冰山露出水面的一小部分,而水面下的使用保障费用却要大得多。如果看不到这一点,则很容易会撞到冰山上。

9.1.2 寿命周期各阶段对装备 LCC 的影响

众所周知,装备寿命周期费用的多少主要取决于寿命周期早期的方案设计和初步设计阶段所作出的工程和管理决策。据美国 B-52 飞机寿命周期费用估算研究表明,各个阶段对 LCC 的影响程度是不相同的,如图 9-1 所示,其中,论证(含初步设计)阶段影响 85%,研制阶段影响 10%,生产阶段影响 4%,使用阶段影响 1%。据报道,目前包括波音 787 在内的民用飞机其研发设计阶段就决定了后期维修费用的 80% 以上。可见,对于不同装备,各阶段决策对 LCC 的具体影响程度可能是不一样的,但基本规律是一致的,即寿命周期费用主要取决于论证与研制阶段,到生产和使用阶段就难以再作很大的改变了。

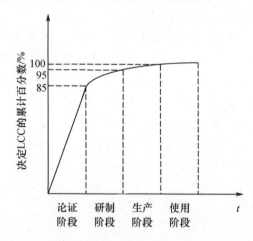

图 9-1 B-52 飞机寿命周期各阶段对费用的影响示意图

上述研究说明,寿命周期费用必须及早考虑,尤其是减少使用维修费用的措施,在研制阶段就应加以研究解决。例如,对装备的保障方式、维修方式、方法、手段等,在研制过程中就应作出决断,以免贻患于使用阶段,造成过高的继生费用。

装备的获取费用和使用保障费用彼此间也是密切相关的,在既定性能要求下,提高装备的可靠性、维修性和保障性,往往会增加设计研制费用,但却可以显著降低装备的使用保障费用。

实践表明,由于获取费用是一次性投资,使用保障费用是若干年内的连续性投资,因此在装备研制过程中增加投资以改善装备的可靠性、维修性和保障性,不仅可以换来寿命周期费用的较大减少,而且可以有效提升装备的战备完好性水平。

需要指出的是,尽管装备寿命周期费用主要取决于早期的论证与研制阶段,但是,即便如此,在装备使用阶段仍有相当大的可能性去降低系统的寿命周期费用。这是因为寿命周期费用不仅与装备的可靠性、维修性和保障性密切相关,而且与装备的使用及维修保障方式息息相关,与规定的战备完好性水平直接相关。例如,装备哪些故障件可修、在哪里进行维修、哪些故障件应直接报废、储存什么备件、在哪里储存备件、何时采购备件等都直接影响到装备寿命周期费用的大小。国内外大量实践证明,在装备使用阶段通过某些设计与维修保障改革,减少装备维修保障费用是大有作为的,对于现代复杂装备更是如此。

9.1.3 寿命周期费用分析主要作用

进行装备寿命周期费用分析的主要目的是评估和优化装备的寿命周期费用,以满足装备使用和维修保障需求。装备寿命周期费用分析内容和作用主要如下:

(1) 为装备寿命周期各阶段决策提供输入。
(2) 在装备寿命周期内,确定系统的主要费用因素,评估所有需要的费用项目。
(3) 在装备设计方案选择中,通过费用比较,选择一个合理的、效费比更高的系统设计方案。
(4) 获得装备费用投资的全部方案图。
(5) 预测装备的使用和保障费用。
(6) 减小投资风险,提高寿命周期费用评估的准确性。
(7) 提高费用投资的效益等。

LCC分析在装备寿命周期不同阶段中所起的作用是不相同的。分析目的不同,由此带来的分析内容也有所不同。

在论证阶段,通过进行寿命周期费用分析,可为决策者确定装备战技指标提供决策依据。虽然分析的数据不那么准确,但这种早期分析结果对于指标的权衡和确定具有重要价值。

在方案阶段,若已有了样机,分析模型有了更多的数据。这时寿命周期费用分析能帮助决策者对拟用的诸方案作出评价和论证,对于最佳费用—效果方案的最后确定起着关键作用。

在工程研制阶段,这时设计已详细地确定,尽管此时进行权衡的余地已不多,但是寿命周期费用分析仍是决定详细设计以及维修原则和维修措施的重要因素。因为在寿命周期费用中,使用与维修费用主要取决于系统的保障特性和保障要素。军方若提出最低的寿命周期费用要求,将会促使设计生产部门在研制阶段主动考虑系统的可靠性、维修性、保障性设计和保障要素。

在生产和使用阶段,寿命周期费用分析主要用于论证和评价系统(含保障要素)的改进措施,同时,通过获取过程的有关数据,以提高未来系统的寿命周期费用估算能力。在进行装备部署、使用、储备、维修及报废等决策时,费用也是重要因素,往往需进行有关费用或寿命周期费用分析。

当然进行寿命周期费用分析常常也有不少困难,一是数据分析有时误差较大。因为分析新装备常常是以旧装备的经验为基础进行估算的,难以精确,建立有效的数据收集系统比较困难;二是分析项目很多,影响费用的各因素的组合也很复杂,即实际估算是比较复杂的。

9.1.4 寿命周期费用分析一般程序

LCC 分析的一般程序如图 9-2 所示。

(1) 确定费用分析任务。首先明确 LCC 分析的任务、目标、准则和约束条件，明确或确定要分析系统的各种备选方案，确定 LCC 分析的计划。

(2) 费用模型分析。为了进行 LCC 分析，需要明确地描述出系统的寿命周期，明确系统的使用要求、维修规划和主要功能组成，确定 LCC 分析的评估准则，建立系统的费用分解结构图(Cost Breakdown Structure, CBS)，确定影响费用的主要因素和变量，明确基准比较系统以及数据需求和模型的输入输出要求。

(3) 建立与确认费用模型。通过上一步分析，根据模型输入输出要求，选择费用模型。若无适用的费用模型，则应根据费用影响因素、变量和有关数据，建立新的费用模型并进行模型检验和确认。若有适用的费用模型，则使用该模型进行运算和分析。

(4) 收集数据。进行 LCC 分析所需数据范围很广，工作量很大，不仅要收集相似装备的 LCC 数据，而且要跟踪、收集新研装备的各种费用数据。通过费用数据分析和预计，确定出高费用项目和高费用区域，确定费用—效能关系，为决策分析提供支持。

(5) 评估分析。运用费用模型对各种备选方案进行评估分析，并与基准系统相比较，通过进行盈亏平衡分析和灵敏度分析，对各种备选方案进行权衡分析。

(6) 形成分析结果。通过分析，提出方案选择或改进等方面的建议，提供费用风险及置信水平，确定出高费用项目和高风险区域，为进行管理和决策提供重要依据。

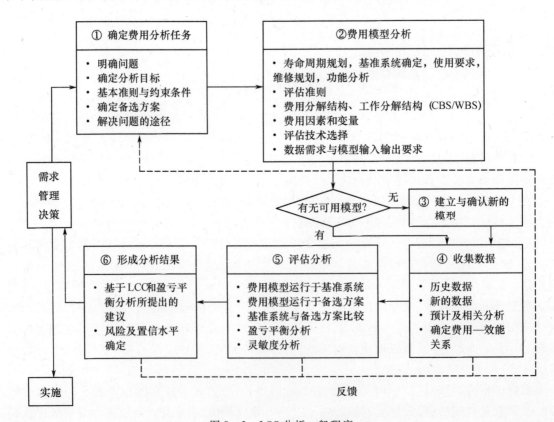

图 9-2 LCC 分析一般程序

9.2 寿命周期费用估算

9.2.1 寿命周期费用估算程序和方法

1. 寿命周期费用估算的一般程序

寿命周期费用估算的一般程序如图 9-3 所示。

（1）确定 LCC 估算目标。根据装备所处的阶段及 LCC 估算的具体任务，确定装备 LCC 估算的目标、范围及精度要求。

（2）明确 LCC 估算假设和约束条件。估算 LCC 应明确某些假设和约束条件，一般包括装备研制的进度、列装数量、部署方案、供应与维修机构的设置、使用方案、保障方案、维修要求、任务频次、任务时间、使用年限、利率、物价指数、可利用的历史数据等。凡当时不能确定而估算时又必需的约束条件都应假设。随着研制、生产与使用的进展，原有的假设和约束条件会发生变化，某些假设可能要转换为约束条件，应当及时予以修正。

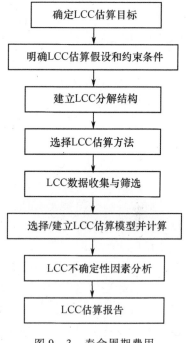

图 9-3 寿命周期费用估算的一般程序

（3）建立 LCC 分解结构。根据估算的目标、假设与约束条件，确定费用单元和建立费用分解结构。寿命周期费用分解结构是指按硬件、软件和寿命周期各阶段的工作项目，将寿命周期费用逐级分解，直至基本单元为止。按序分类排列的费用单元体系，简称为费用分解结构。这里，费用单元是指构成寿命周期费用的费用项目；费用单元是可以单独进行费用计算的。不同类型装备和同类装备在不同条件下可以有不同的费用分解结构。典型装备的费用分解结构一般包括论证与研制费、购置（生产）费、使用与保障费及报废处理费。寿命周期费用分解结构的详细程度可以因估算目的和估算所处的寿命周期阶段的不同而异。但是，建立费用分解结构一般应遵循以下要求：必须考虑整个装备系统在寿命周期内发生的所有费用；费用分解结构应尽量分解到基本费用单元为止；每个费用单元必须有明确的定义，与其他相关费用单元的界定分明，并为使用方与承制方的费用分析人员及项目管理人员所共识；每个费用单元要有明确的数据来源，要赋予可识别的标记符号及数据单元编号。

（4）选择 LCC 估算方法。根据费用估算与分析的目标、装备所处的寿命周期阶段、可利用的数据及其详细程度、允许进行费用估算与分析的时间及经费，选择适用的费用估算方法。具体选择何种方法应视具体情况而定，主要原则是当采取更精确估算方法所需的条件成熟且认为有必要时，费用估算方法就应当及时进行调整。一般应考虑以下 4 个关键因素：一是进度要求，主要考虑完成估算时间要求，是否有足够时间完成相关数据收集和分析数据等；二是资源要求，主要考虑完成估算可以利用的人力及所需经费需求；三是数据要求，主要考虑完成估算所需数据、需要哪些数据以及可以采取的数据收集方案等；四是用户期望要求，主要考虑估算的目的和用途、估算精度要求等。

(5) LCC 数据收集与筛选。按费用分解结构收集各费用单元的数据,收集数据应力求准确可信;筛选所收集的数据,从中剔除及修正有明显误差的数据。

(6) 选择/建立 LCC 估算模型并计算。根据已确定的估算目标与估算方法、已建立的费用分解结构,建立适用的费用估算模型,并输入数据进行计算。计算时,要根据估算要求和物价指数及贴现率,利用普通复利基本公式表将费用换算到同一个时间基准。

(7) LCC 不确定性因素分析。不确定性因素主要包括与费用有关的经济、资源、技术、进度等方面的假设以及估算方法与估算模型的误差等。对某些明显的且对寿命周期费用影响重大的主要因素,如可靠性、维修性和高新技术的运用,应当进行敏感度分析,以便估计决策风险,提高决策的准确性。

(8) LCC 估算报告。按规定要求撰写寿命周期费用估算报告。费用估算报告内容一般包括以下 3 部分内容:一是按估算流程详细叙述和论证每一部分的工作内容及做法;二是将计算得到的数值制成表格并绘制费用分布图;三是初步的分析、评价及建议等。

2. 寿命周期费用估算常用方法

费用估算的基本方法有工程估算法、参数估算法、类比估算法和专家判断估算法等。

1) 工程估算法

这种方法是一种自下而上累加的方法。它将装备寿命周期各阶段所需的费用项目细分,直到最小的基本费用单元。估算时根据历史数据逐项估准每个基本单元所需的费用,然后累加求得装备寿命周期费用的估算值。

进行工程估算时,分析人员应首先画出费用分解结构图(CBS,即费用树形图)。费用的分解方法和细分程度,应根据费用估算的具体目的和要求而定。若为综合权衡可靠性、维修性、保障性要求和设计,就应将可靠性、维修性、保障性费用项目单独细分出来。如果是为了确定维修资源(如备件),则应将与维修资源的订购(研制与生产)、储存、使用、维修等费用列出来,以便估算和权衡。不管费用分解结构图如何绘制,应注意做好以下几点。

① 必须完整地考虑系统的一切费用。
② 各项费用必须有严格的定义,以防费用的重复计算和漏算。
③ 装备费用结构图应与该装备的结构方案相一致,与财务的账目项目相一致。
④ 应明确哪些费用是非再现费用,哪些费用为再现费用。

图 9-4 是装备费用结构图的一个例子,它将论证和研制阶段的费用合称为研制费用,而将使用和维修费用分开。该图中的项目根据需要还可再分,如原材料费用还可细分为原材料采购费、运输费、储存保管费等。

显然,采用工程估算方法必须对装备全系统要有详尽的了解。费用估算人员不仅要根据装备的略图、工程图对尚未完全设计出来的装备作出系统的描述,而且还应详尽了解装备的生产过程、使用方法和条件、维修保障方案以及历史资料数据等,才能将基本费用项目分得准、估算得精确。采用工程估算方法进行装备寿命周期费用估算是一项很麻烦的工作,需要进行繁琐的计算。但是,这种方法既能得到较为详细而准确的费用概算,也能为我们指出哪些项目是最费钱的项目,可为节省费用提供主攻方向。因此,它仍是目前用得较多的方法。如果将各项目进行编码并规范化,通过计算机软件系统进行估算,那将更为方便和理想。

2) 参数估算法

这种方法是把费用和影响费用的因素(一般是性能参数、质量、体积和零部件数量等)之间的关系看成是某种函数关系。为此,首先要确定影响费用的主要因素,然后利用已有的同类装备的统计数据,运用回归分析等方法建立费用估算模型,以此预测新研装备的费用。建立费用估算参数模型后,则可通过输入新装备的有关参数,得到新装备费用的预测值。参数估算法最适用于装备研制的初期。

3) 类比估算法

这种方法即利用相似装备的已知费用数据和其他数据资料,估计新研装备的费用。估计时要考虑彼此之间参数的异同以及在时间、条件等方面的差别,还要考虑涨价因素等,以便作出恰当的修正。类比估算法多在装备研制的早期使用,如在刚开始进行粗略的方案论证时,可迅速而经济地给出各方案的费用估算结果。这种方法的缺点是不适用于全新的装备以及使用条件不同的装备,它对使用保障费用的估算精度不高。

4) 专家判断估算法

这种方法由专家根据经验判断估算,或由几个专家分别估算后加以综合确定,它要求估算者拥有关于系统和系统部件的综合知识。一般在数据不足或没有足够的统计样本以及费用参数与费用关系难以确定的情况下使用这种方法。

除上述4种方法外,还可以采用仿真等方法对寿命周期费用进行估算。

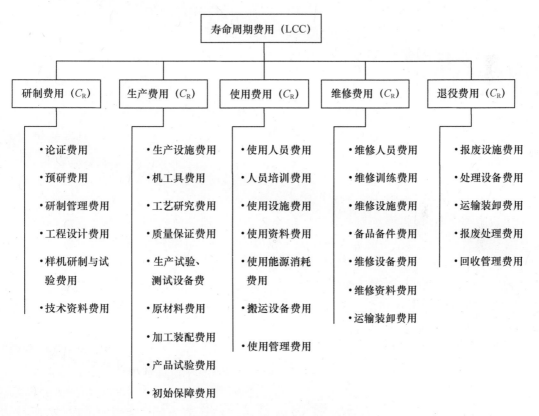

图9-4 装备费用结构图示例

9.2.2 影响寿命周期费用评估的因素

理论上可以比较容易地把装备寿命周期费用分为若干个部分进行估计和分析,但是在具体实践时可能会遇到各种各样的问题和困难,这是因为装备寿命周期费用与诸多因素相关。例如,某个具体的武器系统寿命周期估算涉及不同寿命阶段、不同采购时间和数量、不同服役年限、不同费用利率、不同通货膨胀率以及国家经济政策等方面的影响。有些因素应该认真对待,因为这些因素可能会从根本上影响装备的成本和后期的使用维修保障费用。

(1) 采购数量。装备采购数量与装备的采购价格有着非常直接的影响,采购数量大,由于原材料价格、设备利用率、生产成熟度等因素可以使装备的采购价格显著降低。采购数量除了与采购价格直接相关外,它还对装备的保障资源建设、装备的使用与维修费用等有着重要的影响。因此,在估算装备寿命周期费用和采购价格时,应尽可能地明确装备的采购数量与部署时间。

(2) 费用利率。在进行寿命周期费用分析时,费用利率是一个重要的影响因素,对于寿命周期费用分析的最终结果有着重要影响,这是因为装备的寿命周期各部分费用是在不同的时间消耗的,时间不同,相同数目的费用其实际价值也不相同。银行规定的利息实际上反映了费用随时间推移而产生利润这一情况。由于装备的寿命周期可长达数十年,因此,在计算费用时必须考虑费用的时间价值,只有将不同时刻的费用折算到同一个基准时刻,才能在同一标准下进行费用比较和分析决策。

(3) 通货膨胀。通货膨胀通常会引起装备采购价格和后续的使用维修保障费用更大幅度的上涨。据英国国防部统计,在 1990 年前的 30 年间,英国海军护卫舰采购价格上涨了约 20 倍,若扣除通货膨胀因素影响,那么舰船实际价格上涨了约 4 倍。我国自 20 世纪 90 年代以来,武器装备的采购价格以及使用维修保障费用也上涨迅猛,其中物价上涨是很重要的一个影响因素。由于装备(项目)论证研制持续多年,列装后服役 20 年甚至是 50 年以上(如美军 B52 轰炸机,或者如机场、码头等资产项目),因此必须对寿命周期内通货膨胀率进行认真考虑。因为像劳动力、原材料、能源、生产力水平变化等这些因素会随着经济环境的变化有较大变化,所以应尽可能每年评估一次通货膨胀因子,以避免采用单一的通货膨胀率而产生较大的风险。

(4) 装备寿命。一个装备或一种型号(项目)的寿命对于寿命周期费用估计和分析结果也会产生重要的影响,而预计装备的寿命本身也存在许多困难。通常人们在考虑装备的寿命时会涉及两种寿命,即物理寿命和经济寿命。装备的物理寿命(或称为物质寿命、自然寿命)是指装备从开始使用直至不能再用而报废所经历的时间。装备的经济寿命是指从装备使用到因为经济因素而将其淘汰所经历的时间。物理寿命和经济寿命一般是不一致的,对管理和投资者而言,产品的经济寿命相对来说更加重要。装备寿命周期费用评估实际上是一个经济评估,因此寿命周期费用评估更应建立在装备的经济寿命基础之上,而不是装备的物理寿命之上。

由于上述因素以及其他不确定性因素都对装备寿命周期费用评估结果有一定影响,因此,在依据装备寿命周期费用评估结果进行决策前还应进行必要的不确定性分析和风险评估。

9.3 装备保修与费用分析

保修是由制造商提供的产品质量保证,它规定了与所提供的产品和服务相关的责任。在产品寿命周期内,人们把保修也看作是一种重要的可靠性行为,它同样可以延长产品的寿命周期。可靠性是衡量产品质量的一种重要属性,对保修策略和寿命周期费用也有着很大的影响。因此,无论是在装备研制阶段还是在使用阶段,系统地考虑装备的可靠性和保修问题,不仅有利于使用方提高装备维修保障能力和水平,而且有利于装备承制方提高其装备质量、品牌知名度和售后服务保障的效益。本节主要对保修的有关概念、保修策略和保修管理等问题进行探讨。

9.3.1 保修的基本概念

1. 有关概念

保修是商家(制造商或销售商)对购买其产品或服务的用户所给予的文字或口头的一种保证。也可将其看作是买方与商家之间关于产品或服务销售所订立的合同协议。该合同说明了产品性能、买方的责任以及当产品故障不能满足规定的性能时担保人(通常为生产方)应该做的事情。保修可以是隐性的也可以明确地加以说明。

可见,保修是一种商业行为,主要体现为商家和买方之间的一种合约,可以看作是商家对买方关于维修或更换失效产品的承诺。保修是买卖双方之间的一种合同,当产品销售后保修即生效。保修的目的是约定产品在规定时间内发生故障时的责任。

保修通常会给卖方带来附加成本,而这些成本又依赖于产品的可靠性。如果卖方承诺当产品发生故障时进行更换或修理,那么决定产品总成本的关键因素就是承诺的保修时间长度和产品的可靠性水平。

用户把好的保修视为一种经济上的保护。如果用户所使用的产品在寿命周期内无法使用,那么,无论是否保修用户都不会认为该产品质量良好,也就是说,用户希望所购买的产品能够在其使用环境下正常工作,而不是经常进行有优惠的保修。从本质上讲,用户更喜欢产品在使用期内根本不出现返厂修理或更换,当所使用的产品故障后果会涉及安全或重大任务完成时更是如此。

需要注意的是,包修与保修是两个完全不同的概念,当一个产品在某个时期指定为包修时,这意味着该产品在这一时期内发生故障进行维修的全部费用均由卖方(生产方)负责。显然,这与保修的概念有着明显的不同。目前我国现有的法律法规中对这两个概念并没有给出明确的定义,所以,在现实生活中,一些企业或商家为了吸引消费者便在"包修"和"保修"上精心编织"文字陷阱",消费者在倍感实惠的同时难免掉入其中。希望消费者在购买商品以及维护自己的权益时,切记不要被一些文字所迷惑,以最大限度地保护自己的合法权益。

与保修相关的另一个重要概念就是延长保修(extended warranty),有时也称其为"服务合同"(service contract)。保修与服务合同的区别是,保修是产品采购的组成部分之一,它与所购产品是一个整体;服务合同则是买方自愿的而且是单独购买的,买方可能会有一些条款的选择。延长保修可以与保修相同,也可以不同。目前,延长保修也十分盛行,许多生活消费品、电子产品、汽车等商家都在采用。对于许多商家这也是其利润的主要来源。据有关资料报道,一些家电连锁店延长保修的收入可能已达到其利润的 50% 以上。

2. 保修的作用

保修的主要作用就是保护买卖双方。保修条款可以为用户提供保护,并以某种方式对缺陷产品索要赔偿,换句话说,用户可以以较小的代价进行修理或更换一个新的产品。保修条款的某些条件的特别规定也可以保护卖方,在这些条件下将不进行保修(如产品使用没有用于正常的目的,没有在正常的条件下使用,没有进行规定的保养等)。此外,规定赔偿的条件和范围、规定保修的零部件、限制赔偿的数额、限制或排除附带损失索赔等条款,也是卖方常常用来保护自己的招术。

从用户的角度看,保修有两个重要的作用:一是保护作用,如果产品不能像预期的那样运行,商家将会免费或以折扣的价格来为顾客修复或者替换这些产品;二是它会传递这样一种信息,较长的保修期也预示着该产品的质量比较好。

从商家的角度看,保修的作用也体现在两个方面:一是保护作用,在保修的条款里详细地说明了产品的使用条件、使用环境等,如果用户没有按照要求使用产品,商家将对这种情况下损坏的产品不实行免费维修或者收取一定的维修费用;二是可以提升其产品的声誉,因为能够提供较长的保修期也意味着产品的质量很好,这也是商家宣传其产品的一种常用策略。

9.3.2 保修策略

随着人们对保修理论研究的不断深入,保修策略的形式也越来越多样化。有很多类型的保修,在某些书中列出的保修不下 30 种,并且很多还有许多的变种。在此,仅对常见的保修策略进行讨论。

关于保修分类,可以按照所考虑保修的变量数进行划分。比如,仅仅根据日历时间的保修就属于一维保修。如果根据的是时间和使用情况那它就是二维保修。指明保修是否具有更新也是十分必要的。对于更新策略,每一次更换或修理其保修期都是重新开始计时的;对于非更新策略,被修理或更换的产品保修时间则是剩余的保修期。

为便于描述保修策略,用以下符号进行说明。

W:保修期时间。

C:产品的销售价格(买方的购买费用)。

X:产品故障的时间。

1. 一维保修策略

消费者最常见的保修包括免费保修(Free Replacement Warranty,FRW)、按比例保修(Pro Rata Warranty,PRW)和折扣(Rebate)保修策略。

策略 1:无更新的免费保修策略。在保修期内,商家同意免费修理或更换故障产品。超过保修期则终止。

策略 2:基本的折扣保修策略。在保修期内如果产品故障,商家同意赔付一定的费用 αC,这里 $0 < \alpha < 1$。

策略 1 之所以称为无更新保修策略,是因为它只是在保修期内对故障产品进行免费修理或更换,其保修期不因修理或更换而发生变化。对于不可修产品,就是若在保修期内故障,则免费进行更换,剩余的保修时间,即 $W - X$,若之后又发生故障,只要在保修期内仍然免费更换。对于可修产品则是,只要在保修期内发生故障都进行免费修理,直到保修期 W 为止。

策略 2 类似于免费保修,但它涉及退款而不是修理或更换产品。可以把退款用于购买更换新品。这里 α 为所退的采购价格的比例。如果 $\alpha = 1$,这就是典型的"全款担保",类似于策略 1,只是一个是给的现金一个是赔偿。要注意的是,这种策略对于制造商来说花的钱可能更多,因为退款是基于销售价而不是生产费用。这一策略的典型应用就是消费品,从比较便宜的产品到比较昂贵的可修产品(如汽车、冰箱、彩电)以及昂贵的不可修产品,如集成电路芯片和电子部件等。

最常用的是按比例保修,它属于可更新保修。

策略 3:可更新的按比例保修策略。在这一策略下,对于任何产品(既包括最初购买的产品,也包括在保修期内所更换过的产品),只要在保修期 W 内产品发生故障,商家将按照一定的费用比 $[1-W/X]C$ 进行更换。

这里更换一个新品的折扣费用与原来被更换品的使用时间是密切相关的。需要注意的是,策略3中给出的这个比例是线性关系。实际上,从理论上讲这一比例既可能是剩余时间 $(W-X)$ 的线性函数,也可能是非线性函数。该保修策略下被更换的产品保修时间是重新开始计时的。

在实际中,采用上述策略的组合也是十分常见的。最常见的组合保修策略是非更新的免费保修(FRW)与按比例保修(PRW)策略的组合。

策略4:FRW/PRW组合保修策略。该策略是,对于所购产品,在 $W_1(W_1<W)$ 时间内采用的是免费保修策略,在剩余的保修期内采用的是按比例保修策略。在该保修期内不重新计时。

值得说明的是,在上述几种基本的保修策略下可以变化出多种保修策略,在此不一一讨论。保修策略分类如图9-5所示。

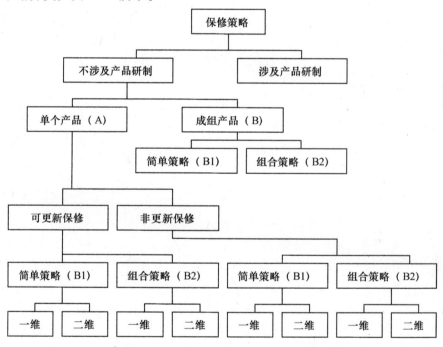

图9-5 保修策略分类

2. 二维策略

一维策略的特点是保修策略是一个区间,这也称为保修期,它是用一个单一变量(如时间、工龄、使用情况等)来定义的。对于二维保修,其特点是保修策略是二维平面上的一个范围或区域,通常是一个轴表示时间或工龄,另一个轴表示产品的使用情况。根据保修覆盖范围的形状可以定义多种不同类型的保修。

图9-6给出了常见的3种情形。图9-6(a)是常见的由时间和使用情况给定的保修范围。图9-6(b)表示的是商家向买方保证的最小时间、最小使用情况的保修范围。比较上述两个范围可知,图9-6(a)比较有利于商家,这是因为它对买方使用产品的最长时间、最大使用情况都给出了限定。对于使用较多的用户,由于总的用量先于保修时间达到 U,所以保修时

间在还没有达到 W 时保修就会终止。与此类似,对于使用较少的用户,在保修期 W 结束时其总的用量则会低于限值 U。相比之下,图 9-6(b) 的策略则比较有利于买方。图 9-6(c) 是图 9-6(a)、(b) 的折中。在这种情况下,给买方既提出了一个最小的时间 W_1 和最小使用情况 U_1,同时又给出了一个最大时间 W_2 和最大使用情况 U_2。尽管大家关注的二维保修都是基于图 9-6(a),但是图 9-6(c) 可能是一个更具吸引力的保修策略。

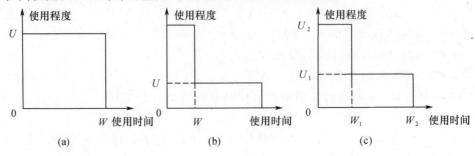

图 9-6 两维保修示意图

9.3.3 保修费用分析

进行保修费用分析将会涉及多个方面,需要构建费用模型以便进行保修费用定量分析。在此,仅对 FRW、PRW 等几个保修策略有关费用模型进行简单讨论。

1. 保修费用模型影响因素

用于分析保修的模型有多种,这包括市场学中的销售和需求模型、经济学中的成本等模型、产品设计及可靠性等方面的模型以及保修服务运营模型等。在实际中,应根据分析的目的分别对卖方和买方构建费用模型。

保修费用模型涉及多种因素,主要有以下几个:

(1) 保修类型。就制造商的成本而言,一般采用 FRW 保修策略会比采用组合 FRW/PRW 保修策略费用要高,采用 PRW 保修策略相对来说则比较低。保修期的长度、可更新性和其他保修特点对费用也有很大影响。从长远来看,买方成本也会受到影响,其受影响的情况与制造商的影响正好相反。

(2) 产品故障分布。由前面知识已知,MTBF 或 MTTF 是产品可靠性的重要参数,然而,即使其参数指标相同,产品的故障分布也可能会有很大不同,并对保修费用有着重要的影响。

(3) 产品维修性。对于可修产品,如果其故障后能够以比更换新品更低的费用进行修复,那么,可以有效地减少保修费用。

(4) 修复后或更换后产品的故障分布。更换后的产品故障分布(可能与原产品的故障分布不同)和被修复产品的故障分布(可能取决于维修类型以及该产品被修复的次数)也可能对保修费用有很大的影响。

(5) 随机费用。包括保修管理、备件储存、运输等相关费用。

2. 模型假设

为了构建保修费用模型,有必要对实际问题进行必要的假设,主要如下:

(1) 所有保修索赔都发生在产品保修期内(100% 保修)。

(2) 不存在非法索赔现象。

(3) 一旦产品故障便立即进行索赔。这意味着从产品故障到保修索赔这段时间相对于保修期和产品寿命而言是很短的。

(4) 在保修期内的赔偿(维修或更换)是即刻就能完成的。

(5) 每一个索赔的费用都是相同的,即索赔费用为一常数。实际上,该费用也是一个随机变量。在实际分析时常常使用平均维修费用。

(6) 所有维修或更换的产品都与原产品具有相同的寿命分布,即修复如新。

(7) 产品故障相互独立。

(8) 无论产品是否在保修期内,都假设买方购买的是相同的产品,并且故障分布相同。

(9) 所有参数均已知。对于分析人员,向买方供应的费用、维修或更换的费用、产品的寿命分布及其参数等,都是已知的或者是能够被估计出来的。

3. 费用模型案例

为了构建费用模型,先引入下述表示法,即

$$\mu_T = \int_0^T x \mathrm{d}F(x) \quad (9-2)$$

式中 μ_T——X 的局部期望,它是所有寿命小于 T 的产品的平均故障时间,即

$$M(T) = 在区间(0,T)中预期的故障数$$

式中 $M(T)$——更新函数。

假设用 C_s 表示商家所卖产品的平均费用(包括设计、生产、市场销售等),C_p 表示用户购买该产品的费用(即销售价格),C_r 表示每次维修的平均维修费用。下面以案例方式来讨论无更新的免费更换保修(FRW)和无更新的按比例保修(PRW)的费用模型。

1) 无更新的免费更换保修(FRW)费用模型

首先讨论对于保修期为 W 的不可修产品,在无更新的免费更换保修策略下,商家花费在每个产品的费用。

在无更新的免费更换保修策略下,商家期望的费用模型为

$$E[C_s(W)] = C_s[1 + M(W)] \quad (9-3)$$

例 9-1 假设某电子产品服从指数分布,其 MTTF = 6.5 年。已知提供一个新品的费用为 67.2 美元,试比较保修期为 6 个月和 1 年的无更新的免费保修费用。

解 对于指数分布,式(9-2)更新函数即 $M(t) = \lambda t$。

保修期为 6 个月时,商家在每个卖出的产品上的平均费用为

$$E[C_s(W)] = C_s[1 + M(W)] = 67.20 \left[1 + \frac{1}{6.5} \times 0.5\right] = 72.37(美元)$$

同理可得,保修期为 1 年时的平均费用为

$$E[C_s(W)] = C_s[1 + M(W)] = 67.20 \left[1 + \frac{1}{6.5} \times 1\right] = 77.54(美元)$$

由上可以看出,当保修期由 6 个月变为 1 年时,商家的保修费用会翻倍,从产品价格的大约 7.7% 增加到了 15%,产品成本费用由 72.37 美元变为了 77.54 美元。

对于可修产品情况会更为复杂些。对商家来说,平均费用依赖于维修策略、修理一个产品的平均费用和产品的寿命分布。Nguyen 和 Murthy 给出了一些有关可修产品的重要结论。如果可修产品能够修复如新,即维修后的产品与新产品具有一样的故障分布,那么,期望的费用

则为

$$E[C_s(W)] = C_s + C_r M(W) \tag{9-4}$$

2）无更新的按比例保修（PRW）

一个无更新的保修策略等同于一个提供了产品故障后退款的保修策略。用户可以不必用该退款再购买一个与该品牌相同的替换品。无论这种情况是否发生，从商家角度来说，该费用是基于供应一个产品的费用加上销售的价格，因为这是根据退款所得出的。对于这种按比例保修策略，商家的每个产品的期望费用为

$$E[C_s(W)] = C_s + C_p\left[F(W) - \frac{\mu_W}{W}\right] \tag{9-5}$$

对于很多分布，都可以得到估计局部期望的公式，由于计算比较困难，所以可借助计算机进行分析。对于指数分布，局部期望为

$$\mu_W = \lambda^{-1}[1-(1+\lambda W)10^{-\lambda W}] \tag{9-6}$$

例 9-2 已知某电子产品服从指数分布，且 MTBF 为 6.5 年，商家成本为 67.2 美元，假设销售价格为 105 美元，并且该电子产品具有 1 年的按比例保修，按比例保修是按比例退款而不是按比例进行价格分配予以更换。

由式（9-2）和式（9-5）计算可得商家的期望费用为 74.88 美元。

与例 9-1 结果相比可以看出，商家采用无更新的按比例保修要比无更新的免费更换保修所花费用更少，保修费用仅是 11% 而不是 15%。

9.3.4 保修管理

无论是制造商还是产品使用单位都应重视保修管理问题。目前，在多数管理者眼中，产品的保修费用仍只是一笔必须掏的钱，只有很少一部分人看出其中的巨大商机。埃森克公司曾对《财富》高科技企业 1000 强中的 35 家企业高层管理者进行了调查，结果显示，大多数被调查者认为自己在供应链管理、财务管理、销售管理等方面是佼佼者，而与这些方面表现大相径庭的是，他们大多认为自己在保修管理方面并非业内的领先者。这足以说明保修管理还没有引起多数管理者的足够重视。事实上，通过适当的管理完全可以降低保修费用，为企业节约大量成本，从而大幅提高盈利能力，甚至还能变废为宝为企业创造收入。

在此，仅对保修管理的手段进行简要说明。

1. 管理手段之一——数据分析

通过数据分析可以帮助用户或企业找出不合格的零件和零件供应商。一旦有充分的证据证明送修产品的某些故障主要是由供应商的产品质量造成的，那么企业可以将这部分保修账单交给该供应商。曾经有一家公司为某计算机设备制造商提供服务，结果发现有 20% 的次品都出自同一家供应商，该制造商随后从那家供应商处得到了赔偿。

通过数据分析可以帮助用户将故障信息及时反馈给承研承制单位和研发人员。若能将产品的故障信息及时反馈就有可能在产品寿命周期的早期将问题加以解决，从而提高产品的质量、声誉和销量。曾经有一家通信产品制造商，因为其销售的 60% 新产品被送回保修而蒙受了巨大的损失，假若该制造商能够及早发现问题所在并及时加以解决，那么其损失就有可能避免或大大减少。

通过数据分析还可以帮助企业识别保修请求中的欺诈行为。据埃森克公司对《财富》高

科技企业1000强的35家企业高管进行的调查显示,绝大多数管理者认为在保修中有不到2%的请求属于欺诈行为,有大约17%的管理者对保修请求中可能的欺诈行为还一无所知。通过数据分析可以帮助企业有效识别保修请求的真伪。比如,若同时出现大批序列号都非常新的送修产品这极有可能是一种欺诈行为,不排除是维修商从销售商那里购买了一批序列号再向制造商提出欺诈性保修的可能。通过识别送修请求中的欺诈行为,可以使企业避免上当受骗损失费用。

2. 管理手段之二——集中送修 + 外包

保修管理的另一个重要手段是改进保修处理流程,采取集中送修等处理方式。传统的保修处理方式是产品销到哪里就在哪里处理保修请求,比如国内一家电器公司的产品销到了马来西亚,其保修请求一般由马来西亚的销售公司负责处理,这样做的弊端是效率低下,也不利于进行数据分析发现问题。如果企业能建立标准化的保修中心,集中处理来自各地的保修请求,不仅可以大幅提高保修请求的处理速度,还可以大幅降低保修费用。目前,在保修处理方面,一种更为高效的管理手段就是外包。外包正在成为一种十分受欢迎的保修处理方式。一些高科技企业已经把保修流程中的部分环节外包给专业公司,其中,保修呼叫中心和送修物流服务是最为普遍的两个外包环节。还有一些企业甚至把整个保修流程都外包出去。实际上,外包模式也是美军合同商保障中的一种重要模式。外包的好处在于,可以让企业有效利用成熟的外部资源和技术,使自己更专注于自己的核心业务。通过外包可以让保修处理的速度提高10%~20%,可以使所需零部件获得率提高5%~10%,有效提升企业的服务水平和客户的满意度。比如,一家无线电信设备公司,通过将保修业务外包出去后,保修周期缩短了一半,保修费用也大幅减少,该公司将节省下的这部分费用用于给VIP客户提供更好的服务,如派专人去取VIP客户需要修理的手机,修好后再派专人送回,该项服务受到了客户的欢迎,大大减少了该公司高端客户的流失率。

3. 管理手段之三——延长保修

通过调查发现,许多企业只希望通过保修管理节约成本费用,还没有意识到保修还可以用来赚钱。在这方面,美国的一些企业做得较好,他们通过提供延长保修服务赚了大量的利润。延长保修服务指的是在规定的保修期之外提供的延长服务,为了得到这种服务消费者须支付一笔额外费用。事实上,由于这些产品出故障的概率并不高,因此,消费者为延长保修所支付的额外费用只有少部分真正用于产品的维修,大部分都成为企业的额外收入。可见,延长保修其实是非常有利可图的一项业务。一些曾经将延长保修服务产生的利润在财务列表中单独列出的上市公司,如今纷纷取消了这种做法,原因是他们担心这个数字过大会引起消费者保护协会的关注。当然,企业的保修管理战略还须与其整体竞争战略以及品牌定位等相一致。以价格领先为竞争战略的公司往往采用缩短保修期的方式以压低成本。比如戴尔公司将其针对个人用户的台式电脑和笔记本电脑的保修期从3年缩短为了1年,此举降低了其产品的售价,受到了消费者的欢迎。而针对企业用户,该公司并未将保修期缩短,因为企业用户的电脑一般是3年一换。而针对那些希望获得更长保修期的用户,戴尔公司也开拓了更长期的保修服务。值得说明的是,缩短产品保修期的做法对于高端产品的制造商并不一定合适,因为高端产品的消费者更愿意为得到更好的服务接受更高的价格。比如丹麦高档音响制造商B&O采取的就是这一策略,他们为每件产品都提供长达3年的保修期。在此期间,维修时所需的所有零件和人力将全部免费,这并不难理解,一个愿意花上万美元购买一台平板电视的顾客,显然希望能够享受长期的保修服务以避免产品使用中可能遇到的麻烦。

习 题

1. 什么是寿命周期费用？建立寿命周期费用的概念有何意义？
2. 产品早期决策对其寿命周期费用有何影响？
3. 什么是产品保修？它与包修有何不同？
4. 试举例说明你所熟悉产品的保修策略。
5. 试收集几个产品保修方面的案例，对其进行简单分析。

第10章 软件可靠性

随着现代信息技术的发展,计算机已经广泛应用于国防建设、国民经济乃至人类活动的各个领域,由于计算机应用领域以及功能需求的迅速扩展,使得软件系统的结构和功能越来越复杂、规模越来越庞大,计算机软件可靠性问题也引起人们越来越广泛的关注。软件可靠性已逐渐成为可靠性工程和软件工程的重要分支。本章主要介绍软件可靠性有关概念和相关技术。

10.1 软件可靠性概念

10.1.1 软件可靠性作用和意义

进入21世纪以来,各种功能强大的计算机系统已被广泛应用于人类活动的各个领域。随着对软件需求的急剧增加,其复杂性、规模和重要性都随之急剧增加。在新一代装备中,软件甚至已成为决定装备性能的主导因素。例如,美国陆军未来作战系统(FCS)的软件规模达到9510万行源代码,该项目成功的关键是在所有的子系统间建立通信网络;F-22战斗机机载软件达196万行源代码,执行着全机80%的功能。然而与硬件可靠性相比,软件可靠性要低一个数量级,由于软件问题导致导弹误发射、航天飞行器发射失败等重大事故,使得软件可靠性问题无论是在装备系统还是在其他领域已成为人们关注的重大问题。

早在1985—1987年,曾以安全性闻名的美国Therac-25放射治疗仪,由于软件错误导致该型治疗仪多次产生超剂量辐射致死多名病人,2000年同样的事故又发生于巴拿马城,从美国Multidata公司引入的治疗软件,由于软件的辐射剂量预计值出现错误,使得某些患者的治疗超剂量,导致多人死亡。1992年10月26日,伦敦救护服务中心的计算机辅助发送系统出现崩溃,致使世界上最大的每天能够接受5000名待运病人的救护服务机构瘫痪。1996年6月4日,欧洲航空航天局耗资67亿美元研制的"阿丽亚娜"5型火箭第一次发射,火箭点火升空40s后爆炸,箭上搭载的4颗科学实验卫星被毁,其直接经济损失达26亿法郎(约5亿美元)。巨额的投资和首次发射失败令人忧心忡忡。事故调查委员会调查分析后认为,导致"阿丽亚娜"5型火箭首次发射失利的原因是:两个惯性平台应用了从"阿丽亚娜"4型火箭移植过来的数百条计算机程序,而这些程序与"阿丽亚娜"5的飞行并不兼容。在研制火星气候轨道探测器时,一个NASA的工程小组并没有使用预定的公制单位,而使用的是英制单位,这一失误造成探测器推进器无法正常运行,由此导致1999年探测器从距离火星表面130英寸的高度垂直坠毁,直接损失3.27亿美元,这还不包括将该探测器从发射到抵达火星这一年中的费用开销。2002年美国的一项研究表明,仅每年软件缺陷给美国的各行各业造成的经济损失就高达595亿美元。实际上,由于软件可靠性问题导致的事故和损失不胜枚举。

值得指出的是,软件的可靠性固然取决于软件的开发过程和水平,但是,与硬件一样,软件投入使用后同样需要强有力的保障。随着软件规模和复杂性的快速增加,软件的开发成本和维护成本也在持续地引人注目地节节攀升。一些大型复杂武器系统的软件研制费用高达数亿至数百亿元。国外一些典型软件系统的软件保障费用所占软件寿命周期总费用高达70%左右。随着我军装备信息化建设不断推进，软件可靠性和软件保障面临的问题越来越严峻，需要引起高度重视。

10.1.2 软件可靠性有关概念

1. 软件可靠性

1983年，美国IEEE计算机学会给出的软件可靠性(Software Reliability)定义如下：

(1) 在规定的条件下，在规定的时间内，软件不引起系统失效的概率，该概率是系统输入和系统使用的函数，也是软件中存在的错误函数。

(2) 在规定的时间周期内，在所述条件下程序执行所要求的功能的能力。

《可靠性维修性保障性术语》(GJB 451A)给出的软件可靠性定义如下：

在规定的条件下和规定的时间内，软件不引起系统故障的能力。软件可靠性不仅与软件存在的差错(缺陷)有关，而且与系统输入和系统使用有关。

在上述软件可靠性定义中应注意把握3个要素，即运行环境、时间和失效。

在不同的运行环境或条件下，软件的可靠性是不相同的。软件可靠性所要求的运行环境主要是指对输入数据的要求和计算机当时的状态(软件运行环境)。明确规定软件的运行环境可以有效区分导致软件故障的责任。

与硬件相同，软件可靠性同样离不开时间。软件可靠性定义中的时间可分为3种，即日历时间、时钟时间和执行时间。日历时间是指日常生活中使用的日、周、月、年等。时钟时间是指从软件程序运行开始到运行结束所用的时、分、秒，时钟时间包括软件运行中的等待时间和其他辅助时间，但不包括计算机停机占用的时间。执行时间是指计算机在执行程序时，实际占用的中央处理单元CPU的时间，它又称为CPU时间。

2. 软件失效

软件失效(Software Failure)是指由于软件故障导致软件系统丧失完成规定功能的能力的事件。软件失效是软件输出不符合软件需求规格说明或软件异常崩溃，是软件运行时产生的一种不期望的或不可接受的外部行为结果，是系统运行行为对用户要求的偏离。例如，用户进行数据库查询操作结果没有产生任何反应；飞机驾驶员启动自动飞行控制模式后发现系统未能按照指令保持在确定的高度；某电话用户拨号后转接系统未按要求正确地连接到线路等。

判断软件失效的依据有系统死机、系统无法启动、不能输入/输出显示记录、计算数据错误等。

所有的软件失效都是由于软件故障引起的。

3. 软件故障

软件故障(Software Fault)是指软件功能单元不能完成其规定功能的状态。软件故障是软件运行过程中出现的一种不希望或不可接受的内部状态，是一种动态行为，它是软件缺陷被激活后的表现形式，如在软件运行过程中产生不正确的数值、数据在传输过程中产生的偏差等。

4. 软件缺陷

软件缺陷(Software Defect)是指存在于软件(包括说明文档、应用数据、程序代码等)中的不希望的或不可接受的偏差。软件缺陷以一种静态的形式存在于软件的内部，是软件开发过程中人为错误的结果，如数组下标不对、循环变量初值设置有误、异常处理方法有误等。软件的缺陷是多种多样的，从理论上看，软件中的任何一个部分都可能产生缺陷，导致这些缺陷的原因主要是软件开发者的疏忽、不理解、遗漏等。在软件生命周期各个阶段,由于需求不完整、理解有歧义、没有完全实现需求、算法逻辑错误以及编程问题等,使软件在一定条件下不能或将不能完成规定功能,这样就不可避免地存在软件缺陷。软件一旦存在缺陷,它将潜伏在软件中,直到被发现并且被正确修改才会消失。

5. 软件错误

软件错误(Software Error)是指软件开发人员在软件生存期内出现的不希望或不可接受的错误,它是在软件设计和开发过程中引入的,其结果是导致软件缺陷的产生。软件错误是由于人的不正确或疏漏等行为造成的,也是软件开发活动中不可避免的一种行为过失。软件错误相对于软件本身是一种外部行为,在多数情况下,软件错误是可以被查出并排除,但常常会有一些软件错误隐藏于软件内部。

由上可知,软件错误是一种人为错误,在一个软件的开发过程中,这种错误是难以避免的。一个软件错误必定会产生一个或多个软件缺陷。软件缺陷是程序本身的特性,以静态的形式存在于软件内部,它往往十分隐蔽不易被发现和改正,只有通过不断测试和使用,软件缺陷才能以软件故障的形式表现出来。软件故障如果没有得到及时的处理将导致系统或子系统失效。一部分系统失效是非常危险的,如果这类失效在系统范围内得不到很好的控制,可能会导致灾难性事故发生。上述概念及联系如图 10-1 所示。

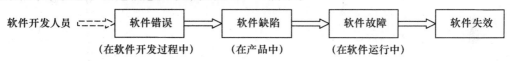

图 10-1 软件错误、缺陷、故障和软件失效的关系示意图

6. 软件可靠性工程

J. D. Musa 认为软件可靠性工程是以减少基于软件的系统在运行中不满足用户要求的可能性为目标的一门应用学科。我国软件可靠性方面的专家认为,软件可靠性工程与硬件可靠性工程相似,是指为了满足软件的可靠性要求而进行的一系列设计、分析、测试和管理等工作。

软件可靠性工程主要内容包括以下几项。

(1) 软件可靠性分析。软件可靠性分析是指与软件可靠性有关的分析活动和技术,如可靠性需求分析、故障树分析、失效模式和影响分析、软件开发过程中有关软件可靠性的特性分析等。

(2) 软件可靠性设计。软件可靠性设计是指为满足软件可靠性要求而采用相应技术进行的设计活动,如软件可靠性分配、测试前的软件可靠性预计、避错设计、容错设计等。

(3) 软件可靠性测评。软件可靠性测评是指对软件产品及其相关过程进行的与可靠性相关的测量、测试和评估活动,以及相关的技术。例如,在软件生存周期各阶段有关软件可靠性的设计、制造和管理方面的属性测量,软件可靠性测试、软件可靠性评估、软件可靠性验证等。

10.2 软件可靠性参数与度量

10.2.1 软件可靠性参数

1. 可靠度

软件可靠度是指软件在规定的条件下和规定的时间内完成预定功能的概率。或者说,是软件在规定时间内无失效发生的概率。

设规定的时间为 t,软件发生失效的时间为 ε,则

$$R(t) = P(\varepsilon > t) \tag{10-1}$$

这即软件可靠度的数学表达式,它与硬件可靠度的数学表达式含义相同。

2. 失效率

软件失效率又称为风险函数,它是指软件在时刻 t 没有发生失效的条件下,在时刻 t 后单位时间内发生失效的概率,用 $\lambda(t)$ 表示为

$$\lambda(t) = \lim_{\Delta t \to 0} \frac{P(t < \varepsilon \leq t + \Delta t \mid \varepsilon > t)}{\Delta t} \tag{10-2}$$

将式(10-2)展开可得

$$\lambda(t) = \lim_{\Delta t \to 0} \frac{F(t + \Delta t) - F(t)}{\Delta t} \times \frac{1}{1 - F(t)} = \frac{F'(t)}{1 - F(t)} = \frac{f(t)}{R(t)} \tag{10-3}$$

式中 $f(t)$ ——随机变量 ε 的密度函数;

$F(t)$ ——随机变量 ε 的分布函数。

由上可见,软件失效率与硬件可靠性中的故障率定义是完全一致的。

3. 成功率

成功率是指在规定的条件下软件完成规定功能的概率。例如,一次性使用的系统或设备(如弹射救生系统、导弹等系统)中的软件,其可靠性参数可选用成功率。

4. 任务成功概率

任务成功概率是指在规定的条件下和规定的任务剖面内,软件能完成规定任务的概率。

5. 平均失效前时间

在软件可靠性参数中也存在平均失效前时间(MTTF)和平均失效间隔时间(MTBF)概念。平均失效前时间是指软件在当前时间到下一次失效时间的均值。平均失效间隔时间是指软件两次相邻失效时间间隔的均值。在软件可靠性中,目前 MTTF 和 MTBF 使用都比较多,并未对其进行特别区分。对用户而言,一般更关心的是从使用到发生失效的时间的特性,因此使用 MTTF 更为适合。

6. 平均致命性失效前时间

平均致命性失效前时间是指仅考虑软件致命失效的平均失效前时间。致命性失效是指使系统不能完成规定任务的或可能导致重大损失的软件失效或失效组合。对于不同的武器系统,可以派生出不同的参数,如对于飞机、宇宙飞船可以使用平均致命性失效前飞行小时。

10.2.2 软件可靠性度量

上面讨论了几个面向用户的软件可靠性参数。对于软件开发者而言,不仅需要理解用户的软件可靠性参数指标要求,还应关注面向软件开发过程和中间产品的软件可靠性相关质量属性。在此,仅对 IEEE STD 982.1-2005 中典型的面向过程评价和改进的软件可靠性度量进行介绍。

1. 缺陷密度

缺陷密度(Defect Density,DD)是指软件每千行代码(包括可执行代码和不可执行的数据声明)中缺陷的数量,该度量可以在一系列版本或模块中用于追踪软件质量。缺陷密度是软

件缺陷的基本度量,可用于设定产品质量目标,支持软件可靠性模型(如 Rayleigh 模型)预测潜藏的软件缺陷,进而对软件质量进行跟踪和管理,支持基于缺陷计数的软件可靠性增长模型(如 Musa-Okumoto 模型),对软件质量目标进行跟踪并评判能否结束软件测试。该度量适用于软件生命周期的需求、设计、编码、测试、使用及维护阶段。

缺陷密度计算公式为

$$DD = \frac{D}{KSLOC} \tag{10-4}$$

式中　D——每个发布或每个模块规定严重性等级下的缺陷(或偏差报告)数;

$KSLOC$——在每个发布或每个模块中可执行代码和非可执行数据声明的千行源代码数。

2. 故障密度

使用这个度量,可以通过按严重性分类将计算的故障密度(Fault Density,FD)与目标值比较来确定是否已经完成足够的测试。该度量主要用于软件生命周期的测试、使用和维护阶段。

故障密度计算公式为

$$FD = \frac{F}{KSLOC} \tag{10-5}$$

式中　F——每个发布或模块中发现的导致具有规定的严重性等级的失效的唯一故障数。在此,"唯一"是指相同的故障仅计为一次。

3. 需求依从性

需求依从性(Requirements Compliance)用以反映软件需求分析工作的质量,用它可以确定在需求分析阶段,软件需求规格说明中的需求不一致的比例(I_R)、需求不完整的比例(N_R)、需求曲解的比例(M_R),可以确定主要的需求问题类型,以改进软件需求分析的质量。该度量主要用于软件寿命周期的需求阶段。

需求依从性计算公式为

$$I_R = \frac{N_1}{N_1 + N_2 + N_3} \times 100\% \tag{10-6}$$

$$N_R = \frac{N_2}{N_1 + N_2 + N_3} \times 100\% \tag{10-7}$$

$$M_R = \frac{N_3}{N_1 + N_2 + N_3} \times 100\% \tag{10-8}$$

式中　I_R——由于不一致的需求而引起的错误比例;

N_R——由于不完整的需求而引起的错误比例;

M_R——由于曲解的需求而引起的错误比例;

N_1——在一个版本或模块中不一致的需求数;

N_2——在一个版本或模块中不完整的需求数;

N_3——在一个版本或模块中曲解的需求数。

4. 需求追踪性

需求追踪性(Requirements Traceability)可用以标识原始需求中遗漏的或相对原始需求额外增加的需求。遗漏的需求会对软件可靠性产生负面影响,而额外的需求则会增加软件的开发预算。该度量适用于软件生命周期的需求、设计、开发阶段。

需求追踪性计算公式为

$$RT = \frac{R_1}{R_2} \times 100\% \qquad (10-9)$$

式中　R_1——发布的版本或模块中可实现的需求救；

　　　R_2——发布的版本或模块中规定的原始需求数。

TM≤100% 说明在该发布或模块中没有实现额外的需求；TM<100% 说明原始需求没有全部被实现；TM>100% 说明存在额外的需求，其量为(TM-1)%。

5. 风险因子回归模型

风险因子是可能导致可靠性风险的需求变更的属性，包括内存空间、需求问题数。在软件生命周期早期需求分析期间，可以利用风险因子预计累计失效数，以便软件开发者和管理者更有效地进行软件管理。风险因子回归模型(Risk Factor Regression Model)适用于软件生命周期的需求、设计阶段。

风险因子回归模型如下：

CF 随累积内存空间变化的计算公式为

$$CF = a \cdot CS^2 - b \cdot CS + c \qquad (10-10)$$

CF 随累积需求问题数变化的计算公式为

$$CF = d \cdot \exp(e \cdot CI) \qquad (10-11)$$

式中　CF——累积失效数(在一组需求变更后)；

　　　CI——累积需求问题数(在一组需求变更后)；

　　　CS——累积内存空间大小(在一组需求变更后)；

a,b,c,d,e——非线性回归等式的系数。

"内存空间"是为了实施一个需求变更而需要的内存空间容量，比如一个需求变更后使用了大量的空间，在一定程度上使其他功能没有足够的内存空间来进行有效操作而产生软件失效。

"需求问题"是指有冲突的需求。在软件设计时常常会遇到一个需求的更改与另一个需求的更改相冲突的情况。例如，增加一个网站的搜索标准又会同时降低搜索时间，使得软件的复杂性可能大大增加并导致失效。

6. 测试覆盖指数

测试覆盖指数(Test Coverage Index, TCI)是指从开发者和用户角度对软件进行测试的过程中软件需求被测试所覆盖的程度。该度量适用于软件生命周期的测试、使用和维护阶段。

测试覆盖指数计算公式为

$$TCI = \frac{NR}{TR} \qquad (10-12)$$

式中　NR——对于每一个版本或模块，经过测试的需求数；

　　　TR——每一个版本或模块的需求总数。

10.3　软件可靠性分配与预计

可靠性分配是为了把产品的可靠性定量要求按照给定的准则分配给各组成部分而进行的工作。可靠性预计是为了估计产品在给定工作条件下的可靠性而进行的工作。与硬件相比，软件可靠性分配与预计理论和方法还显得不够成熟。在此,主要介绍一些目前常用的软件可靠性分配和预计方法。

10.3.1 软件可靠性分配

软件可靠性分配的指标一般是通过系统可靠性指标分配确定。在进行系统可靠性指标分配时,将软件作为其中一个部件与其所嵌入的硬件部件一起,以串联关系参与系统可靠性指标分配。软件可靠性分配的参数大多采用失效率和 MTBF,目前,常用的软件可靠性分配方法有快速分配法、等值分配法、基于运行关键度分配法、基于复杂度分配法等。

10.3.1.1 快速分配法

快速分配法是借鉴功能类似的旧系统或旧模块的可靠性数据进行软件可靠性分配的方法。该方法方便实用,但需要有可借鉴的系统或模块的可靠性数据。可以将快速分配法进一步分为相似程序法和相似模块法。在此,仅简要介绍相似程序法。

如果项目开发组在开发新项目时,能够找到一个旧的软件系统,其结构与新开发的软件系统相类似,而且这个旧系统在过去的使用过程中,已经积累了相当多的可靠性数据,这时应充分利用这些宝贵的信息,进行新系统的可靠性分配。在更新软件版本时,常常采用这种方法。

采用相似程序法进行可靠性分配时可分以下 3 种情况。

1. 新旧软件的结构相同,可靠性要求不同

假设新旧软件均由 n 个模块构成,新软件的失效率目标为 λ_{sn},旧软件的失效率为 λ_{so},那么,按照相似程序法,分配给新软件第 i 个模块的失效率为

$$\lambda_{in} = \lambda_{io} \times \frac{\lambda_{sn}}{\lambda_{so}} \tag{10-13}$$

2. 新旧软件的结构相同,但部分模块的可靠性需要改进

假设新旧软件均由 n 个模块构成,新软件的失效率目标为 λ_{sn},旧软件的失效率为 λ_{so}。新软件中有 k 个模块需要进行可靠性改进且其失效率要求已给出,$\lambda_{in}(i=1,2,\cdots,k;k<n)$,那么,分配给新软件其他 $n-k$ 个模块的失效率为

$$\lambda_{jn} = \lambda_{jo} \times \frac{\lambda_{sn} - \sum_{i=1}^{k} \lambda_{in}}{\lambda_{io} - \sum_{i=1}^{k} \lambda_{io}}, \quad j = k+1, k+2, \cdots, n \tag{10-14}$$

3. 新软件在旧软件的基础上增加模块

假设旧软件由 n 个模块构成,其失效率为 λ_{so}。新软件增加了 k 个新模块进行功能扩充,新软件的失效率目标为 λ_{sn}。假若 n 个旧模块失效率保持不变,那么,新增加的 k 个新模块的失效率目标即

$$\sum_{j=1}^{k} \lambda_{jn} = \lambda_{sn} - \lambda_{so} \tag{10-15}$$

此时,相当于开发一个由 k 个模块构成的新软件,其分配方法由其他适合于新软件的分配方法进行分配。假若新软件没有对各模块失效率进行具体约定,当将新开发的 k 个新模块与原来的 n 个旧模块等同看待时,那么,可以采用下列步骤进行可靠性分配。

令 $\lambda_{sn} = \lambda_{sn1} + \lambda_{sn2}$，其中 λ_{sn1}，λ_{sn2} 分别表示原 n 个旧模块和 k 个新模块需要达到的失效率目标，

$$\lambda_{sn1} = \frac{n}{n+k}\lambda_{sn}, \quad \lambda_{sn2} = \frac{k}{n+k}\lambda_{sn} \tag{10-16}$$

那么，分配给原来的 n 个模块的失效率为

$$\lambda_{in} = \lambda_{io} \times \frac{\lambda_{sn1}}{\lambda_{so}}, \quad i = 1, 2, \cdots, n \tag{10-17}$$

k 个新模块失效率分配方法仍需采用其他的适合于新软件的分配方法进行分配。

10.3.1.2 等值分配法

等值分配法可用于顺序或并行执行的软件系统，优点是非常简单，缺点是它没有考虑各模块之间的不同属性，如运行关键度、复杂度等的不同，只是单纯的平均分配，对于那些需要精确分配各模块的可靠性指标的系统不宜采用。该方法适用于软件设计的初期。可以将等值分配法进一步分为顺序执行软件等值分配法、并行执行软件等值分配法。

1. 顺序执行软件等值分配法

假设软件系统的各模块是按顺序一个接一个地执行的，现要求软件系统的失效率为 λ_s，已知软件系统的模块数为 M，那么，由于在一个时间段内只有一个模块是工作的，因此要想达到规定软件可靠性要求，每个模块的可靠性和系统的可靠性要求必须具有相同的可靠性水平，即分配给各模块的失效率 λ_i 应与软件系统的失效率 λ_s 相等，有

$$\lambda_i = \lambda_s \tag{10-18}$$

2. 并行执行软件等值分配法

假设软件系统的各模块是并行执行的，现要求软件系统的失效率为 λ_s，已知软件系统的模块数为 M，由于并行执行时任何一个模块失效都会导致软件系统失效（各模块的可靠性为串联关系），那么，分配给各模块的失效率为

$$\lambda_i = \lambda_s / M, \quad i = 1, 2, \cdots, M \tag{10-19}$$

10.3.1.3 基于运行关键度分配法

运行关键度分配法是根据软件失效对系统产生的影响来分配失效率的。当软件系统中每个计算机软件配置项（Computer Software Configuration Item，CSCI，它是指为独立的软件配置管理（技术状态管理）而设计且能满足最终用户要求的一组软件）的关键度为已知时，就可以用该技术为各个 CSCI 的失效率分配适当的权值。CSCI 的关键度是指该 CSCI 对软件系统可靠性或安全性的影响程度，也就是将安全危害等级转化成关键度等级。关键度等级越高，CSCI 分配的失效率应越低。可以通过结合软件 FMEA 技术和专家评分法确定关键度。

假设新软件系统失效率的规定值为 λ_s，已知新软件系统中 CSCI 的数目为 N，每个 CSCI 的关键度为 $c_i(i=1,2,\cdots,N)$，c_i 值越小表示 CSCI 越关键，那么，所有 CSCI 关键度之和 C 为

$$C = \sum_{i=1}^{N} c_i \tag{10-20}$$

每个 CSCI 分配的失效率为

$$\lambda_i = \lambda_s \times \frac{c_i}{C} \tag{10-21}$$

例 10-1 假定某软件系统由 3 个 CSCI 组成。软件系统失效率的规定值为 0.002(1/h)，每个 CSCI 的关键度分别为 $c_1 = 4$、$c_2 = 2$、$c_3 = 1$。试对该软件系统失效率进行分配。

解 由式(10-20)得 CSCI 关键度之和为

$$C = \sum_{i=1}^{3} c_i = 4 + 2 + 1 = 7$$

由式(10-21)可得各 CSCI 所分配的失效率为

$$\lambda_1 = \lambda_s \times \frac{c_1}{C} = 0.002 \times \frac{4}{7} = 0.00114(1/h)$$

$$\lambda_2 = \lambda_s \times \frac{c_2}{C} = 0.002 \times \frac{2}{7} = 0.00057(1/h)$$

$$\lambda_3 = \lambda_s \times \frac{c_3}{C} = 0.002 \times \frac{1}{7} = 0.00029(1/h)$$

10.3.1.4 基于复杂度分配法

该分配方法是根据 CSCI 的复杂度来给软件系统中各 CSCI 分配失效率规定值。复杂度等级越高，CSCI 分配的失效率应越低。

假设新软件系统失效率的规定值为 λ_s，已知新软件系统中 CSCI 的数目为 N，每个 CSCI 的复杂度为 $w_i (i=1,2,\cdots,N)$，w_i 值越大表示 CSCI 越复杂，那么，所有 CSCI 关键度之和 W 为

$$W = \sum_{i=1}^{N} w_i \tag{10-22}$$

每个 CSCI 分配的失效率为

$$\lambda_i = \lambda_s \times \frac{w_i}{W} \tag{10-23}$$

例 10-2 假定某软件系统由 4 个 CSCI 组成，其失效率的规定值为 0.006(1/h)，每个 CSCI 的复杂度分别为 $w_1 = 4$、$w_2 = 2$、$w_3 = 3$、$w_4 = 1$。试对该软件系统失效率进行分配。

解 由式(10-22)得 CSCI 复杂度之和为

$$W = \sum_{i=1}^{4} w_i = 4 + 2 + 3 + 1 = 10$$

由式(10-23)可得各 CSCI 所分配的失效率为

$$\lambda_1 = \lambda_s \times \frac{w_1}{W} = 0.006 \times \frac{4}{10} = 0.0024(1/h)$$

$$\lambda_2 = \lambda_s \times \frac{w_2}{W} = 0.006 \times \frac{2}{10} = 0.0012(1/h)$$

$$\lambda_3 = \lambda_s \times \frac{w_3}{W} = 0.006 \times \frac{3}{10} = 0.0018(1/h)$$

$$\lambda_4 = \lambda_s \times \frac{w_4}{W} = 0.006 \times \frac{1}{10} = 0.0006(1/h)$$

10.3.2 软件可靠性预计

在软件开发的早期阶段进行软件可靠性预计可以对软件开发生存周期的缺陷分布进行预测,为更早地采取纠正措施、提高软件开发的质量提供必要的信息。在软件发布给用户时如果能够预测出其潜伏的缺陷数,无疑也是十分重要的。原因主要有二:一是可作为产品质量的客观表述;二是有利于制定软件维护阶段的资源计划。在此主要介绍可以进行软件可靠性早期预计的雷利(Rayleigh)模型,该模型也是《推荐的软件可靠性工程实践》(IEEE STD 1633)推荐的预计方法之一。雷利模型既可以对软件开发生存周期的缺陷分布进行预测,也可以对测试阶段的缺陷分布进行预测,得到时间 t 与期望发现缺陷数目的关系。当项目周期、软件规模和缺陷密度已经确定时,就可以得到确定的缺陷分布曲线,并可以据此控制项目过程中的缺陷数目。如果项目进行中实际发现的缺陷数与预计的缺陷数有较大差别时,说明开发过程中间出现问题,需要加以控制。

由前面知识已知,威布尔分布是一种应用十分广泛的重要分布之一。两参数的威布尔分布函数和概率密度函数分别为

$$F(t) = 1 - e^{-\left(\frac{t}{\eta}\right)^m} \tag{10-24}$$

$$f(t) = \frac{m}{\eta}\left(\frac{t}{\eta}\right)^{m-1} e^{-\left(\frac{t}{\eta}\right)^m} \tag{10-25}$$

式中 m——形状参数;
η——尺度参数。

雷利模型是当 $m=2$ 时的威布尔分布的特例,即

$$F(t) = 1 - e^{-\left(\frac{t}{\eta}\right)^2} \tag{10-26}$$

$$f(t) = 2\left(\frac{t}{\eta^2}\right) e^{-\left(\frac{t}{\eta}\right)^2} \tag{10-27}$$

假设 t_m 为 $f(t)$ 曲线到达峰值的时间,那么,参数 η 是 t_m 的函数。通过对 $f(t)$ 进行微分计算可得

$$t_m = \frac{\eta}{\sqrt{2}}, \quad \eta = t_m \sqrt{2} \tag{10-28}$$

已知 t_m 值即可确定 $f(t)$ 曲线的形状。由计算可知,在 $[0, t_m]$ 内,$f(t)$ 曲线的区域面积约为 39.35%,即在 t_m 点的缺陷数约占总缺陷数的 39.35%。

上述威布尔分布式属于标准分布。在实际应用中,要用一个常量 K(表示总的缺陷数)与这些公式相乘,即

$$F(t) = K\left(1 - e^{-\left(\frac{1}{2t_m^2}\right)t^2}\right) \tag{10-29}$$

$$f(t) = K\left(\frac{1}{t_m^2} \cdot t \cdot e^{-\left(\frac{1}{2t_m^2}\right)t^2}\right) \tag{10-30}$$

式中 K, t_m——需要预测的参数。

值得说明的是,对于工程领域可靠性应用来说,并不是随意选择一个特殊的分布模型的,必须要考虑模型的基本假设,并且经验数据也必须支持所选择的模型。

使用雷利模型预测软件的缺陷率涉及两个假设：一是在软件开发过程中所观察到的缺陷率与应用中的缺陷率成正比相关；二是给定相同的缺陷引入率，如果发现的缺陷越多并且将其移除得越早，那么在后期应用阶段遗留的缺陷就越少。

例 10 – 3 已知某软件产品随时间而发现的缺陷数据如表 10 – 1 所列。试估计该软件总的缺陷数。

表 10 – 1 某软件产品缺陷数据随时间分布

周数	1	2	3	4	5	6	7	8
缺陷数	69	333	316	62	25	10	23	7

解 由雷利模型及表中数据可知，在第 2 周发现的缺陷数达到最大。按照上面简化的计算过程，可知到第 2 周出现的缺陷数约占全部缺陷数的 39.35%，此时 t_m 为 2 周，则总的缺陷数 K 为

$$K = (69 + 333)/0.3935 \approx 1022$$

由此还可以得到故障分布函数 $F(t)$ 和故障密度函数 $f(t)$，分别为

$$F(t) = K(1 - e^{-\left(\frac{1}{2t_m}\right)t^2}) = 1022(1 - e^{-0.125t^2})$$

$$f(t) = K\left(\frac{1}{t_m^2} \cdot t \cdot e^{-\left(\frac{1}{2t_m}\right)t^2}\right) = 1022\left(\frac{1}{2^2} \cdot t \cdot e^{-\left(\frac{1}{8}\right)t^2}\right) = 255.5te^{-0.125t^2}$$

具体如图 10 – 2 和图 10 – 3 所示。

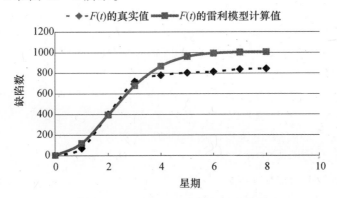

图 10 – 2 雷利模型的故障分布函数

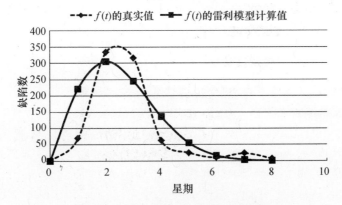

图 10 – 3 雷利模型的故障密度函数

10.4 软件可靠性设计

软件可靠性设计的实质是在常规的软件设计中,应用各种必要的方法和技术,使软件设计在兼顾用户的各种需求时,全面满足软件的可靠性要求。软件可靠性设计应与软件的常规设计紧密结合,贯穿于软件常规设计的全过程。与硬件相比,软件可靠性对设计的依赖程度更大,因此,为了保证软件的可靠性达到规定要求,必须重视并加强软件可靠性设计。

软件的可靠性既与软件中存在的缺陷直接相关,又与软件的使用直接相关。软件的缺陷是导致软件失效的根源,缺陷数越多,缺陷被触发导致失效的可能性就越大。因此,为了提高软件的可靠性可以采用两条设计途径:一是尽可能避免引入缺陷;二是尽可能避免因缺陷导致软件失效。第一种途径体现了软件可靠性设计的避错设计思想,第二种途径则体现了容错设计的思想。

10.4.1 软件避错设计

软件避错设计体现了以预防为主的思想,它适用于一切类型的软件设计,是软件可靠性设计的首选方法,应当贯穿于软件开发的全过程。为了达到避错设计的目的,软件开发应遵循软件工程过程,采用软件工程化的方法进行软件设计和实现。良好的软件设计准则、启发准则和编程风格就显得尤为重要。

10.4.1.1 软件设计准则

为了提高软件的设计质量与可靠性,在软件设计中应遵循下述准则。

1. 模块化与模块独立

模块是程序层次结构中的基本组成部分,模块化是把软件划分为一组具有相对独立功能的部件,每个部件称为一个模块,当把所有模块组装在一起时,便可获得满足用户需求的软件系统。模块化是把复杂问题分解为若干个子问题,从而降低程序的复杂性并减少开发的工作量,体现了"分而治之"的问题分析和解决方法。运用模块化技术可以将错误局限在各个模块内部,从而有效地防止错误蔓延,提高软件设计的可靠性。通过利用已经被证明的可靠的模块,还可以减少新的软件系统开发的工作量,提高软件开发的效率。

模块独立是指软件系统中每个模块只涉及软件要求的具体子功能,而与软件系统中其他的模块接口是简单的。内聚性和耦合性是度量模块独立性的两个重要参数。内聚性是一个模块内部各成分之间相互关联程度的度量,耦合性是模块之间依赖程度的度量。模块设计追求强内聚弱耦合。

保持"功能独立"是模块化设计的基本原则。"功能独立"的模块可以有效地降低开发、测试、维护等阶段的代价。"功能独立"并不意味着模块之间保持绝对的独立。一个系统要完成某项任务,需要各模块相互配合才能实现,此时模块之间就要进行信息交流。

开发具有独立功能而且和其他模块之间没有很多相互作用的模块,尽可能使模块独立,这不仅可以使得每个模块完成一个相对独立的特定子功能,而且还与其他模块之间的关系变得简单。所以,模块独立是软件可靠性设计的关键环节之一。

2. 抽象与逐步求精

人们在认识复杂现象的过程中使用的最有力的思维工具就是抽象。抽象就是抽出事物的本质特性而暂时不考虑它们的细节。由于思维能力的限制,如果每次面临的因素太多,将难以进行比较准确地思维分析。一个复杂的系统可以用一些抽象概念构造和理解,这些概念又可以用较低级的概念构造和理解,如此反复,直至最底层的具体元素。软件工程过程的每一步都是对较高一级抽象的解不断进行比较具体化的描述,比如,在系统设计阶段,软件系统被描述为基于计算机的大系统的一个组成部分;在软件需求分析阶段,软件用问题域约定的习惯用语表达;在软件设计阶段抽象级再一次降低,到软件实现阶段抽象级达到了最低。在由高级抽象到低级抽象的转换过程中,伴随着一连串的过程抽象或数据抽象。

人们认识事物一般都是遵循先一般性的、抽象的,最后是具体的和详细的这样一个过程。逐步求精的主要思想是针对某个功能的宏观描述,用逐步求精的方法不断地分解,逐步确立过程细节,直至该功能用程序语言描述的算法实现为止。求精的每一步都是用更为详细的描述替代上一层次的抽象描述,在整个设计过程中产生的具有不同详细程度的各种描述组成了系统的层次结构。层次结构的上一层是下一层的抽象,下一层则是上一层的求精。在过程求精的同时伴随着数据求精,无论是过程求精还是数据求精,每一步都蕴含着软件设计决策。抽象与求精是一对互补的概念,这两个概念有助于设计者在设计演化过程中创造出完整的软件设计模型。

3. 信息隐藏和局部化

为了避免某个模块的行为干扰同一系统内的其他模块,在设计模块时应注重恰当地运用信息隐藏原理。信息隐藏原理指出,在设计模块时,应使其所含的信息(过程和数据)对那些不需要这些信息的模块是不可访问的。模块的信息隐藏可以通过接口设计来实现。一个模块仅提供有限个接口,执行模块的功能或与模块交流信息必须且只须通过调用公有接口来实现。

如果在测试期间和软件维护期间需要修改软件,那么使用信息隐藏原理作为模块化系统设计的标准将会带来极大的好处。因为绝大多数数据和过程对于软件的其他部分而言是隐藏的,在修改期间由于疏忽而引入的错误就很少可能传播到软件的其他部分,从而提高软件的质量与可靠性。

局部化的概念和信息隐藏概念密切相关。局部化是指把一些关系密切的软件元素物理地放得彼此靠近,如在模块中使用局部数据元素等。显然,数据使用的局部化也会有助于实现信息隐藏。

10.4.1.2 软件启发准则

软件工程师在开发计算机软件的实践中会积累丰富的经验,对这些经验进行总结归纳会得出一些非常有益的启发规则,在许多场合这些启发规则会给软件工程师有益的启示,从而帮助找到改进软件设计提高软件质量的途径。

(1)改进软件结构提高模块独立性。设计出软件的初步结构后,还应对其结构进行分析和优化,通过模块分解或合并,以降低耦合提高内聚。

(2)模块规模应该适中。经验表明,一个模块的规模不应过大,最好是能写在一页纸内,不超过60行语句。有人从心理学角度对其进行研究后得知,当一个模块包含的语句数超过300行后,模块的可理解程度会迅速下降。

(3)深度、宽度、扇出和扇入应适当。深度表示软件结构中控制的层数,它往往能粗略地标志一个软件系统的大小和复杂程度。宽度是软件结构内同一层次上的模块个数,一般来说,宽度越大系统会越复杂。对宽度影响最大的因素是模块的扇出。扇出是一个模块直接调用的数目,扇出越大意味着模块越复杂,需要控制和协调的下级模块就越多。经验表明,一个设计得好的系统平均扇出通常在3或4,扇出的上限通常为5~9。扇入是指一个模块有多少个上级模块直接调用它,显然,扇入越大则共享该模块的上级模块数越多,这是有好处的。但是,也不能违背独立原理单纯地去追求高扇入。一般单个模块的扇入个数为5~9。对于高扇入的模块应适当增加控制模块,以改善软件的整体结构。

(4)模块的作用域应该在控制域之内。模块的作用域是指受该模块内一个判定影响的所有模块的集合。也可以理解为一个模块的作用域就是该模块内的一个判定的作用范围。一个判定的作用范围是指所有受这个判定影响的那些模块,只要模块中含有一些依赖于这个判定的操作,那么,该模块就在这个判定的作用范围内。

(5)降低模块接口的复杂程度。模块接口复杂是软件发生错误的一个主要原因。应该仔细设计模块接口,使得信息传递简单并且还能够与模块的功能相一致。

(6)设计单入口单出口的模块。这条启发规则告诫软件工程师不要使模块间出现内容耦合,设计出的每一个模块都应该只有一个入口和一个出口。当控制流从顶部进入模块并且从底部退出来时,软件是比较容易理解的,而且也是比较容易维护的。

10.4.1.3 编程风格

编程风格影响着软件设计,软件设计决定着软件的质量。编程风格就是程序员在编写程序时遵循的具体准则和习惯做法。源程序代码的逻辑简明清晰、易读易懂是好程序的一个重要标准。为了编写出好程序应该遵循以下规则:

(1)强化结构化程序设计。结构化程序设计是一种定义良好的软件开发技术,它采用自上而下设计和实现的方法,并严格使用结构化程序的控制结构。

(2)程序内部必须有正确的文档。程序内部的文档包括恰当的标识符、适当的注释和程序清单的布局等。注释是程序和程序读者沟通的重要手段,正确的注释非常有助于对程序的理解。注释应为功能性的,而非指令的逐句说明。

(3)数据说明应便于查阅易于理解。为了使数据更容易理解和维护,对于数据说明的风格有一些比较简单的原则应该遵守。数据说明的次序应该标准化。例如,按照数据结构或数据类型确定说明的次序,有次序就容易查阅,并且能够加速测试、调试和维护的过程。

(4)语句应该尽量简单清晰。构造语句应该遵循的原则是,每个语句都应该简单而直接,不要为了提高效率而使程序变得过分复杂。

(5)正确的输入/输出风格。

10.4.2 容错设计

通过软件避错设计可以有效提高软件的质量与可靠性,但是,由于软件设计的复杂性,软件中仍然难免存在缺陷。对于高可靠性要求的系统,仅仅采用避错设计还难以满足使用要求,还应该进行软件容错设计来提高软件的可靠性,以实现在软件存在缺陷的情况下仍能够提供所需的功能。

软件容错设计是一种有效的可靠性设计技术,其基本思想来源于硬件可靠性冗余技术。冗余技术也是软件获得高可靠性、高安全性的重要设计方法之一,其基本思路是采用增加冗余资源获得高可靠性。只有当冗余的几套资源都发生故障,系统才会丧失规定的功能。但是,不是冗余数越多设计就越好,冗余数增多,也会对其他一些方面造成影响,如相应的故障检测等维修保障工作必然会增多。

任何计算机系统都具有需要处理的信息资源、无形的时间资源、模块单元或软件配置(结构资源)等要素,所以,冗余可以是信息冗余、时间冗余和结构冗余。信息冗余是通过对信息中外加一部分信息码,或者是将信息存放在多个内存单元,或者是将信息进行备份等以实现冗余。时间冗余则是通过软件指令的再执行来实现冗余。结构冗余是通过余度配置模块单元或软件配置项来实现冗余。软件容错设计就是针对上述资源进行冗余配置,以实现信息容错、时间容错和结构容错。

10.4.2.1 信息容错

在计算机系统中,信息常以编码形式表示,采用二进制编码形式进行数据处理和传输,信息可能发生的偏差有:数据在传输中发生偏差;数据输入存储器或从存储器中读出时发生偏差;运算过程中发生偏差。可以通过信息容错对信息偏差进行预防与处理,主要方式有三:一是通过在数据中外加一部分冗余信息码以达到故障检测、故障屏蔽或容错的目的,冗余信息码使原来不相关的数据变为相关,并把这些冗余码作为监督码与有关信息一起传递;二是将随机存取存储器(RAM)中的程序和数据,存储在3个或3个以上不同的地方,访问这些程序和数据可以通过表决判断方式(如一致表决或多数表决)来裁决,以防止因数据的偶然性故障造成不可挽回的损失,这一方式常用于软件中某些重要的程序和数据中,如软件中的某些点火、起飞、级间分离等信息;三是建立软件系统的运行日志和数据副本,设计比较完备的数据备份和系统重构机制,以便在出现修改或删除等严重误操作、硬盘损坏、人为或病毒破坏及遭遇灾难时能够恢复或重构系统。

信息容错的优点是不必增加过多的硬件或软件资源,缺点是增加了时间开销和存储开销,降低了系统在无故障情况下的运行效率。

10.4.2.2 时间容错

时间容错是通过时间冗余来实现的。时间容错主要是基于"失败后重做(Retry – on – Failure)"的思想,即重复执行相应的计算任务以实现检错与容错。时间容错是以牺牲时间为代价来换取软件系统高可靠性的一种手段,经常被采用并且是一种行之有效的方法。时间冗余有两种基本形式,即指令复执和程序卷回。

指令复执是最简单和传统的时间容错方式,是在指令(语句)级作重复计算,当应用软件系统检查出正在执行的指令出错后,让当前指令重复执行 n 次($n \geq 3$),若故障是瞬时性的干扰,那么在指令重复执行时间内故障有可能不再复现,这时程序就可以继续执行下去。

程序卷回是指在程序段级作重复计算,这也是目前广受关注的时间容错方式。当系统在运行过程中一经发现故障,便进行程序卷回,返回到起始点或离故障点最近的预设恢复点重试。如果是瞬时故障,那么经过一次或几次重试后,系统将恢复正常运行。程序卷回是一种向后恢复技术,是以事先建立恢复点为基础的。

10.4.2.3 结构容错

结构容错是通过结构冗余的手段实现的。常用的两个结构容错方案,一是 N – 版本程序设计(N – Version Programming, NVP),二是恢复块法(Recovery Block, RB)。NVP 与结构冗余的结构静态冗余相对应,RB 与结构冗余的结构动态冗余相对应。将 NVP 和 RB 以不同方式组合即可产生一致性恢复块、接受表决和 N 自检程序设计,它们与结构冗余的结构混合冗余相对应。

1. N-版本程序设计

NVP 是指对于一个给定的功能,由 $N(N>2)$ 个不同的设计组独立编制出 N 个不同的程序,然后同时在 N 个机器上运行并比较运行结果。如果 N 个版本运行的结果是一致的,则认为结果是正确的。如果 N 个版本输出的结果不尽相同,则按照多数表决的方式或预先制定的策略,判断结果的正确性。可见,NVP 容错方法的关键在于 N 个版本程序的独立性,这就要求采用不同的设计方法、不同的设计工具、不同的算法、不同的语言、不同的编译程序、不同的实现技术以及不同的设计员和程序员。这些设计员和程序员之间不应有相互交往,最好还应具备不同的学历和实践经历。图 10-4 是 NVP 法容错软件结构示意图。NVP 是软件容错使用中最普遍的方法,它已广泛应用于铁路信号系统、飞机电传操作系统以及反应堆保护系统中。

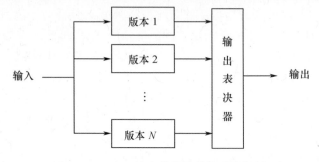

图 10-4　NVP 法容错软件结构示意框图

2. 恢复块法

和 NVP 方法相比,RB 法对计算机的硬件配置要求十分宽松,适用于只有一台计算机的场合。在该方法中,每次模块处理结束时都要检验运算结果,在找出故障后,通过代替模块进行再次运算以便实现容错的概念。由于它们是顺序执行的而非并行执行,所以它不需要多个相同的硬件。RB 法以单机为基础,采用自动向后恢复的思想,属于动态冗余方式。它同经常都要执行 N 个模块的 NVP 法不同之处在于,如果测试合格就不用启动其他模块。RB 法容错软件结构示意图如图 10-5 所示。图中,在正常情况下系统按流程执行模块 1,如果模块 1 执行的结果满足验收测试的要求,那么将会从图中右侧正常返回出口,退出模块 1,并继续执行下面的过程。如果模块 1 执行的结果不满足验收测试的要求,则转向执行替补模块 2;如果模块 2 的执行结果验收测试又失败,则转向执行模块 3;如果所有的模块均失败,则产生信号异常。

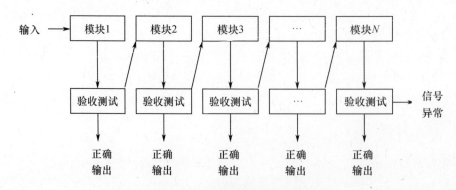

图 10-5　RB 法容错软件结构示意框图

恢复块法所用的替补模块的数量原则上没有限制,可根据需要确定。与 N - 版本程序设计类似,恢复块法的替补模块要求尽可能相互独立;否则替补模块将丧失存在的价值。接受测试的作用也非常重要,如果接受测试对执行过程的失效不能有效地检测,替补过程的作用将无从发挥。

3. 应用案例

目前,世界各国在安全关键领域都提出了很高的可靠性要求。例如,对飞机电传操纵系统安全可靠性提出的指标一般是,军用飞机为 1.0×10^{-7}/飞行小时,民用飞机为 $(1.0 \times 10^{-9} \sim 1.0 \times 10^{-10})$/飞行小时。对于这样高的安全可靠性指标,解决问题的最有效方法是采用余度技术。在现代先进的民用飞机上,多采用了余度技术,不但在硬件上实现了冗余,还采用了软件容错技术以提高飞机控制系统的可靠性和安全性。图 10 - 6 是波音 777 飞机的飞控计算机的体系结构。该飞控计算机有 3 个完全相同的通道,每个通道都设有 3 个冗余的子通道,均按照控制、监控和备用的方式排列组成。这 3 个通道都与飞控计算机的数据总线连接,并且每个通道与一个预先指定的数据总线相连,通过它向外发送数据。同时,每个通道都会接收来自 3 个数据总线的数据。通常情况下,由一个子通道负责向数据总线发送数据,其他子通道监控其运行,一旦发生失效则由备份子通道接管任务。每个通道的子通道处理器之间通过交换数据保证时间和数据的同步,从而实现交叉子通道监控。在向交联的激励器下发命令前,3 个通道要交叉数据传输,从而对输出值进行表决,选出最合适的值将其作为最终下发给激励器的命令值。

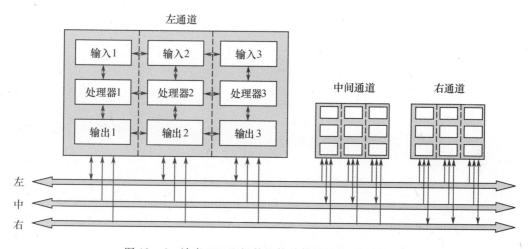

图 10 - 6 波音 777 飞机的飞控计算机的体系结构框图

10.5 软件保障和软件密集系统保障

随着信息技术在武器装备中的广泛应用,各种软件装备或软件密集系统不断出现。对于这些装备,其主要组成部分是软件,软件产品的质量和状况成为装备战备完好性的重要影响因素。软件质量固然决定于软件的开发过程和水平,但是,与硬件一样软件投入使用后也是需要保障的,这包括软件维护、供应和再供应、人员培训、技术资料、保障设备、保障设施等。从表面上看,软件保障工作与硬件十分相似,但却有着本质的差别。由于软件保障的特殊性,需要对其进行专门研究和特殊关注。

10.5.1 软件保障有关概念

软件保障(Software Support)是指为保证投入使用的软件能持续完全地保障产品执行任务所进行的全部活动。软件保障包括部署前保障和部署后保障,而以部署后保障为重点。软件保障与软件维护常常混用,实际上,软件保障比软件维护的概念要更宽泛,软件保障以软件维护为主体,此外,还包括使用人员训练以及供应等其他因素。

软件密集系统(或称软件密集型装备,Software - Intensive System)是指装备系统中的软件在系统研制费用、研制风险、研制时间或系统功能、特性等的一个或更多方面占主导地位的系统。各种现代飞机、舰艇、导弹、航天装备、C^4ISR 等武器系统和信息系统,特别是那些计算机控制的飞行控制系统、火力控制系统、指挥控制系统等都是典型的软件密集系统。

软件维护(Software Maintenance)是指软件产品交付使用之后,为纠正错误、改善性能和其他属性,或使产品适应改变了的环境所进行的修改活动。软件维护是软件保障的主体,可将软件维护进一步划分为纠错性维护、适应性维护和完善性维护。

纠错性维护(Corrective Maintenance)是指纠正在开发阶段产生而在测试和验收过程没有发现的错误,如设计错误、程序错误、数据错误、文档错误等。

适应性维护(Adaptive Maintenance)是指为适应软件运行环境改变而作的修改,如规则变化、硬件变化、数据格式改变、软件环境改变等。

完善性维护(Perfective Maintenance)是指为扩充和增强性能而进行的修改,如扩充功能、改善性能、改善维护性等。

预防性维护(Preventive Maintenance)是指为防止问题发生而进行的事先维护。

软件维护性(Software Maintainability)是指软件在规定的条件下,可被理解、修改、测试和完善的能力。

软件保障性(Software Supportability)是指软件所具有的能够和便于维护、改进、升级或其他更改和供应等的能力。

软件配置(Software Configuration)是指在软件生存周期各阶段产生的各种形式和各种版本的文档、程序、数据及环境的集合。

软件配置项(Software Configuration Item)是指为了配置管理的目的而作为一个单位来看待的软件成分,通常为软件配置中的一个元素。

软件配置管理(Software Configuration Management)是指为保证软件配置项的完整性和正确性,在整个软件生存周期内应用配置管理的过程。软件配置管理通常包括配置标识、配置控制、配置状态记实、配置评价、软件发行管理和交付等。

10.5.2 软件保障方案与软件保障资源

研究装备保障最重要的是综合考虑各种因素,建立和健全保障系统。这些因素也就是前面介绍过的保障要素。在装备使用过程中,人们往往看重的是硬件的保障,实际上,软件的保障同样存在这些要素,而且从长远看,其重要性、技术难度和所需资料都不亚于硬件。对于软件或软件密集系统应当特别重视有关软件和软硬件接口保障的要素。

10.5.2.1 制订软件保障方案

为了实现对软件系统的有效保障,研制单位应当在软件研制的早期对软件保障进行规划,并提出初始保障方案。按照以前的经验,在人们的印象中,似乎只有开发者本人才能承担软件保障的重任。但国外的软件保障实践表明,完全由开发者本人来承担所有后期的保障任务是不现实的,也是不可信的。当前,应根据我国国情和军情,在软件装备服役期间或不同的使用阶段,可以采用不同的保障方式开展软件保障工作。

软件保障方案是对软件保障工作的总体规划,它是为保障某一软件系统,对完成指定保障范围内软件保障任务的概括描述,主要包括软件保障范围、软件保障过程、软件保障机构、寿命周期费用、保障资源规划等内容。

软件保障范围应规定软件保障部门对用户提供哪些方面的支持(广度)和多大程度的支持(深度)。软件保障范围可分为完全保障、纠错性维护保障、有限纠错性维护保障、有限软件配置管理4级。

完全保障:即为用户软件提供全面的保障工作,包括扩充、培训、咨询服务、全文档编制和交付保障。也可以说,软件保障单位负责保障软件所有的功能,并解决所有的问题报告和扩充请求。

纠错性维护保障:只实施纠错性维护,不包括对用户新的需求维护。

有限纠错性维护保障:只提供必要的纠错性维护,即只有高优先级的问题报告才予以处理。

有限软件配置管理:只实施有限的软件配置管理功能,如装备主管部门可以指定专人去执行问题跟踪报告和系统配置的软件配置管理功能。

在制订软件保障方案时,要确定软件维护范围。至于采用哪一级维护,经费是限制软件维护深度的一个主要约束。通过控制保障的范围来控制经费投入,装备主管部门应该清楚保障经费投入决定了所能得到的保障范围。因此,在软件开发或采购的早期,装备主管部门应尽早了解自己所需的软件保障范围。例如,某软件系统采用两级保障机构,各级保障主要工作如下:

1. 部队级软件保障主要工作
(1)软件系统版本安装。
(2)本地数据库修正。
(3)测试验证。
(4)问题报告和确认。
(5)保障数据收集。
(6)恢复性维护。

2. 基地级软件保障主要工作
(1)向使用部队分发软件版本。
(2)诊断保障。
(3)系统编程保障。
(4)数据库维护。
(5)软件保障。
(6)软件文件维护。
(7)软件工具包的保障。
(8)民用现成品软件综合性修正。
(9)技术状态管理。

(10) 系统测试。
(11) 更改民用现成品软件(通常由供应商完成)。
(12) 更改重用代码(通常由最初的开发商/承包商完成)或其他的用户程序组织。

完成了软件保障方案后还应根据软件保障方案进一步制订更加具体的软件保障计划。

软件保障过程规定了软件交付使用后,保障单位应执行的软件保障过程是什么,以及具体包括哪些活动。在软件研制期间,应明确将来的软件保障过程,并确定软件保障的配套资源。保障过程的确定应在软件开发阶段的早期进行,但是,许多规定会在软件交付后发生改变,因此,随着系统开发的深入,软件保障过程也将不断调整修改。

实施软件保障的机构是具体保障活动的执行者。对于软件产品,其不同的保障活动可以由不同的机构来执行。在软件保障方案中需要尽早定下这些维护组织。确定软件保障机构的过程主要包含两个方面。一是明确保障工作是由一个单位全部负责还是由多个单位共同负责。大型复杂软件的维护工作可能需要多个机构来完成。在软件保障方案中应明确软件保障的各项具体活动,以及每项活动的执行者。二是明确具体由哪个单位负责哪项保障活动,这还会涉及一系列评价因素和考核方法。需要考虑的主要因素通常包括保障费用、场地、资格、经验、可用性、及时性等。

10.5.2.2 确定软件保障资源

确定了软件保障范围以及保障机构后,还应进一步确定完成保障工作所需人力、经费等各种资源。

1. 人员

现代自动化信息系统一般要求非常熟练的人员来维护日益复杂的软件系统。在软件维护中,不论是纠正性维护活动还是完善性维护活动,都是软件的再开发,通常与开发一个新的软件配置项一样具有挑战性。软件维护同样需要进行需求开发、系统设计、软件实现、测试,并同时建立各种文档。因此,需要各种软件工程方面的人员。即使是计算机程序员,其要求的编程技巧也应接近于软件开发人员。软件开发往往有相对长的时间和系统的组织指导,而软件维护则可能在比较紧急、较为困难的条件下进行的,从这个意义上说,软件保障人员可能要求具有更高的技术水平。

软件保障所需的人员数量还与在装备寿命周期内需要更改的(预计的)次数有关。

2. 供应保障

装备的供应保障主要是维修备件等器材、油料、弹药等的筹措、运送、补充。对于硬件,备件与它所要替换的零部件是同样的规格尺寸,用它替换损坏的零部件就可以修复装备。对软件而言就不同了,软件故障或需要改进性能,用备份的软件替换可能是没有意义的。所以,由于软件维护可能是重新设计,改变了软件配置,原先使用在同样条件下的同型软件都需要更新,所以软件仍存在供应问题。此外,软件因媒体损伤或敌对威胁造成破坏时,也需要快速恢复软件配置,这时需要的是类似硬件更换的重新复制,需要再供应。软件供应或再供应与硬件供应的方式可能有很大的区别。软件可以通过卫星传送、有(无)线传送、战术系统传送、快递和战区机动的复制与分发系统等多种方式快速分发。

3. 保障设备与设施

同硬件相比,也许软件保障需要的设备、设施规模和数量要少得多,而且大多是通用设备,如可编程只读存储器、PCB 程序设计器等。为提供软件野战再供应能力,需要战区机动的复制和分配系统,它可由卫星、无线电和其他传输设备的车辆及复制设备一起组成。

4. 技术资料

对软件而言,技术资料的重要性可能比硬件更突出、更重要。软件技术资料除各种软件文档外,还要有软件保障计划、战场系统用户手册(BSUM)等。

5. 训练与训练保障

软件训练包括系统操作和维护操作。显然,无论是由谁实施软件保障工作,都需要对软件维护人员进行相应的专门培训。同时,软件维护还需要研究和学习软件故障定位技术、软件应急修复技术、软件修复验证技术等关键技术。

另外,设计接口是软件保障的一个重要因素,虽然它不是资源要素,但是却非常重要。同硬件一样,也应当建立软件保障性设计准则。应特别关注软件可靠性与可维护性。软件保障问题要从软件研制抓起,改善软件可靠性以减少失效、减少维护,改善可维护性以便于软件维护,这是提高软件维护与保障能力的根本途径。

10.5.3 软件保障组织与实施

10.5.3.1 软件保障组织

由于硬件维修是恢复或保持产品的规定状态,一般地说相对简单,只要找出损坏的单元并将其用好的零部件替换即可。为了提高装备维修的及时性,现通常采用三级或两级维修机构维修。由于软件维修需要重新设计软件以排除类似故障或缺陷,还必须检查系统剩余部分以确保已找到并排除的失效不会将其他错误或潜在故障引入系统。显然,软件维修由于是重新设计,故有更高的技术要求。因此,部队只能进行简单的重新启动、软件复制、安装等之类的工作,软件修改则要由基地级来进行。所以,软件维修通常只需要设两个维修级别。

由于软件维护的复杂性,许多软件维护工作由部队完成比较困难,软件维护更多地要依靠研制单位或高层次的软件编程中心。与维护相联系的其他保障工作大体上也是如此。所以,软件保障一般采用3种基本的保障方式。

(1)软件的原始开发单位(初始设备制造商,OEM)保障。由软件原始开发单位进行软件保障的优点是明显的,其对所开发的软件熟悉,有比较完全的技术资料,并且一般地说有较强的实力,不需要花费移交时间,这是目前我军广泛采用的一种保障形式。在装备列装初期,这种形式几乎是唯一的选择。例如,美军的全球定位系统以及预警机等武器平台的嵌入式软件采用的就是这种保障方式。但是,由原始开发单位进行保障,从长远看也存在一些问题或不足。例如,从开发单位来说,他们往往有自己的新项目、新工作,从事软件保障所获得的经济效益有限,而麻烦甚多,开发人员未必乐意进行,加上人员流动、资料缺陷等,承担具体维护的人员未必熟悉原来的软件。从使用单位来说,依靠原开发单位,始终处于"受制于人"的地位,信息沟通、工作安排等都可能有困难,保障及时性可能受到影响。

(2)军方保障。由装备使用单位或部门进行软件保障。通常由各军兵种集中组织自己的软件保障机构,对装备软件实施保障。美军各军种建有软件保障中心或软件编程中心,对各自的(部分)装备软件实施保障。据统计,美军20世纪末军队软件保障人员达到9000人,可见其规模已相当大。显然,由使用方实施保障,其主动性、及时性都会更好。美军"爱国者"导弹、F-16飞机等软件维护都是由军队保障单位实施的。特别是对于数量较多、时间较长的装备,采用军方保障方式往往是更好的选择。

（3）第三方保障。由开发单位和使用单位之外的第三方进行保障。这种保障单位可以是专业的软件保障单位（承包商），也可以是其他软件企业。他们虽然不具备原始开发单位和军队单位的某些优势，但他们可能专门从事软件维护有其技术上的优势和人员保证。因此，第三方保障方式也是目前比较常见的软件保障组织形式。

以上3种保障方式并不是一成不变的。对一些装备，可以采取两种形式组合的方法。例如，OEM为主，军方为辅；军方为主，OEM为辅；军方为主，第三方为辅等。例如，美军的软件保障模式采用的主要是以下5种模式。

模式1：由OEM开发完后完全由OEM进行保障，如全球定位系统、预警机嵌入式软件等少数装备采用的是该模式。

模式2：由OEM研制完成后完全由军方保障，如空军后勤中心的ATE等采用的是该模式。

模式3：由OEM和军方联合保障，包含竞选维修承包商。

模式4：以军方为主且有承包商支援下的保障，如海军航空基地航空软件采用的是该模式。

模式5：以军方为主，早期由OEM提供支援，后期由合同承包商提供保障。

美军对各软件保障中心都确保有相应的软件保障活动，各软件保障中心的年度费用一般都不少于1亿美元。对单个武器平台中的嵌入式软件，主要组织OEM进行长期的软件保障工作，同时也保留足够的基层保障工作以维持军方具有"精明买主"的能力。对非嵌入式任务关键性软件，采用由陆军通信电子司令部（CECOM）和空军航天系统保障组（SSSG）所采用的政府管理、承包商完成、集中维护的模式。对保障类软件，由于软件工程知识相对容易转换，可考虑完全采用承包商以降低保障费用。

10.5.3.2 软件保障实施

1. 维修保障实施

软件和软件密集系统保障的核心是维修保障，包含计算机软件的维修保障必须同时考虑硬件和软件的维修。当这样的系统发生故障时需要进行诊断以确定故障的具体位置。因为既有软件也有硬件，必须将故障隔离为软件故障或硬件故障，然后进行修复。这种系统修理的过程如图10-7所示。由于软件维护与硬件维修有很大的不同，在将故障隔离为硬件或软件后，将按照图中所示流程采取不同的步骤和方法进行修复。图中左半部分是硬件修理过程，通常失效件（车间可更换单元）的修理是在中继级，某些情况下也可能在基地级。图中右半部分是软件维护过程。当基层级人员采取重新启动、存储数据或做其他工作仍然不能排除故障时，则编写软件故障报告，提出软件维护申请，然后由基地级软件维护机构进行维修。

软件维护过程实质上是一个软件再开发过程。软件维护的实施过程还可以用图10-8所示的模型表示。

软件维护过程的步骤如下：

（1）修改请求。一般由用户、程序员或管理员提出，这是软件维护过程的开始。

（2）分类与鉴别。根据软件修改申请，由维修机构来确认其维护的类别（纠错性、适应性或完善性维护），即对修改申请进行鉴别与分类，并对其给予一个编号，然后输入数据库。这是整个维护阶段数据收集与审查的开始。

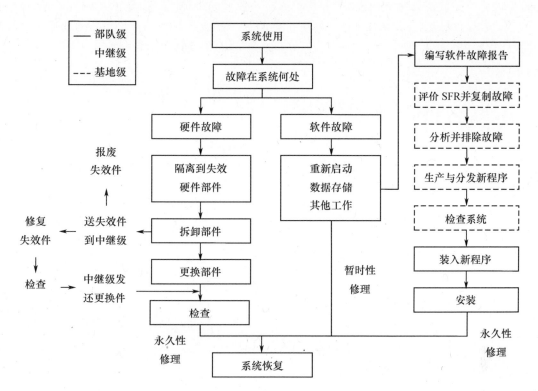

图 10-7　包含软件与硬件的系统修理过程示意框图

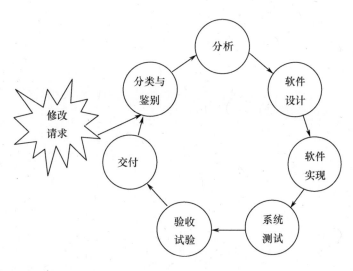

图 10-8　软件维护过程模型

（3）分析。首先进行维护的可行性分析，在此基础上进行详细分析。可行性分析主要是确定软件更改的影响、可行的解决方法以及所需的费用。详细分析主要是提出完整的更改需求说明、鉴别需要更改的要素（模块）、提出测试方案或策略、制订实施计划。最后由配置控制委员会（CCB）审查并决定是否着手开始工作。

通常维护机构就能对更改请求的解决方案做出决策，仅仅需要通知配置控制委员会就可以了。但要注意的是，维护机构应清楚哪些是它可以进行维护的范围。配置控制委员会要确定的是维护项目的优先级别,在此之前维护人员不应开展维护更改工作。

(4) 软件设计。汇总全部信息开始着手更改,如开发过程的工程文档、分析阶段的结果、源代码、资料信息等。本阶段应更改设计的基线、更新测试计划、修订详细分析结果、核实维护需求。

(5) 软件实现。本阶段的工作是制订程序更改计划并进行软件更改。主要工作包括编码、单元测试、集成、风险分析、测试准备审查、更新文档。在本阶段结束时需进行风险分析。所有工作应该置于软件配置管理系统的控制之下。

(6) 系统测试。系统测试主要是测试程序之间的接口,以确保加入了修改的软件能够满足用户需求,回归测试则是确保不要引入新的错误。测试可分为手工测试和计算机测试。手工测试如走代码,这是保证测试成功的重要手段。值得注意的是,许多维护机构都没有独立的测试组,而将这些工作交给维护编程人员进行,这样做也存在着很大的风险。

(7) 验收试验。这是综合测试,应由客户、用户或第三方进行。此阶段应报告测试结果、进行功能配置审核、建立软件新版本、准备软件文档的最终版本。

(8) 交付。此阶段是将新的系统交给用户安装并运行。供应商应进行实物配置审核、通知所有用户、进行文档版本备份、完成安装与训练。

实际上,上述的第(3)~(8)是一般软件开发过程的步骤,步骤(1)和(2)才是软件维护所特有的。

2. 供应保障实施

对于软件密集系统,装备供应保障同样应当包含硬件和软件的供应。软件供应保障的功能是消耗一定的资源(如信息、人力、设备器材等),及时报告软件问题,订购、接受软件,并将这些软件或修改后的软件及时、准确地提供给部队。

软件供应保障过程如图10-9所示。

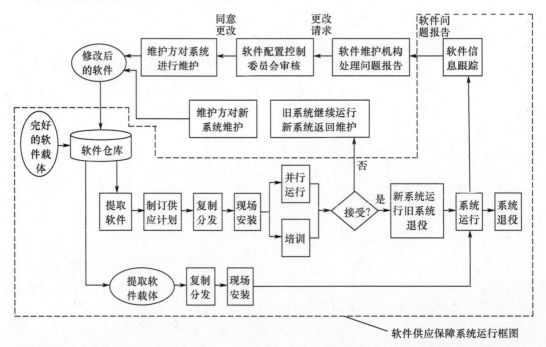

图10-9 软件供应保障过程示意图

习 题

1. 什么是软件可靠性？什么是软件缺陷？
2. 什么是软件失效？试简要说明它与硬件失效的主要区别。
3. 试列举两个面向过程评价与改进的软件可靠性度量并进行简要说明。
4. 软件可靠性分配的常用方法有哪些？
5. 已知某软件产品随时间而发现的缺陷数据如表 10-2 所列。

（1）试估计该软件总的缺陷数。

（2）试求其概率密度函数和累积分布函数，并画出其曲线。

表 10-2 某软件产品缺陷数据随时间分布

周数	1	2	3	4	5	6	7	8
缺陷数	46	232	367	112	35	16	25	6

6. 提高软件可靠性的设计途径主要有哪些？
7. 试简述软件避错设计的主要措施。
8. 试简述软件容错设计的主要措施。
9. 什么是软件保障？什么是软件维护？
10. 您认为当前部队装备软件保障面临的主要问题和困难是什么？并给出解决它的意见和建议。

附录1 泊松分布表

$$P(rm) = \frac{e^{-m}m^r}{r!}$$

m \ r	0.05	0.10	0.15	0.20	0.25	0.30	0.35	0.40	0.45
0	0.95123	0.90484	0.86071	0.81873	0.77880	0.74082	0.70469	0.67032	0.63763
1	0.04756	0.09048	0.12911	0.16375	0.19470	0.22225	0.24664	0.26813	0.28693
2	0.00119	0.00452	0.00968	0.01637	0.02434	0.03334	0.04316	0.05363	0.06456
3	0.00002	0.00015	0.00048	0.00109	0.00203	0.00333	0.00504	0.00715	0.00968
4			0.00002	0.00005	0.00013	0.00025	0.00044	0.00072	0.00109
5				0.00001	0.00002	0.00003	0.00006	0.00010
6									0.00001

m \ r	0.50	0.60	0.70	0.80	0.90	1.0	1.1	1.2	1.3
0	0.60653	0.54881	0.49659	0.44933	0.40657	0.36788	0.33287	0.30199	0.27253
1	0.30327	0.32929	0.34761	0.35946	0.36591	0.36788	0.36616	0.36143	0.35429
2	0.07582	0.09879	0.12166	0.14379	0.16466	0.18394	0.20139	0.21686	0.23029
3	0.01264	0.01976	0.02839	0.03834	0.49940	0.06131	0.07384	0.08674	0.09979
4	0.00158	0.00296	0.00497	0.00767	0.01111	0.01533	0.02031	0.02602	0.03243
5	0.00016	0.00036	0.00070	0.00123	0.00200	0.00307	0.00447	0.00625	0.00843
6	0.00001	0.00004	0.00008	0.00016	0.00030	0.00051	0.00082	0.00125	0.00183
7			0.00001	0.00002	0.00004	0.00007	0.00013	0.00021	0.00034
8						0.00002	0.00003	0.00006
9									0.00001

m \ r	1.4	1.5	1.6	1.7	1.8	1.9	2.0	2.2	2.4
0	0.24660	0.22313	0.20190	0.18268	0.16530	0.14957	0.13534	0.11080	0.09072
1	0.34524	0.33470	0.32303	0.31056	0.29754	0.28418	0.27067	0.24377	0.21772
2	0.24167	0.25012	0.25843	0.26398	0.26778	0.26997	0.27067	0.26814	0.26127
3	0.11278	0.12551	0.13783	0.14959	0.16067	0.17098	0.18045	0.19664	0.20901
4	0.03947	0.04707	0.05513	0.06357	0.07230	0.08122	0.09022	0.10815	0.12541
5	0.01105	0.01412	0.01764	0.02162	0.02603	0.03086	0.03609	0.04757	0.06020
6	0.00258	0.00353	0.00470	0.00612	0.00781	0.00977	0.01203	0.01745	0.02408
7	0.00052	0.00076	0.00108	0.00149	0.00201	0.00265	0.00344	0.00548	0.00826
8	0.00009	0.00014	0.00022	0.00032	0.00045	0.00063	0.00086	0.00151	0.00248
9	0.00001	0.00002	0.00004	0.00006	0.00009	0.00013	0.00019	0.00037	0.00066
10			0.00001	0.00001	0.00002	0.00003	0.00004	0.00008	0.00016
11							0.00001	0.00002	0.00003
12									0.00001

附录2 标准正态分布表(一)

$$\Phi(u_p) = \frac{1}{\sqrt{2\pi}} \int_{-\infty}^{u} e^{-\frac{z^2}{2}} dz = p$$

u	0.00	0.01	0.02	0.03	0.04	0.05	0.06	0.07	0.08	0.09
-0.0	0.5000	0.4960	0.4920	0.4880	0.4840	0.4801	0.4761	0.4721	0.4681	0.4641
-0.1	0.4602	0.4562	0.4522	0.4483	0.4443	0.4404	0.4364	0.4325	0.4286	0.4247
-0.2	0.4207	0.4168	0.4129	0.4090	0.4052	0.4013	0.3974	0.3936	0.3897	0.3859
-0.3	0.3821	0.3783	0.3745	0.3707	0.3669	0.3632	0.3594	0.3557	0.3520	0.3483
-0.4	0.3446	0.3409	0.3372	0.3336	0.3300	0.3264	0.3228	0.3192	0.3156	0.3121
-0.5	0.3085	0.3050	0.3015	0.2981	0.2946	0.2912	0.2877	0.2843	0.2810	0.2776
-0.6	0.2743	0.2709	0.2676	0.2643	0.2611	0.2578	0.2546	0.2514	0.2483	0.2451
-0.7	0.2420	0.2389	0.2358	0.2327	0.2297	0.2266	0.2236	0.2206	0.2177	0.2148
-0.8	0.2119	0.2090	0.2061	0.2033	0.2005	0.1977	0.1949	0.1922	0.1894	0.1867
-0.9	0.1841	0.1814	0.1788	0.1762	0.1736	0.1711	0.1685	0.1660	0.1635	0.1611
-1.0	0.1587	0.1562	0.1539	0.1515	0.1492	0.1469	0.1446	0.1423	0.1401	0.1379
-1.1	0.1357	0.1335	0.1314	0.1292	0.1271	0.1251	0.1230	0.1210	0.1190	0.1170
-1.2	0.1151	0.1131	0.1112	0.1093	0.1075	0.1056	0.1038	0.1020	0.1003	0.09853
-1.3	0.09680	0.09510	0.09342	0.09176	0.09012	0.08851	0.08691	0.08534	0.08379	0.08226
-1.4	0.08076	0.07927	0.07780	0.07636	0.07493	0.07353	0.07215	0.07078	0.06944	0.06811
-1.5	0.06681	0.06552	0.06426	0.06301	0.06178	0.06057	0.05938	0.05821	0.05705	0.05592
-1.6	0.05480	0.05370	0.05262	0.05155	0.05050	0.04947	0.04846	0.04746	0.04648	0.04551
-1.7	0.04457	0.04363	0.04272	0.04182	0.04098	0.04006	0.03920	0.03836	0.03754	0.03673
-1.8	0.03593	0.03515	0.03438	0.03362	0.03288	0.03216	0.03144	0.03074	0.03005	0.02938
-1.9	0.02872	0.02807	0.02743	0.02680	0.02619	0.02559	0.02500	0.02442	0.02385	0.02330
-2.0	0.02275	0.02222	0.02169	0.02118	0.02068	0.02018	0.01970	0.01923	0.01876	0.01931

附录3 标准正态分布表(二)

$$\Phi(K_\alpha) = \int_{K_\alpha}^{\infty} \frac{1}{\sqrt{2\pi}} e^{-\frac{x^2}{2}} dx = \alpha$$

K_α	0.00	0.01	0.02	0.03	0.04	0.05	0.06	0.07	0.08	0.09
0.0	0.5000	0.4960	0.4920	0.4880	0.4840	0.4801	0.4761	0.4721	0.4681	0.4641
0.1	0.4602	0.4562	0.4522	0.4483	0.4443	0.4404	0.4364	0.4325	0.4280	0.4247
0.2	0.4207	0.4168	0.4129	0.4090	0.4052	0.4013	0.3974	0.3936	0.3897	0.3859
0.3	0.3821	0.3783	0.3745	0.3707	0.3669	0.3632	0.3594	0.3557	0.3520	0.3483
0.4	0.3446	0.3409	0.3372	0.3336	0.3300	0.3264	0.3228	0.3192	0.3156	0.3121
0.5	0.3085	0.3050	0.3015	0.2981	0.2946	0.2912	0.2877	0.2843	0.2810	0.2776
0.6	0.2743	0.2709	0.2676	0.2643	0.2611	0.2578	0.2546	0.2514	0.2483	0.2451
0.7	0.2420	0.2389	0.2358	0.2327	0.2296	0.2266	0.2236	0.2206	0.2177	0.2148
0.8	0.2119	0.2090	0.2061	0.2033	0.2005	0.1977	0.1949	0.1922	0.1894	0.1867
0.9	0.1841	0.1814	0.1788	0.1762	0.1736	0.1711	0.1685	0.1660	0.1635	0.1611
1.0	0.1587	0.1562	0.1539	0.1515	0.1492	0.1469	0.1446	0.1423	0.1401	0.1379
1.1	0.1357	0.1335	0.1314	0.1292	0.1271	0.1251	0.1230	0.1210	0.1190	0.1170
1.2	0.1151	0.1131	0.1112	0.1093	0.1075	0.1056	0.1038	0.1020	0.1003	0.0985
1.3	0.0968	0.0951	0.0934	0.0918	0.0901	0.0885	0.0869	0.0853	0.0838	0.0823
1.4	0.0808	0.0793	0.0778	0.0764	0.0749	0.0735	0.0721	0.0708	0.0694	0.0681
1.5	0.0668	0.0655	0.0643	0.0630	0.0618	0.0606	0.0594	0.0582	0.0571	0.0559
1.6	0.0548	0.0537	0.0526	0.0516	0.0505	0.0495	0.0485	0.0475	0.0465	0.0455
1.7	0.0446	0.0436	0.0427	0.0418	0.0409	0.0401	0.0392	0.0384	0.0375	0.0367
1.8	0.0359	0.0351	0.0344	0.0336	0.0329	0.0322	0.0314	0.0307	0.0301	0.0294
1.9	0.0287	0.0281	0.0274	0.0268	0.0262	0.0256	0.0250	0.0244	0.0239	0.0233
2.0	0.0228	0.0222	0.0217	0.0212	0.0207	0.0202	0.0197	0.0192	0.0188	0.0183
2.1	0.0179	0.0174	0.0170	0.0166	0.0162	0.0158	0.0154	0.0150	0.0146	0.0143
2.2	0.0138	0.0136	0.0132	0.0129	0.0125	0.0122	0.0119	0.0116	0.0113	0.0110
2.3	0.0107	0.0104	0.0102	0.00990	0.00964	0.00939	0.00914	0.00889	0.00866	0.00842
2.4	0.00820	0.00798	0.00776	0.00755	0.00734	0.00714	0.00695	0.00676	0.00657	0.00639
2.5	0.00621	0.00604	0.00587	0.00570	0.00554	0.00539	0.00523	0.00508	0.00494	0.00480
2.6	0.00466	0.00453	0.00440	0.00427	0.00415	0.00402	0.00391	0.00379	0.00368	0.00357
2.7	0.00347	0.00336	0.00326	0.00317	0.00307	0.00298	0.00289	0.00280	0.00272	0.00264

(续)

K_α	0.00	0.01	0.02	0.03	0.04	0.05	0.06	0.07	0.08	0.09
2.8	0.00256	0.00248	0.00240	0.00233	0.00226	0.00219	0.00212	0.00205	0.00199	0.00193
2.9	0.00187	0.00181	0.00175	0.00169	0.00164	0.00159	0.00154	0.00149	0.00144	0.00139

K_α	0	1	2	3	4	5	6	7	8	9
3	0.00135	$0.0^3 968$	$0.0^3 687$	$0.0^3 483$	$0.0^3 337$	$0.0^3 233$	$0.0^3 159$	$0.0^3 108$	$0.0^4 723$	$0.0^4 481$
4	$0.0^4 317$	$0.0^4 207$	$0.0^4 133$	$0.0^5 854$	$0.0^5 541$	$0.0^5 340$	$0.0^5 211$	$0.0^5 130$	$0.0^6 793$	$0.0^6 479$
5	$0.0^6 287$	$0.0^6 170$	$0.0^7 996$	$0.0^7 579$	$0.0^7 333$	$0.0^7 190$	$0.0^7 107$	$0.0^8 599$	$0.0^8 332$	$0.0^8 182$
6	$0.0^9 987$	$0.0^9 530$	$0.0^9 282$	$0.0^9 149$	$0.0^{10} 777$	$0.0^{10} 402$	$0.0^{10} 206$	$0.0^{10} 104$	$0.0^{11} 523$	$0.0^{11} 260$

附录4 Γ函数表

x	Γ(x)	x	Γ(x)	x	Γ(x)	x	Γ(x)
1.00	1.00000	1.25	0.90640	1.50	0.88623	1.75	0.91906
1.01	0.99433	1.26	0.90440	1.51	0.88659	1.76	0.92137
1.02	0.98884	1.27	0.90250	1.52	0.88704	1.77	0.92376
1.03	0.98355	1.28	0.90072	1.53	0.88757	1.78	0.92623
1.04	0.97844	1.29	0.89904	1.54	0.88818	1.79	0.92877
1.05	0.97350	1.30	0.89747	1.55	0.88887	1.80	0.93138
1.06	0.96874	1.31	0.89600	1.56	0.88964	1.81	0.93408
1.07	0.96415	1.32	0.89464	1.57	0.89049	1.82	0.93685
1.08	0.95973	1.33	0.89338	1.58	0.89142	1.83	0.93969
1.09	0.95546	1.34	0.89222	1.59	0.89243	1.84	0.94261
1.10	0.95135	1.35	0.89115	1.60	0.89352	1.85	0.94561
1.11	0.94740	1.36	0.89018	1.61	0.89468	1.86	0.94869
1.12	0.94359	1.37	0.88931	1.62	0.89592	1.87	0.95184
1.13	0.93993	1.38	0.88854	1.63	0.89724	1.88	0.95507
1.14	0.93642	1.39	0.88785	1.64	0.89864	1.89	0.95838
1.15	0.93304	1.40	0.88726	1.65	0.90012	1.90	0.96177
1.16	0.92980	1.41	0.88676	1.66	0.90167	1.91	0.96523
1.17	0.92670	1.42	0.88636	1.67	0.90330	1.92	0.96877
1.18	0.92373	1.43	0.88604	1.68	0.90500	1.93	0.97240
1.19	0.92089	1.44	0.88581	1.69	0.90678	1.94	0.97610
1.20	0.91817	1.45	0.88566	1.70	0.90864	1.95	0.97988
1.21	0.91558	1.46	0.88560	1.71	0.91057	1.96	0.98374
1.22	0.91311	1.47	0.88563	1.72	0.91258	1.97	0.98768
1.23	0.91075	1.48	0.88575	1.73	0.91467	1.98	0.99171
1.24	0.90852	1.49	0.88595	1.74	0.91683	1.99	0.99581
						2.00	1.00000

附录5 t 分布表

$$P\{t(n) < t_\alpha(n)\} = \alpha$$

n	α = 0.75	0.90	0.95	0.975	0.99	0.995
1	1.0000	3.0777	6.3133	12.7062	31.8207	63.6574
2	0.8165	1.8856	2.9200	4.3027	6.9646	9.9248
3	0.7649	1.6377	2.3534	3.1824	4.5407	5.8409
4	0.7407	1.5332	2.1318	2.7764	3.7469	4.6041
5	0.7267	1.4759	2.0150	2.5706	3.3649	4.0322
6	0.7176	1.4398	1.9432	2.4469	3.1427	3.7074
7	0.7111	1.4149	1.8946	2.3646	2.9980	3.4995
8	0.7064	1.3968	1.8595	2.3060	2.8965	3.3554
9	0.7027	1.3830	1.8331	2.2622	2.8214	3.2498
10	0.6998	1.3722	1.8185	2.2281	2.7638	3.1693
11	0.6974	1.3634	1.7959	2.2010	2.7181	3.1058
12	0.6955	1.3562	1.7823	2.1788	2.6810	3.0545
13	0.6938	1.3502	1.7709	2.1604	2.6503	3.0123
14	0.6924	1.3450	1.7613	2.1448	2.6245	2.9768
15	0.6912	1.3406	1.7531	2.1315	2.6025	2.9467
16	0.6901	1.3363	1.7459	2.1199	2.5835	2.9208
17	0.6892	1.3334	1.7396	2.1098	2.5669	2.8982
18	0.6884	1.3304	1.7341	2.1000	2.5524	2.8784
19	0.6876	1.3277	1.7291	2.0930	2.5395	2.8609
20	0.6870	1.3253	1.7247	2.0860	2.5280	2.8453
21	0.6864	1.3232	1.7207	2.0796	2.5177	2.8314
22	0.6858	1.3212	1.7171	2.0739	2.5083	2.8188
23	0.6853	1.3195	1.7139	2.0687	2.4999	2.8073
24	0.6848	1.3178	1.7109	2.0639	2.4922	2.7969
25	0.6844	1.3163	1.7081	2.0595	2.4851	2.7874
26	0.6840	1.3150	1.7056	2.0555	2.4786	2.7787
27	0.6837	1.3137	1.7033	2.0518	2.4727	2.7707
28	0.6834	1.3125	1.7011	2.0484	2.4671	2.7633
29	0.6830	1.3114	1.6991	2.0452	2.4620	2.7564
30	0.6828	1.3104	1.6973	2.0423	2.4573	2.7500

(续)

n	$\alpha=0.75$	0.90	0.95	0.975	0.99	0.995
31	0.6825	1.3095	1.6955	2.0395	2.4528	2.7440
32	0.6822	1.3086	1.6939	2.0369	2.4487	2.7385
33	0.6820	1.3077	1.6924	2.0345	2.4448	2.7333
34	0.6818	1.3070	1.6909	2.0322	2.4411	2.7284
35	0.6816	1.3062	1.6896	2.0301	2.4377	2.7238
36	0.6814	1.3055	1.6883	2.0281	2.4345	2.7195
37	0.6812	1.3049	1.6871	2.0262	2.4314	2.7154
38	0.6810	1.3042	1.6860	2.0244	2.4286	2.7116
39	0.6808	1.3036	1.6849	2.0227	2.4258	2.7079
40	0.6807	1.3031	1.6839	2.0211	2.4233	2.7045
41	0.6805	1.3025	1.6829	2.0185	2.4208	2.7012
42	0.6804	1.3020	1.6820	2.0181	2.4185	2.6981
43	0.6802	1.3016	1.6811	2.0167	2.4163	2.6951
44	0.6801	1.3011	1.6802	2.0154	2.4141	2.6923
45	0.6800	1.3006	1.6794	2.0141	2.4121	2.6896

附录6 χ^2分布的上侧分位数表

$$P(\chi^2 > \chi^2_\alpha(f)) = \alpha$$

f \ α	0.99	0.98	0.975	0.95	0.90	0.80	0.75	0.70	0.50
1	0.0^3157	0.0^3628	0.0^3982	0.0^2393	0.0158	0.0642	0.102	0.148	0.455
2	0.0201	0.0404	0.0506	0.103	0.211	0.446	0.575	0.713	1.385
3	0.115	0.185	0.216	0.352	0.584	1.005	1.213	1.424	2.366
4	0.297	0.429	0.484	0.711	1.064	1.649	1.923	2.195	3.357
5	0.554	0.752	0.831	1.145	1.610	2.343	2.674	3.000	4.351
6	0.872	1.134	1.237	1.635	2.204	3.070	3.455	3.828	5.348
7	1.239	1.564	1.690	2.167	2.833	3.822	4.255	4.671	6.346
8	1.646	2.032	2.180	2.733	3.490	4.594	5.071	5.527	7.344
9	2.088	2.532	2.700	3.325	4.168	5.380	5.899	6.393	8.343
10	2.558	3.059	3.247	3.946	4.865	6.179	6.737	7.267	9.342
11	3.053	3.609	3.816	4.575	5.578	6.989	7.584	8.148	10.341
12	3.571	4.178	4.404	5.226	6.304	7.807	8.438	9.037	11.340
13	4.170	4.765	5.009	5.892	7.042	8.634	9.299	9.926	12.340
14	4.660	5.368	5.629	6.571	7.790	9.467	10.165	10.821	13.339
15	5.229	5.985	6.262	7.261	8.547	10.307	11.037	11.721	14.339
16	5.812	6.614	6.908	7.962	9.312	11.152	11.912	12.624	15.338
17	6.408	7.255	7.564	8.672	10.085	12.002	12.792	13.531	16.338
18	7.015	7.906	8.231	9.390	10.865	12.857	13.675	14.440	17.338
19	7.633	8.567	8.907	10.117	11.651	13.716	14.562	15.352	18.338
20	8.260	9.237	9.591	10.851	12.443	14.578	15.452	16.266	19.377
21	8.897	9.915	10.283	11.591	13.240	15.445	16.344	17.182	20.337
22	9.542	10.600	10.982	12.338	14.041	16.314	17.240	18.101	21.337
23	10.196	11.293	11.689	13.091	14.848	17.187	18.137	19.021	22.337
24	10.856	11.992	12.400	13.848	15.659	18.062	19.037	19.943	23.337
25	11.524	12.697	13.120	14.611	16.473	18.940	19.939	20.867	24.337
26	12.198	13.409	13.844	15.379	17.292	19.820	20.843	21.792	25.336
27	12.879	14.125	14.573	16.151	18.114	20.703	21.749	22.719	26.336
28	13.565	14.847	15.308	16.928	18.939	21.588	22.657	23.647	27.336
29	14.256	15.574	16.047	17.708	19.768	22.475	23.567	24.577	28.336
30	14.953	16.306	16.791	18.493	20.599	23.364	24.478	25.508	29.336

参 考 文 献

[1] 甘茂治,康建设,高崎. 军用装备维修工程学[M]. 2版. 北京:国防工业出版社,2005.
[2] 可靠性维修性保障性术语:GJB 451A-2005[S]. 北京:中国人民解放军总装备部,2005.
[3] 康锐. 可靠性维修性保障性工程基础[M]. 北京:国防工业出版社,2012.
[4] 赵东元,等. 可靠性工程与应用[M]. 北京:国防工业出版社,2009.
[5] 马麟. 保障性设计分析与评价[M]. 北京:国防工业出版社,2012.
[6] 周正伐. 可靠性工程基础[M]. 北京:中国宇航出版社,2011.
[7] Ebeling C E. 可靠性与维修性工程概论[M]. 康锐,李瑞莹,等,译. 北京:清华大学出版社,2008.
[8] 宋太亮. 装备保障性系统工程[M]. 北京:国防工业出版社,2008.
[9] Murthy D N P, Blischker W R. Warranty Management and Product Manufacture[M]. Berlin:Springer-Verlag Press,2006.
[10] Kumar U D. 可靠性、维修与后勤保障——寿命周期方法[M]. 刘庆华,等,译. 北京:电子工业出版社,2010.
[11] IEEE Standard Dictionary of Measures for the Software Aspects of Dependability:IEEE STD 982.1-2005[S]. NewYork:IEEE Standard Association,2005.
[12] IEEE Recommended Practice on Software Reliability:IEEE STD 1633-2008[S]. NewYork:IEEE Standard Association,2008.
[13] Kan S H. 软件质量工程度量与模型[M]. 吴明辉,应晶,译. 北京:电子工业出版社,2004.
[14] 陆民燕. 软件可靠性工程[M]. 北京:国防工业出版社,2011.
[15] 曹晋华,程侃. 可靠性数学引论[M]. 修订版. 北京:高等教育出版社,2012.